AF544548

EUL
VERLAG

Reihe: FGF Entrepreneurship-Research Monographien · Band 42

Herausgegeben von Prof. Dr. Heinz Klandt, Oestrich-Winkel, Prof. Dr. Dr. h. c. Norbert Szyperski, Köln, Prof. Dr. Michael Frese, Gießen, Prof. Dr. Josef Brüderl, Mannheim, Prof. Dr. Rolf Sternberg, Köln, Prof. Dr. Ulrich Braukmann, Wuppertal, und Prof. Dr. Lambert T. Koch, Wuppertal

Dr. Ilona Ebbers

Wirtschaftsdidaktisch geleitete Unternehmenssimulation im Rahmen der Förderung von Existenzgründungen aus Hochschulen

Bibliographische Information der Deutschen Bibliothek

Die Deutsche Bibliothek verzeichnet diese Publikation in der Deutschen Nationalbibliographie; detaillierte bibliographische Daten sind im Internet über <http://dnb.ddb.de> abrufbar.

Dissertation, Bergische Universität Wuppertal, 2003

ISBN 3-89936-224-1
1. Auflage April 2004

Printed in Germany
Druck: RSP Köln

JOSEF EUL VERLAG GmbH
Brandsberg 6
53797 Lohmar
Tel.: 0 22 05 / 90 10 6-6
Fax: 0 22 05 / 90 10 6-88
E-Mail: info@eul-verlag.de
http://www.eul-verlag.de

Bei der Herstellung unserer Bücher möchten wir die Umwelt schonen. Dieses Buch ist daher auf säurefreiem, 100% chlorfrei gebleichtem, alterungsbeständigem Papier nach DIN 6738 gedruckt.

Vorwort

Schon während der Erstellung dieser Arbeit war es mir ein wichtiges Anliegen, mich bei all denen zu bedanken, die mich die ganze Zeit über tatkräftig unterstützt haben.

So gilt mein Dank zunächst meinem Erstgutachter Herrn Prof. Dr. Ulrich Braukmann. Er hat das Thema der Dissertation angeregt und mich durch seine Beratung, vor allem zum Schluss der Bearbeitungsphase, unterstützt. Seine kritischen Anmerkungen und sein Anspruch an das wissenschaftliche Arbeiten haben meine persönlichen Maßstäbe auch in meiner praktischen Tätigkeit nachhaltig verändert. Auch Herrn Prof. Dr. Reinhard Schulte, der sich ohne zu zögern bereit erklärte, diese Arbeit als Zweitgutachter zu betreuen, gilt mein Dank. Ebenfalls möchte ich meinen Dank Ulrich Krietenbrink, Brigitte Halbfas, Frauke Bachmann und Dr. Iris Koall aussprechen, die nicht nur durch fachliche, sondern auch durch emotionale Hilfestellungen in hohem Umfang zur Entstehung dieser Arbeit beigetragen haben.

Die Endphase dieser Arbeit sowie ihre Disputation konnte ich insbesondere dank der großzügigen Unterstützung von Herrn Prof. Dr. Ulrich Braukmann erfolgreich absolvieren. Für die liebe Anteilnahme in dieser Zeit danke ich vor allem Börje Halm, Jens Heuer, Lutz Heyer, Christian Reimann, Michaela Sell, Lina Hammoudah, Friedrich Fiebiger, Marco Spocchia, Frank Theuerkauf und Dr. Kerstin Westerfeld.

Einen ganz großen Dank möchte ich an dieser Stelle meiner Familie und insbesondere meinen Eltern aussprechen, die mich auf ihre unnachahmlich liebe Weise bei der Erreichung des Ziels der Promotion unterstützt und diese dadurch erst ermöglicht haben. Das Verständnis für meine permanente Zeitknappheit war unbegrenzt. Sie haben mir immer vertraut und an mich geglaubt. Vor allem dies gab mir die Kraft, an meinem Promotionsvorhaben kontinuierlich weiter zu arbeiten und es am Ende fertig zu stellen.
Ihnen ist diese Arbeit gewidmet.

- Für meine Eltern -

Inhaltsverzeichnis

Abbildungsverzeichnis

Tabellenverzeichnis

Abkürzungsverzeichnis

Abb.	Abbildung
AG	Aktiengesellschaft
a.m.	ante meridium
ASS	Auf dem Weg zur unternehmerischen Selbstständigkeit durch wirtschaftsdidaktisch gestützte Simulation
Aufl.	Auflage
BGBl	Bundesgesetzblatt
BINGO	Berlin-Brandenburger Innovations- und Gründungsoffensive
bizeps	Bergisch-Märkische Initiative zur Förderung von Existenzgründungen, Projekten und Strukturen
BLK	Bund-Länder-Kommission
bmbf	Bundesministerium für Bildung und Forschung
boe	bedarfs-orientierte existenzgründung aus Hochschulen, Dresden
BUGH	Bergische Universität-Gesamthochschule Wuppertal
BWL	Betriebswirtschaftslehre
bzgl.	bezüglich
bzw.	beziehungsweise
ca.	circa
CBT	Computer Based Training
CSUC	California State Univerisity Chico
DAG	Deutsche Angestellten Gewerkschaft
Das D-nett	Das Deutsche Netzwerk für Unternehmensgründer aus Hochschulen durch Wissens- und Technologietransfer, Rostock
DGB	Deutscher Gewerkschaftsbund
d.h.	das heißt
DKJS	Deutsche Kinder- und Jugendstiftung
DM	Deutsche Mark
$	Dollar
durchg.	durchgearbeitete
DV	Datenverarbeitung
EDV	Elektronische Datenverarbeitung

e.g.	exempli gratia
EGW	Existenzgründungswerkstatt
erw.	erweiterte
etc.	et cetera
€	Euro
e.V.	eingetragener Verein
EXZENTRIK	Existenzgründerzentrum Trier-Kaiserslautern
f	folgende
FE	Funktionseinheit
ff	fortfolgende
fo.	formativ
GbR	Gesellschaft bürgerlichen Rechts
GEH	Gründungsrelevante Entscheidungs- und Handlungsfelder
GET UP	Generierung technologieorientierter/innovativer Unternehmensgründungen mit hohem Potential, Ilmenau, Jena, Schmalkalden
ggf.	gegebenenfalls
GH	Gesamthochschule
GLUT	Grundlagen des Gründungsmanagements
GmbH	Gesellschaft mit beschränkter Haftung
Go-Initiative	Gründungsoffensive-Initiative
GURU	Unternehmer schaffen Unternehmer: Gründer-Hochschulen fördern Unternehmertum im mittleren Ruhrgebiet, Gelsenkirchen, Bochum
Hep	Hamburger Existenzgründungs Programm
herausge.	herausgegeben
HGB	Handelsgesetzbuch
Html	Hypertext Mark-up Language
http	Hypertext Transfer Protocol
i.e.	id est
I.E.	Ilona Ebbers
inkl.	inklusive
i. S.	im Sinne
i. S. d.	im Sinne der
Jg.	Jahrgang

JUNIOR	Junge Unternehmer initiieren, organisieren und realisieren
KEIM	Karlsruher Existenzgründungs-Impuls
KG	Kommanditgesellschaft
LZ	Leitziel
max.	maximal
METiS	Motivation von Existenzgründungen im Saarland
mind.	mindestens
MS	Margot Stift
Mwst.	Mehrwertsteuer
Nicht-Wiwis	Nicht-Wirtschaftswissenschaftler
NT	Neue Technologie
o.g.	oben genannt
oHG	offene Handelsgesellschaft
PC	Personal Computer
PFAU	Programm zur finanziellen Absicherung von Unternehmensgründern aus Hochschulen
PUSH!	Partnernetz für Unternehmensgründungen aus Stuttgarter Hochschulen
qm	Quadratmeter
p.m.	post meridium
S.	Seite
SIEG	Spezifische Aspekte des Gründungsmanagements
'SMFW'	'Strukturmodell Fachdidaktik Wirtschaftswissenschaft'
START	Selbstständigkeit als Perspektive
su.	summativ
Tab.	Tabelle
TP	Teilprojekt
überarb.	überarbeitete
u.a.	und andere
u.ä.	und ähnlich
U.S.	United States
USA	United States of Amerika
v.a.	vor allem
VANI	von außen nach innen

VINA	von innen nach außen
v. Chr.	vor Christus
vgl.	vergleiche
VWL	Volkswirtschaftslehre
Wiwis	Wirtschaftswissenschaftler
WPK	Wissenschafts-Praxis-Kommunikation
www	world wide web
z.B.	zum Beispiel
zit. n.	zitiert nach
zus.	zusammen

Verwendete Zeichen:

„...“	Direktes Zitat
'...'	Alltagssprache, Eigenname, Hervorhebungen, Hervorhebung in einem direkten Zitat oder ein Zitat im Zitat
[...]	Auslassung der Autorin in einem direkten Zitat
[XXX; I.E.]	Aus syntaktischen Gründen notwendige Hinzufügung der Autorin in einem direkten Zitat

2 Zur Wuppertaler Gründungsdidaktik

2.1 Zu EXIST und bizeps als Ausgangspunkte der Wuppertaler Gründungsdidaktik

Besonders in den letzten fünf Jahren fand in der deutschen Hochschullandschaft eine zunehmende Beschäftigung und rege Auseinandersetzung mit dem Thema 'Existenzgründung'[20] statt. [21] Das gesteigerte Interesse an diesem Thema kann vor allem auf den vom Bundesministerium für Bildung und Forschung (bmbf) im Jahre 1997 ausgeschriebenen und mit ca. 45 Millionen DM dotierten Wettbewerb 'EXIST-Existenzgründer aus Hochschulen' zurückgeführt werden. Bewerbungen auf diese Ausschreibung sollten von Regionen und ihren Universitäten sowie Fachhochschulen (eine Ausschreibungsregion sollte mindestens drei verschiedene Partner aus Wissenschaft, Wirtschaft und Politik in das Konzept integrieren)[22] erfolgen. Folgende Ziele waren dabei von den Bewerbern zu berücksichtigen:

> „- dauerhafte Etablierung einer 'Kultur der unternehmerischen Selbstständigkeit' in Lehre, Forschung und Verwaltung an Hochschulen;
> - konsequente Übersetzung wissenschaftlicher Forschungsergebnisse in wirtschaftliche Wertschöpfung - auch im Sinne des [...] neu formulierten Auftrags der Hochschulen zum Technologietransfer;
> - zielgerichtete Förderung des großen Potenzials an Geschäftsideen und Gründerpersönlichkeiten an Hochschulen und Forschungseinrichtungen;
> - deutliche Steigerung der Anzahl innovativer Unternehmensgründungen und damit Schaffung neuer und gesicherter Arbeitsplätze.“[23]

---

20 Nach Saßmannshausen (2001, S. 127) lässt sich Existenzgründung „als die Schaffung eines Potenzials, auf dem sich aller Voraussicht nach mindestens eine materielle (Vollerwerbs-) Existenz begründen lässt“ auffassen.

21 Vgl. Hoberg/Willemsen (2001, S. 81). Es soll an dieser Stelle darauf hingewiesen werden, dass die Unternehmeraus- und -weiterbildung mit der Besetzung des ersten Gründungslehrstuhls an der European Business School (ebs) in Oestrich-Winkel durch Herrn Prof. Dr. Klandt im Frühjahr 1998 offiziell ihren Einzug an Universitäten erhielt. Siehe hierzu Hoberg/Willemsen (2001, S. 81).

22 Hierzu gehören beispielsweise außeruniversitäre Forschungseinrichtungen, Unternehmen, Kapitalgeber, Technologie- und Gründerzentren, Unternehmensberatungen, Kammern, Verbände und Kommunen. Diese möglichen Einrichtungen sollten zusammen mit mindestens einer Hochschule eine 'area of excellence' gestalten. Vgl. bmbf (2000, S. 4). Siehe zu Spezifika von Netzwerken zur Gründungsförderung Koch (2003b, S. 156).

23 bmbf (2000, S. 4).

Zum Zeitpunkt der Wettbewerbsausscheidung konnte neben den Entwürfen von vier weiteren Regionen das Projektkonzept der Bergisch-Märkischen Region überzeugen.[24] Seit Anfang Oktober 1998[25] arbeitet die 'Bergisch-Märkische Initiative zur Förderung von Existenzgründungen, Projekten und Strukturen' (bizeps) an der Umsetzung ihres Projektkonzeptes. Bizeps bewarb sich mit folgender Projektstruktur[26] zum Ausschreibungszeitpunkt:

---

24 Vgl. bmbf (2000, S. 4-5): Dort wird beschrieben, dass sich 109 regionale Wettbewerbskonzeptionen mit über 200 Hochschulen an dieser Ausschreibung beteiligten. Im März 1998 wählte eine unabhängige Jury vorab zwölf tragfähige Ideenskizzen aus. Diese hießen 'Das D-nett's', 'hep', 'BINGO', 'boe', 'GURU', 'bizeps', 'GET UP', 'EXZENTRIK', 'METiS', 'KEIM', 'PUSH!' und 'GründerRegioM'. Die Projektkonzepte sollten bis Juli 1998 wiederum konkretisiert und verfeinert eingereicht werden. Im zweiten Auswahlverfahren konnten folgende fünf Siegerregionen prämiert werden: 'bizeps' (Bergisch-Märkische Initiative zur Förderung von Existenzgründungen, Projekten und Strukturen; Wuppertal-Hagen), 'Dresden exists' (Dresden) - (vorher unter der Bezeichnung 'boe'), 'GET UP' (Generierung technologieorientierter/innovativer Unternehmensgründungen mit hohem Potenzial; Ilmenau - Jena - Schmalkalden), 'KEIM' (Karlsruher Existenzgründungs-Impuls; Karlsruhe - Pforzheim) und 'PUSH! ' (Partnernetz für Unternehmensgründungen aus Hochschulen; Stuttgart).

25 Das Projekt erhielt nach einer ersten Förderungsdauer von drei Jahren und drei Monaten eine Anschlussförderung von weiteren drei Jahren bis Ende 2004.

26 Vgl. bmbf (2000, S. 19): Bei der Konzipierung des Antrags für die Bewerbung an der EXIST-Ausschreibung konnte das bizeps-Projekt schon auf bestehende Kooperationen von Gründungsförderungsstrukturen in der Region zurückgreifen. Bereits 1996 schlossen sich Institutionen, Organisationen und Verbände der 'Bergischen Gründungsoffensive' und des 'Märkischen Transfer-Verbunds' zusammen, um unter anderem bessere Bedingungen für die Unterstützung bei Unternehmensgründungen und -übernahmen schaffen zu können. Mit der Teilnahme an dem 'EXIST'-Wettbewerb wurden die vorhandenen Kooperationen mit den Projektpartnern der Bergischen Universität-Gesamthochschule Wuppertal (BUGH-Wuppertal, nunmehr ist die Bezeichnung GH in der Namensgebung abgelegt worden) und der Fern-Universität Hagen zusammengelegt.

Abb. 2.1: Projektstruktur bizeps[27]

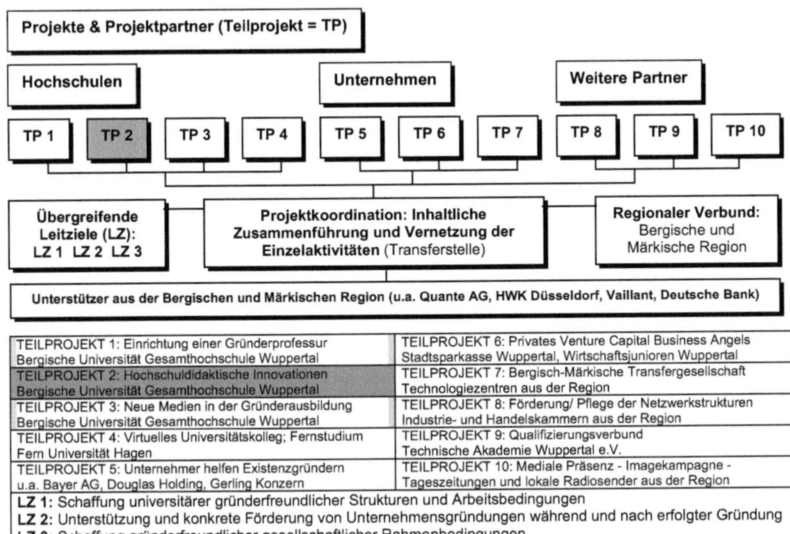

TEILPROJEKT 1: Einrichtung einer Gründerprofessur Bergische Universität Gesamthochschule Wuppertal	TEILPROJEKT 6: Privates Venture Capital Business Angels Stadtsparkasse Wuppertal, Wirtschaftsjunioren Wuppertal
TEILPROJEKT 2: Hochschuldidaktische Innovationen Bergische Universität Gesamthochschule Wuppertal	TEILPROJEKT 7: Bergisch-Märkische Transfergesellschaft Technologiezentren aus der Region
TEILPROJEKT 3: Neue Medien in der Gründerausbildung Bergische Universität Gesamthochschule Wuppertal	TEILPROJEKT 8: Förderung/ Pflege der Netzwerkstrukturen Industrie- und Handelskammern aus der Region
TEILPROJEKT 4: Virtuelles Universitätskolleg; Fernstudium Fern Universität Hagen	TEILPROJEKT 9: Qualifizierungsverbund Technische Akademie Wuppertal e.V.
TEILPROJEKT 5: Unternehmer helfen Existenzgründern u.a. Bayer AG, Douglas Holding, Gerling Konzern	TEILPROJEKT 10: Mediale Präsenz - Imagekampagne - Tageszeitungen und lokale Radiosender aus der Region
LZ 1: Schaffung universitärer gründerfreundlicher Strukturen und Arbeitsbedingungen **LZ 2:** Unterstützung und konkrete Förderung von Unternehmensgründungen während und nach erfolgter Gründung **LZ 3:** Schaffung gründerfreundlicher gesellschaftlicher Rahmenbedingungen	

Laut Projektantrag wird von den eng vernetzten Teilprojekten[28] folgende Grundausrichtung verfolgt: „Die Gesamtheit der bizeps-Maßnahmen garantiert, daß jeder Gründungswillige optimale Strukturen vorfindet, um seine Ideen zu verwirklichen und technologische Innovationen zu marktfähigen Produkten zu entwickeln."[29] Dies wird auch durch die im Schaubild abgebildeten Leitziele 1 bis 3 verdeutlicht.

Vor dem in der Einleitung dargestellten Hintergrund dieser Arbeit ist im Weiteren eine Beschränkung der nachfolgenden Überlegungen auf den Hochschulbereich[30] erforderlich, der, wie ebenfalls dem Projektantrag zu entnehmen ist, unter anderem ein umfassendes Lehrangebot für Gründungswillige aller Fachbereiche bereitstellen soll.[31]

---

27 Vgl. Braukmann (2000b, S. 92).

28 Siehe hierzu Bergische Universität-Gesamthochschule Wuppertal und Partner (1998, Zusammenfassung): „Spezifikum des Konzepts ist die aufeinander aufbauende, enge Vernetzung aller Teilprojekte."

29 Bergische Universität-Gesamthochschule Wuppertal und Partner (1998, Zusammenfassung).

30 Die Betrachtung beschränkt sich wiederum auf die BUGH-Wuppertal.

31 Hierbei handelt es sich um die Teilprojekte 1 bis 4, vgl. Bergische Universität-Gesamthochschule Wuppertal und Partner (1998, Zusammenfassung). In den anderen Gewinnerregionen werden ähnliche Angebote für Gründungswillige, wie beispielsweise universitäre Businessplan-Wettbewerbe, siehe hierzu beispielsweise die schon erwähnten Gründungsinitiativen KEIM, PUSH! und GET UP, [vgl. Kulicke/Görisch/Stahlecker (2002, S. 8)], Workshops für Gründer, siehe hierzu KEIM, [vgl. Kulicke/Görisch/Stahlecker (2002, S. 22)], Gründerfoyers, siehe hierzu Dresden

Jedoch stellt sich die Frage: Reicht dieses Angebot für die Förderung von Gründungen und damit auch dem Gründungsgedanken an Hochschulen aus?
Dies ist zu bezweifeln, da vielmehr ergänzend und kontrapunktierend weitere Maßnahmen ergriffen werden sollten, die nicht nur die Gründungswilligen, sondern auch die weitgehend noch unerschlossenen Studierenden ansprechen[32], damit auf einer breiten Basis eine Beschäftigung mit der Thematik 'berufliche Selbstständigkeit' stattfinden kann. Hierbei kann es aus ökonomischer Perspektive und moralischer Verantwortung dem Studierenden[33] gegenüber nicht darum gehen, unreflektiert Fördermaßnahmen für eine hohe Ausgründungsquote an Hochschulen zu entwickeln. Aufgabe sollte es sein, diese Studierenden für die Thematik 'berufliche Selbstständigkeit' zu sensibilisieren, sie hierfür zu öffnen bzw. zu mobilisieren und eine langfristige Auseinandersetzung mit dieser Berufsperspektive zu offerieren.
Das Teilprojekt II[34] des bizeps-Projekts beschäftigt sich folglich von Anfang an[35] und im Verlaufe des Projektes zunehmend mit der Forschungs- und Entwicklungsaufgabe einer Erschließung von zusätzlichem Potenzial. Um eine hohe Bindung von Studierenden an die Thematik 'Existenzgründung' erzielen zu können, entwickelt dieses Projekt daher unter anderem hochschuldidaktisch-innovative, gründungsbezogene Lehrangebote, die an den deutschen Hochschulen bislang nicht vorzufinden sind.[36]
Deshalb besteht die Notwendigkeit, ein gründungsspezifisches Lehrangebot didaktisch und methodisch neu zu komponieren, das die bisher kaum analysierte Zielgruppe von zu erschließenden Studierenden in den Mittelpunkt rückt.

---

exists, [vgl. Kulicke/Görisch/Stahlecker (2002, S. 6)], Coaching-Center für Gründer, dies ist ein Beratungsangebot für Gründer seitens GET UP, [vgl. Kulicke/Görisch/Stahlecker (2002, S. 54)] und in der wirtschaftswissenschaftlichen Standardlehre verankerte Vorlesungen, Seminare sowie Übungen zur Existenzgründung, vgl. Herting (2001, S. 67), der diese Lehrangebote an deutschen Universitäten auch außerhalb der Gewinnerregionen vorgefunden hat, unterbreitet.

32 Vgl. Bundesministerium für Bildung und Forschung (1997, Gliederungspunkt 3).

33 Im Folgenden wird die männliche Schreibweise benutzt. Die weibliche Schreibweise wird nicht explizit ausgewiesen, obgleich die hier verwendete Schreibform selbstverständlich die weibliche Form an entsprechender Stelle impliziert. An verschiedenen Stellen dieser Arbeit würde die Berücksichtigung beider Schreibformen unübersichtliche und schwer lesbare Wortkonstruktionen erzeugen, die durch die einheitliche Schreibweise vermieden werden können.

34 Die Verfasserin hatte die Möglichkeit als wissenschaftliche Mitarbeiterin im Rahmen der Forschungs- und Lehraufgabe des Teilprojekts II mitzuwirken. Leiter dieses Teilprojekts ist Braukmann, Inhaber des deutschlandweit einzigen Lehrstuhls für 'Wirtschaftspädagogik, Gründungspädagogik und Gründungsdidaktik' an der BU-Wuppertal.

35 Vgl. Bergische Universität-Gesamthochschule Wuppertal und Partner (1998, S. 11).

36 Siehe hierzu Mink (1998, S. 13): „Mit Ausnahme spezieller Veranstaltungen in den Wirtschaftswissenschaften ist das Studium in Deutschland - zumindest in der Hochschultradition in den alten Ländern - weitgehend frei von curricularen Bestandteilen, die berufliche Kompetenzentwicklung und insbesondere Fähigkeiten und Kenntnisse fördern, die einer unternehmerischen Tätigkeit Anschub leisten könnten.“

Eine diese unterstützende theoretische Basis kann durch die Entwicklung einer spezifischen Didaktik gelegt werden.[37] Dementsprechend hat das Teilprojekt II erste Ansätze einer sogenannten Wuppertaler Gründungsdidaktik konzipiert.[38] Eine derartige, spezifische Gründungsdidaktik kann, wie soeben dargelegt wurde, immer dann von Bedeutung sein, wenn sich eine Hochschule entscheidet, den engen Rahmen einer unmittelbaren Förderung von bereits Gründungswilligen zu verlassen und stattdessen auf eine breit angelegte, nachhaltige und systematische Integration des Themas der 'beruflichen Selbstständigkeit' in der Lehre setzt.[39]

Für Fragen der Qualifizierung rund um die Gründung hat sich an deutschen Hochschulen der aus dem Anglo-amerikanischen stammende Begriff der 'Entrepreneurship Education' etabliert.[40] Der in dieser Bezeichnung enthaltene Begriff 'Education' steht immer auch im Zusammenhang mit Didaktik. Fraglich ist daher, welches Verständnis von 'Entrepreneurship Education' angelegt werden kann und in welchem fachwissenschaftlichen Zusammenhang Gründungsdidaktik und 'Entrepreneurship Education' zueinander stehen.

---

37 Vgl. Braukmann (2000a, S. 5).

38 Dabei wird, so Braukmann (2000a, S. 9), das Ziel verfolgt, „eine Gründungsförderung eher als mittel- und langfristiges Vorhaben [zu konzipieren; I. E.], das während des Studiums angeregt wird [und; I. E.] eine kontinuierliche studiumsbegleitende Qualifizierung und selektive Wahrnehmung bezüglich Marktchancen (bzw. Produkt- und Prozessinnovationen) auslöst". Braukmann (2000a, S. 16-20) verweist weiterhin darauf, dass eine Gründungsdidaktik eine hohe Verantwortung gegenüber einem gründungsinteressierten Studierenden hat. Dieser kann beispielsweise sowohl der Gefahr einer interessenpolitischen Instrumentalisierung, als auch dem Sog einer unreflektierten Gründungseuphorie ausgesetzt sein [vgl. Braukmann, (2000a, S. 17)]. Eine gründungsdidaktisch ausgerichtete Qualifizierung sollte diese Gefahren benennen und die Studierenden über diese Problematik aufklären. Auch aus diesen Gründen sollen für eine gründungsspezifische Didaktik folgende drei Richtziele gelten:
1. Der Indoktrination und Manipulation der noch nicht für die Gründungsthematik erschlossenen Studierenden soll durch ein Qualifizierungsangebot, das eine freie Persönlichkeitsentwicklung bzw. -entfaltung mittels „zieltransparenter Lernangebote in didaktischen Situationen" unterstützt, entgegengesteuert werden [vgl. Braukmann (2000a, S. 17-18)].
2. Daraus resultiert die Forderung nach einem Qualifizierungs- und Betreuungskonzept im obigen Sinne, das eine umfassende gründungsbezogene Handlungskompetenz vermitteln soll [vgl. Braukmann (2000a, S. 19)]. Das Lehrangebot soll auch als Entscheidungsparameter für oder gegen ein Gründungsvorhaben dienen.
3. Der Schutz des gründungsinteressierten Studierenden ist das vorerst letzte übergreifende Richtziel im Rahmen einer 'Erschließungs- und Unterstützungsdidaktik'. Es muss diesem selbst überlassen bleiben, inwieweit er sich gegenüber der Gründungsthematik öffnet und inwiefern er eine Unterstützung in Anspruch nehmen möchte [vgl. Braukmann (2000a, S. 19)].

39 Dass diese Durchdringung auch eine gesellschaftspolitische Forderung ist, kann dann unter anderem aus dem Ausschreibungstext zu EXIST geschlossen werden; vgl. Bundesministerium für Bildung und Forschung (1997, Gliederungspunkt 2).

40 Vgl. Herting (2001, S 67), vgl. auch Ripsas (1998, S. 217), vgl. auch Grüner (1993, S. 485) und vgl. auch Klandt (1998, S. 198).

2.2 Zu 'Entrepreneurship Education' und Gründungsdidaktik

Bevor ein fachwissenschaftlicher Zusammenhang zwischen der Gründungsdidaktik und der 'Entrepreneurship Education' aufgezeigt werden kann, soll zunächst der in der Bezeichnung 'Entrepreneurship Education' enthaltene Begriff 'Entrepreneurship'[41] und anschließend darauf aufbauend die Disziplin selber definiert werden.
In der Gründungsforschung sind zum 'Entrepreneurship' schon verschiedene Erklärungsansätze vorhanden. Timmons beispielsweise beschreibt 'Entrepreneurship' wie folgt:

> „Entrepreneurship is a way of thinking, reasoning, and acting that is opportunity obsessed, holistic in approach, and leadership balanced."[42]

In der deutschen Sprache hingegen, so meint Faltin, gibt es kein Wort, „das die Bedeutung von Entrepreneurship einigermaßen zutreffend wiedergeben würde. [...] Wir verstehen darunter die Entwicklung einer unternehmerischen Idee und ihre Umsetzung am Markt."[43]
Klandt/Knecht allerdings unternehmen den Versuch, die Bezeichnung 'Entrepreneurship' ins Deutsche zu übersetzen:

---

41 'Entrepreneurship' nach Grüner (1993, S. 486) geht auf das französische Wort 'entreprendre', „etwas unternehmen, zurück und wurde ursprünglich für militärische Unternehmungen/Expeditionen gebraucht." Ergänzend dazu soll erwähnt werden, dass unter dem Entrepreneur im Kontext dieser Arbeit eine Person zu verstehen ist, die durch ihre Persönlichkeitsausprägungen und Kompetenzen in der Lage ist, über die innovativen Produkt- und Prozessentwicklungen hinaus auch Entscheidungen darüber zu treffen, wie mit dieser Innovation eine eigene, beruflich selbstständige Existenz aufgebaut und erfolgreich geführt werden kann.

42 Timmons (1999, S. 27).

43 Faltin (1998, S. 3). Ripsas (1998, S. 217) nimmt im gleichen Sammelband eine etwas ausführlichere Begriffserklärung vor: „Entrepreneurship ist das Erkennen von Marktchancen und das Realisieren der Wertschöpfungspotentiale durch das Gründen von Unternehmen, dabei kann von der Innovation als Erfolgsdeterminante ausgegangen werden. Innovatives Entrepreneur-ship bedeutet, den Markt genau zu beobachten, querzudenken, Bestehendes zu hinterfragen und verbesserte Produkte oder Dienstleistungen zur Befriedigung von Kundenbedürfnissen zu entwickeln und dadurch neuen Wert zu schaffen."

> „Der Begriff 'Entrepreneurship', der mit dem deutschsprachigen Synonym 'Gründungsmanagement' übersetzt werden kann, konzentriert sich schwerpunktmäßig auf das dynamische unternehmerische Verhalten von Personen, das zur Generierung und Weiterentwicklung neuer betrieblicher Strukturen nötig ist, aber auch auf die Unternehmenslebensphasen, mit besonderer Beachtung der Ideengenerierung, der Machbarkeitsprüfung, der Gründungsplanung (Business Plan), der Gründung eines Unternehmens und dem Aufbau eines funktionstüchtigen, formalen Führungssystems.“[44]

Werden die vorgestellten Begriffsbeschreibungen von 'Entrepreneurship' für eine eigene Definition subsumiert, so kann demnach '*Entrepreneurship*' *als eine Realisierung einer (Produkt- oder Prozess)-Innovation aufgefasst werden, die ein Gründer durch Errichtung einer eigenen, beruflich selbstständigen Existenz in den Markt einführt.*[45]

Auch für die Disziplin 'Entrepreneurship Education' bestehen schon verschiedene Definitionen.

Bei der 'Entrepreneurship-Education' handelt es sich nach Ripsas um die Ausbildung von Personen, die ein neues Unternehmen gründen möchten.[46] Ähnlicher Meinung ist auch Walterscheid, der die 'Entrepreneurship Education' als Aus- und Weiterbildung von Unternehmensgründern bezeichnet.[47] Und Schmude setzt 'Entrepreneurship Education' mit einer 'Gründerausbildung' gleich.[48]

Mit diesen Auffassungen findet eine als bislang ungewöhnlich zu bezeichnende Hinwendung zum Lernsubjekt bzw. zum Studierenden in der 'Entrepreneurship-Disziplin'

---

44 Klandt/Knecht (1999, S. 80).

45 Würde diese Begriffsbeschreibung nun als Grundlage für eine Wuppertaler Gründungsqualifizierung gewählt, so darf davon ausgegangen werden, dass das Wuppertaler-Lehrangebot, nominal-definitorisch betrachtet, bei didaktischen Überlegungen auf eine Gründungsförderung abzielt, die von einer Gründung ausgeht, die in einem kleineren Unternehmensumfang innovative Ideen als originelles, neuartiges Produktangebot auf dem Markt umsetzen möchte.

46 Vgl. Ripsas (1998, S. 217, S. 219). Er ist der Auffassung, dass nordamerikanische Hochschulen als Vorbilder für eine Gründungsqualifizierung im Rahmen der dort stattfindenden 'Entrepreneurship Education' gelten könnten, „wo unternehmerisches Handeln als zukünftige Schlüsselqualifikation erkannt worden und die Etablierung als eigenständige Disziplin innerhalb der Wirtschaftswissenschaft in den letzten Jahren einen großen Schritt vorangekommen ist.“ Jedoch sollte das amerikanische Lehrangebot nicht ohne Weiteres auf die deutschen Hochschulen übertragen werden, denn die Effektivität der Lehre gilt in Amerika trotz ihrer Vorreiterrolle als verbesserungswürdig [vgl. Braukmann (2000a, S. 5-6)]. Es wird gerade dort eine stärkere Hinwendung gerade zur didaktischen Forschung erwartet [vgl. Walterscheid (1998, S. 4)]. Somit sollte hierzulande die junge Gründungsforschung eigene didaktisch fundierte Theorien entwickeln, vgl. Ripsas (1998, S. 217). Vgl. auch Hoberg/Willemsen (2001, S. 81).

47 Vgl. Walterscheid (1998, S. 1, S. 3).

48 Vgl. Schmude (2002, S. 40-43).

statt.[49] Der Lerngegenstand 'Gründung' als Lernobjekt, der vielerorts in der 'Entrepreneurship-Ausbildung' im Vordergrund steht[50], wird dabei erst in zweiter Linie verfolgt.[51]

Eine diesem Ansatz entsprechende 'Entrepreneurship Education' kann Studierende für die Thematik 'berufliche Selbstständigkeit' sensibilisieren, öffnen bzw. langfristig für die Auseinandersetzung mit der Perspektive der 'beruflichen Selbstständigkeit' gewinnen. Darauf aufbauend kann sie, so präzisiert Braukmann[52], bei den Studierenden sowohl die Persönlichkeit als auch die berufliche Handlungskompetenz zur 'unternehmerischen Selbstständigkeit' fördern.

Daher kann 'Entrepreneurship Education' für eine eigene Definition als Disziplin beschrieben werden, *deren Ziel es ist, Persönlichkeiten und deren berufliche Handlungskompetenz zur 'unternehmerischen Selbstständigkeit' zu entwickeln bzw. aus- und weiterzubilden.*

Eine 'Entrepreneurship Education', die sich dieser Aufgabe annimmt, muss sich selbstverständlich aus mehreren Fachgebieten speisen.[53] Beispielsweise lässt sich die Zielkategorie 'Förderung von Handlungskompetenz zur 'unternehmerischen Selbstständigkeit' in der wirtschaftspädagogischen Disziplin verorten.[54] Ihre Bezugsdisziplinen sind die auf der Objektebene anzusiedelnde Wirtschaftswissenschaft, hier insbesondere die Betriebwirtschaftlehre, und die Pädagogik.[55] Sloane präzisiert:

> „[Die; I.E.] Disziplin [Wirtschaftspädagogik; I.E.] begreift sich als in der Schnittstelle von Wirtschaft und Erziehung stehend, d.h. sie erfasst gesellschaftliche Phänomene nicht interdisziplinär durch die Verbindung wirtschaftswissenschaftlicher und erziehungswissenschaftlicher Zugänge, sondern sie lokalisiert ihren Gegenstandsbereich in der Schnittstelle von zwei sich gegenseitig beeinflussenden Kulturbereichen."[56]

Zur Verdeutlichung der fachspezifischen Einordnungen dient das folgende Schaubild:

---

49 Vgl. Braukmann (2002, S. 56), vgl. Koch (2003a, S. 32).
50 Vgl. Herting (2001, S. 67).
51 Vgl. Braukmann (2002, S. 55).
52 Vgl. Braukmann (2002, S. 55).
53 Vgl. Braukmann (2002, S. 56).
54 Vgl. Braukmann (2002, S. 55).
55 Vgl. Braukmann (2002, S. 56).
56 Sloane (2001, S. 163).

Abb. 2.2: Annäherung an eine disziplinäre Einordnung der 'Entrepreneurship Education' nach Braukmann[57]

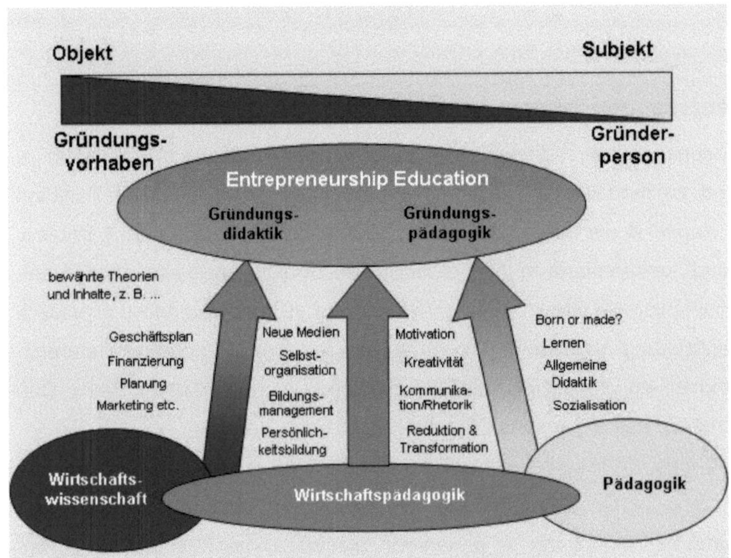

Wie aus der Abbildung erkennbar wird, will eine subjektorientierte 'Entrepreneurship Education' die gründungspädagogische Bildungs- und Förderaufgabe und die gründungsdidaktische Gestaltungsaufgabe von Lehr-/Lernsituationen akzentuieren. Daraus kann die Schlussfolgerung gezogen werden, dass die emergierende, interdisziplinäre 'Entrepreneurship Education' auf der Theorieebene auch als Gründungspädagogik und -didaktik verstanden werden kann.[58] Der letzteren kommt dabei vor allem die Aufgabe zu, das direkte Unterrichtsgeschehen (didaktische Überlegungen, wie z.B. Analyse und Wahl von Inhalt, Medien, Intention, Methode[59]), sowie makrodidaktische Rahmenbedingungen[60] zu organisieren.

Diese didaktische Gestaltung von gründungsspezifischen Lehr-/Lernprozessen steht im Mittelpunkt der Forschungsarbeit. Die Konzeption dieser Prozesse wird durch den

---

57 Braukmann (2002, S. 57).

58 Vgl. Braukmann (2002, S. 49).

59 Dies sind die vier unterrichtlichen Entscheidungsfelder der Lerntheoretischen Didaktik nach Heimann/Otto/Schulz [vgl. Jank/Meyer (1994, S. 183); vgl. auch Peterßen (1996, S. 125)], die noch im Folgenden noch vorgestellt werden.

60 Als Beispiele für makrodidaktische Rahmenbedingungen sollen die Dauer einer Qualifizierungsmaßnahme sowie der Qualifizierungsort dienen, vgl. Braukmann (2000a, S. 21).

Einsatz eines didaktischen Theoriegebäudes unterstützt. Daher ist es notwendig, seinen theoretischen Referenzrahmen vorzustellen.

2.3 Zum theoretischen Referenzrahmen

Didaktische Theoriegebäude[61] dienen unter anderem dazu, didaktisches Handeln zu analysieren und zu modellieren.[62] Für diese Forschungsarbeit ist diese Funktion zentral, da im Kapitel 4 die bereits erwähnten Methodischen Großformen Lernbüro, Übungsfirma und Juniorenfirma in ihrer didaktischen Struktur analysiert werden sollen, um als konzeptionelle Strukturierungshilfe für die zu entwickelnde universitäre Gründungsqualifizierung angewandt werden zu können. Der theoretische Referenzrahmen der innovativen Wuppertaler Gründungsdidaktik dient hierbei als Basis. Dieser fußt zunächst auf das allgemeine Didaktik-Modell nach Heimann.

Mit der Absicht, eine 'praktikable' Didaktik zu schaffen, deren Theorie vor allem für den Lehrenden eine „verbindliche Ordnung des praktischen Handelns“[63] ermöglichen soll, hat Heimann das Modell der so genannten 'Berliner Didaktik' entwickelt.[64] Heimann geht dabei von konstitutiven Momenten des Unterrichts aus, ohne die eine Qualifizierung undenkbar wäre. Es handelt sich dabei um immer wieder gleichartige Strukturen eines Unterrichts.[65] Heimann nennt diese „formal konstant bleibende, inhaltlich variable Elementar-Strukturen“[66], die in jedem Unterrichtsgeschehen existent sind. Es gelingt ihm dabei, sechs solcher Elementar-Strukturen aufzufinden und zu benennen. Vier dieser Elementar-Strukturen und zwar Intentionen, Inhalte, Methoden und Medien zählt Heimann zu den Entscheidungsfeldern des Lehr-/Lerngeschehens.[67] Des Weiteren identifiziert er die Elementar-Strukturen der anthropologisch-psychologischen und sozial-kulturellen Voraussetzungen, die für ihn

61 Bekannteste allgemeindidaktische Modelle sind die der Bildungstheoretischen Didaktik, der Kritisch-konstruktiven Didaktik, der Kommunikativen Didaktik, der Lern- bzw. Lehrtheoretischen Didaktik und der Lernzielorientierten bzw. Informationstheoretisch-kybernetischen Didaktik, vgl. hierzu Jank/Meyer (1994, S. 93).

62 Vgl. Jank/Meyer (1994, S. 92).

63 Peterßen (1996, S. 127).

64 Vgl. Peterßen (1996, S. 130).

65 Mit dem Berliner-Modell entwickelt Heimann eine metatheoretische Hilfe für den Lehrenden, „nämlich eine Strukturierungshilfe für die situationsadäquate Theoriebildung“ [Peterßen, (1996, S. 26)] durch den Lehrenden.

66 Peterßen (1996, S. 131).

67 Vgl. Jank/Meyer (1994, S. 183).

Bedingungsfelder unterrichtlicher Prozesse darstellen.[68] Nach Heimann bilden diese sechs Elementar-Strukturen das Gerüst von Unterricht, wie in der folgenden Darstellung verdeutlicht wird.[69]

Abb. 2.3: Elementar-Strukturen des Berliner Didaktikansatzes[70]

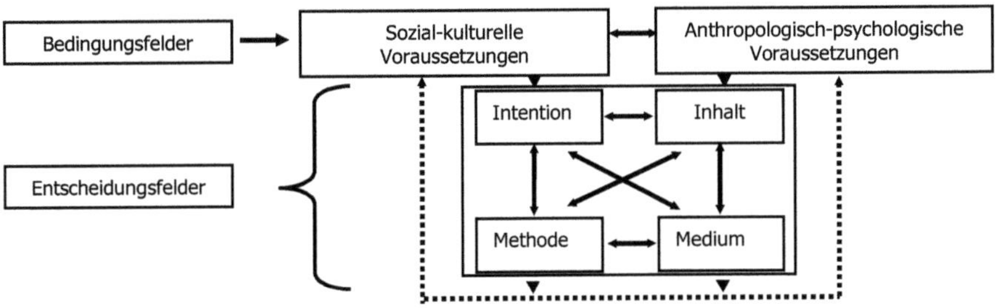

Dieses zunächst allgemeine Didaktik-Modell lässt sich aufgrund der inhaltlich variablen Struktur flexibel auf verschiedene Lehr-/Lernprozesse, so auch auf gründungsspezifische Bedingungs- und Entscheidungsfelder übertragen. Die exemplarische Konkretisierung der 'Berliner Didaktik' als Referenzrahmen für eine Wuppertaler Gründungsdidaktik kann daher in einer ersten Übersicht wie folgt veranschaulicht werden:

68 Vgl. Peterßen (1996, S. 131), vgl. auch Jank/Meyer (1994, S. 183).

69 Vgl. Peterßen (1996, S. 131).

70 Vgl. Blankertz (1975, S. 102), vgl. auch Peterßen (1996, S. 131) und vgl. auch Jank/Meyer (1994, S. 199). Mittels Strukturanalyse auf der ersten Reflexionsebene wird Auskunft über die zu entscheidenden Faktorenkomplexe gegeben. Es muss noch keine Information darüber vorliegen, wie die jeweiligen Entscheidungen lauten sollen. Deshalb nennt Heimann diese Analyse 'wertfrei', vgl. hierzu Jank/Meyer (1994, S. 200).
Die zweite Reflexionsebene der lerntheoretischen Didaktik wird von Heimann als Faktorenanalyse bezeichnet. Diese Ebene beschreibt, wodurch unterrichtliche Entscheidungen beeinflusst werden können. Dabei geht es um die Gewichtung und Beurteilung der den Unterricht bedingenden Faktoren, vgl. Kron (1994, S. 139-140).

Abb. 2.4: Exemplarische Konkretisierung der 'Berliner Didaktik'[71]

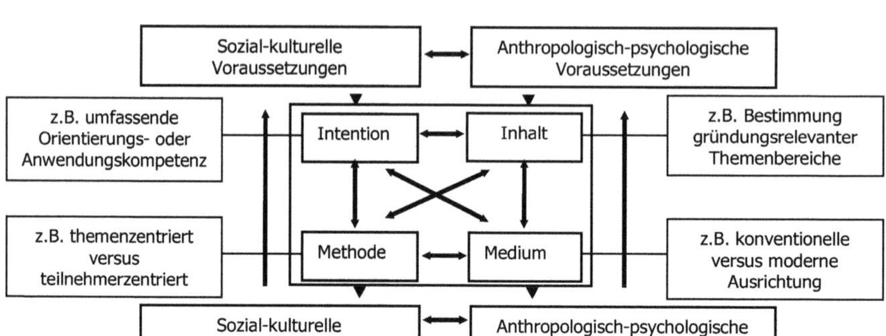

Das lerntheoretische Didaktik-Modell wurde auch in der Didaktik der Wirtschaftswissenschaft, in Form des Kölner 'Strukturmodells Fachdidaktik Wirtschaftswissenschaft' ('SMFW') nach Jongebloed/Twardy angewandt, wie folgende Abbildung verdeutlicht.[72] Dies ist insofern bedeutsam, als dass die in dieser Arbeit vorzunehmende Entwicklung einer Gründungsqualifizierung durch dieses Modell, aufgrund der fachdisziplinären Nähe zur Wirtschaftswissenschaft, unterstützt werden kann.[73]

---

71 In Anlehnung an Braukmann (2000a, S. 12).
72 Vgl. Jongebloed/Twardy (1983, S. 195).
73 Der fachdidaktische Ansatz des 'SMFW' wurde auch von Schubert (1997, S. 88) als 'Strukturmodell zur Unternehmerausbildung' herangezogen.

Abb. 2.5: 'Strukturmodell Fachdidaktik Wirtschaftswissenschaften' ('SMFW')[74]

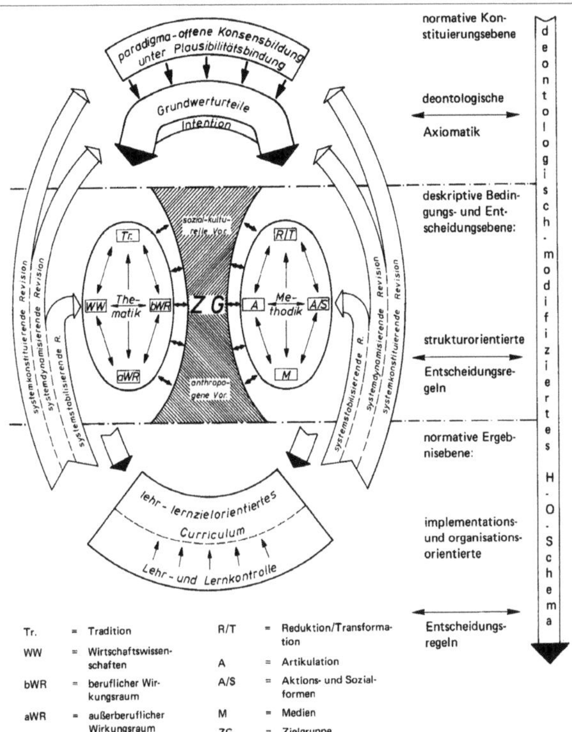

Die Entscheidungsfeldbereiche Thematik und Methodik werden im 'SMFW'[75] im Gegensatz zu dem Berliner-Modell unter anderem ausdifferenziert dargestellt.[76] Damit kann das 'SMFW' für diese Forschungsarbeit zur detaillierteren Betrachtung der Methodik dienen. Die Komponenten Artikulation, Aktions- und Sozialformen sowie Reduktion/Transformation werden so dann in diesen Teilen bei der didaktischen Strukturanalyse der schulischen Methodischen Großformen sowie bei der Entwicklung des gründungsbezogenen Lehrangebots ausgearbeitet.

[74] Jongebloed/Twardy (1983, S. 195).

[75] In Bezug auf weitere Gründe für die Orientierung auf und eine detaillierte Beschreibung des 'SMFW' soll auf Braukmann (1993, S. 260-265) verwiesen werden.

[76] Vgl. Braukmann (1993, S. 262), der beschreibt, dass Ergebnisse der Berliner Schule in das 'SMFW' integriert wurden.

Eine solche fokussierte Betrachtung methodischer Aspekte und damit eine Akzentuierung einer Unterrichtsraumdidaktik reicht allerdings für ein gründungsspezifisches, qualitativ hochwertiges Lehrangebot allein nicht aus.[77] Hierfür sind auch Elementar-Strukturen, wie beispielsweise der Ort und die Dauer einer Qualifizierung, zu betrachten. Im Entwicklungsprozess der Wuppertaler Gründungsdidaktik sind daher zu beachtende Grundsätze im Sinne konstitutiver Entscheidungen formuliert worden, die sich folglich nicht nur auf mikrodidaktische, sondern auch auf makrodidaktische Elementar-Strukturen beziehen.[78]

2.4 Makro- und mikrodidaktische Grundsätze

Im Weiteren werden zunächst die makrodidaktisch ausgerichteten Grundsatzformulierungen für die Qualifizierung ausschließlich in pointierter Form vorgestellt. Hieran schließt eine vertiefte Beschreibung der mikrodidaktischen Grundsatzformulierung an.

Diese Vorgehensweise lässt sich auf der einen Seite dadurch begründen, dass das im Kapitel 1 beschriebene Forschungsinteresse dieser Arbeit eher dem mikrodidaktischen Bereich der Wuppertaler Gründungsdidaktik zuzuordnen ist. Auf der anderen Seite legitimiert der dabei noch zu beschreibende Ansatz der Handlungsorientierung, die in dieser Arbeit verfolgte Betrachtung und methodische Gestaltung von Lehr-/Lernarrangements und -prozesse. Er dient als Basis für die Umsetzung des mikrodidaktischen Grundsatzes, eine 'Hochschuldidaktische Innovation' zu betreiben.

In der folgenden Abbildung werden für eine erste Übersicht schon vorab die formulierten Grundsätze einer Wuppertaler Gründungsdidaktik skizziert.

---

77 Vgl. Braukmann (2000a, S. 21).

78 Vgl. Braukmann (2000a, S. 10).

Abb. 2.6: Erste im Rahmen des Wuppertaler bizeps-Projekts entwickelte Grundsätze einer Gründungsdidaktik im Überblick[79]

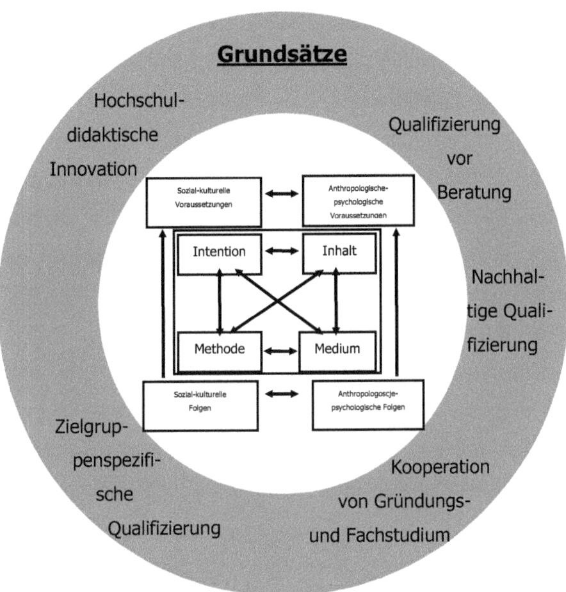

2.4.1 Makrodidaktisch ausgerichtete Grundsatzformulierungen

Wird das von Braukmann präferierte didaktische Primat, didaktische Prozesse von Innen nach Außen zu organisieren[80] befolgt, dann sollten makrodidaktische Faktoren so gestaltet sein, dass sie konstitutiv sind für die Umsetzung der Lehr-/Lernprozesse auf mikrodidaktischer Ebene. Daher wurden für den Fall der Wuppertaler Gründungsdidaktik von Braukmann auf der makrodidaktischen Ebene Grundsätze formuliert, die den innovativen hochschuldidaktischen Anspruch auf der mikrodidaktischen Ebene unterstützen sollen. Diese nicht immer überschneidungsfreien Grundsätze

---

[79] Braukmann (2000a, S. 21).

[80] Vgl. Braukmann (1993, S. 255) der dort erläutert, dass zwar didaktische Prozesse unterrichtlicher Lehr-/Lernsituationen von Innen ausgehen, diese jedoch von äußeren Rahmenbedingungen beeinflusst werden und somit in einer Interdependenz zueinander stehen.

lauten: 'Qualifizierung vor Beratung', 'Nachhaltigkeit der Qualifizierung', 'Kooperation von Gründungs- und Fachstudium' sowie 'Zielgruppenspezifische Qualifizierung'.[81]

Qualifizierung vor Beratung

Eine Beratung hat in der Regel zum Ziel, Lösungsvorschläge und Entscheidungshilfen für ein kurzfristig zu bewältigendes, konkretes Problem zu unterbreiten.[82] Dahingegen ermöglicht eine Qualifizierung dem Studierenden, sich eine umfassende gründungsspezifische Orientierungskompetenz anzueignen.[83] Zudem kann durch die Teilnahme an einer langfristig ausgerichteten Gründungsqualifizierung die Persönlichkeit und gründungsspezifische Handlungskompetenz bei dem Studierenden gefördert werden. Dieser Förderfunktion kann eine Beratung nicht gerecht werden.

Nachhaltigkeit der Qualifizierung

Potenziell gründungsinteressierte Studierende sollten sich in Form von langfristig angelegten Qualifizierungsmaßnahmen nach Möglichkeit frühzeitig und kontinuierlich während ihres Studiums mit der Gründungsthematik auseinandersetzen, um beispielsweise „'Euphorie'- 'Aktionismus'- und 'Disadvantage'-Gründungen“[84] vorbeugen zu können. Die systematische Herangehensweise einer Qualifizierung ermöglicht dem Studierenden eine sukzessive Annäherung an die Selbstständigenthematik. Sie sollten nicht durch unreflektiertes aktionistisches Handeln in einen Gründungsprozess getrieben werden, dessen Auswirkungen für die individuelle Person und für ihr Umfeld durch 'Übersprungshandlungen' zunehmend unkalkulierbarer werden. Die bewusste und langfristige Sicherung von bewährten Erfahrungen und Erkenntnissen in einem Qualifizierungsprozess kann im Gegensatz dazu beitragen, den angeführten Gefahren vorzubeugen.

Kooperation von Gründungs- und Fachstudium

Um auch studiumsbegleitende und fachbereichsübergreifende Entwicklungen von marktgängigen Produkt- und Prozessinnovationen frühzeitig effektiv unterstützen zu

---

[81] Vgl. Braukmann (2000a, S. 22-25).
[82] Vgl. Manstetten (1999, S. 51). Er sieht den Kern einer Beratung in der Förderung des Ratsuchenden durch individuelle Einzelgespräche.
[83] Vgl. Braukmann (2000a, S. 22).
[84] Braukmann (2000a, S. 23).

können, ist eine interdisziplinäre Qualifizierung für alle Fachbereiche förderlich.[85] Ein solches Qualifizierungsangebot kann gewährleisten, dass Produkt- und Prozessinnovationen fachbereichskooperierend langfristig durchdacht und geplant werden können. Ausschließlich fachbereichsinterne Produkt- und Prozessentwicklungen können beispielsweise die Gefahr bergen, dass umfangreiches Fachwissen aufgrund von kurzfristiger Aneignung von fachfremdem Halbwissen nicht mehr sinnvoll und effektiv verwertet werden kann.
Fachbereichsynergetische Qualifizierungs- und Produktentwicklungskooperationen könnten jedoch sogar Ausgründungen fördern, die möglicherweise zukünftig zu einer Marktetablierung führen.[86]

Zielgruppenspezifische Qualifizierung

Aufgrund der möglichen heterogenen beruflichen und privaten Sozialisation von an einer Gründungsqualifizierung teilnehmenden Studierenden ist bei didaktischen Vorüberlegungen zu beachten, dass die Teilnehmenden beispielsweise ein unterschiedliches Vorwissen in Bezug auf die Existenzgründungsthematik bzw. allgemeine wirtschaftswissenschaftliche Themen haben können.
Diese Heterogenität kann sich auch sowohl auf den kognitiven Beschäftigungsgrad mit einer beruflichen Selbstständigkeit sowie auf die persönliche Einstellung zu ihr beziehen.[87] Unter diesem Gesichtspunkt ist die Beachtung einer Binnendifferenzierung[88] entsprechend der individuellen Neigung und der Förderung der Studierenden wünschenswert, damit annähernd gleiche Lernvoraussetzungen geschaffen werden können. Eine kollektive Förderung der Studierenden ohne Berücksichtigung der individuellen Voraussetzungen würde nur geringe bzw. keine Lernerfolge zeitigen.
Daher bedarf es des Weiteren, um didaktisch erfolgreich und effizient lehren zu können[89], einer Außendifferenzierung[90] der Teilnehmergruppe. Studierende der Wirtschaftswissenschaft (Wiwis) werden erfahrungsgemäß eine höhere fachbezogene Affinität zur Gründungsthematik aufweisen als Teilnehmende aus anderen Fachbe-

---

85 Vgl. Braukmann (2000a, S. 24).
86 Vgl. Braukmann (2000a, S. 24).
87 Vgl. Braukmann (2000a, S. 24).
88 Binnendifferenzierung wird nach Zielke (1999, S. 178) als innere Differenzierung beschrieben, „die sich auf organisatorische und didaktische Maßnahmen innerhalb des Ausbildungsganges einer Ausbildungsstätte bezieht".
89 Vgl. Braukmann (2000a, S. 25).
90 Zielke (1999, S. 178): „Die Differenzierung des Bildungssystems in Bildungsgängen und Niveaustufen wird häufig als äußere Differenzierung bezeichnet".

reichen (Nicht-Wiwis). Daher sollte eine auf die Zusammensetzung der Zielgruppe abgestimmte Auswahl der unterrichtlichen Entscheidungsfelder Intentionen, Inhalte, Methoden und Medien stattfinden.[91] Zu einem späteren Zeitpunkt könnten dann möglicherweise auch „Fachbereichsgründungsdidaktiken"[92] zumindest phasenweise eingeführt werden.

Zusammenfassend darf davon ausgegangen werden, dass sich die Wuppertaler Gründungsdidaktik als Theoriegebäude einer nachhaltigen Gründungsqualifizierung versteht. Diese Gründungsdidaktik hat das Ziel, interdisziplinäre, zielgruppenorientierte Veranstaltungskonzeptionen zu entwickeln, bei der die Förderung der Persönlichkeit und gründungsrelevanter Handlungskompetenzen im Vordergrund steht. Damit diese Qualifizierungsform aus mikrodidaktischer Sicht insbesondere inhaltlich, motivational und persönlich bei den Studierenden zu Teilnahmeinteresse führt, wird nun untersucht, wie die Gründungsausbildung auf der Unterrichtsraumebene gestaltet werden sollte.

2.4.2 Mikrodidaktisch ausgerichtete Grundsatzformulierung

Braukmann formuliert für den Kern der mikrodidaktischen Aktivitäten den Grundsatz, eine 'Hochschuldidaktische Innovation' zu betreiben.[93]
Im Rahmen dieser Grundsatzformulierung steht die Förderung einer beruflichen Handlungskompetenz zur 'unternehmerischen Selbstständigkeit' im Mittelpunkt. Folglich ist zunächst zu prüfen, was aus fachdidaktischer Theorieperspektive allgemein unter beruflicher bzw. speziell unter gründungsspezifischer Handlungskompetenz verstanden und anschließend, wie diese dementsprechend gefördert werden kann.

2.4.2.1 Gründungsspezifische Handlungskompetenz als Prämisse für die Entwicklung einer Gründungsqualifizierung

Die aus wirtschaftsdidaktischer Perspektive stattfindende Auseinandersetzung mit dem Konstrukt der 'beruflichen Handlungskompetenz' hatte nach Beck ihren Anfang

---

91 Vgl. Braukmann (2000a, S. 25).
92 Braukmann (2000a, S. 25).
93 Siehe hierzu das Schaubild 2.6 unter Kapitel 2.3.

vor allem in den veränderten qualifikatorischen Herausforderungen des Beschäftigungssystems Mitte der 80er Jahre genommen.[94] Dementsprechend kann nach Pätzold der Begriff 'berufliche Handlungskompetenz' zutreffend als Befähigung eines Menschen umschrieben werden, „die zunehmende Komplexität und Unbestimmtheit seiner beruflichen Umwelt zu begreifen und durch ziel- und selbstbewusstes, flexibles, rationales, kritisch-reflektiertes und verantwortliches Handeln zu gestalten“[95]. Hierbei darf eine berufliche Handlungskompetenz als ganzheitlicher Blick auf menschliche Arbeits- und Lernhandlungen in sozialen Gefügen verstanden werden. Diese menschlichen Arbeits- und Lernhandlungen mit den entsprechenden kognitiven, motivationalen, sozialen und emotionalen Aspekten resultieren aus subjektiven, aus der eigenen Lebenserfahrung erworbenen und ausgeformten Handlungsschemata[96]. Für die Ausführung der verschiedenen Aspekte beruflichen Handels sind nach Ott unterschiedliche Kompetenzen notwendig.[97] Diese verschiedenen Teilkompetenzen einer 'beruflichen Handlungskompetenz' umfassen sowohl berufliche Fachqualifikationen, als auch fach- und berufsübergreifende Elemente. Die Letztgenannten werden auch als 'extrafunktionale Qualifikationen' bzw. 'Schlüsselqualifikationen'[98] bezeichnet.

Diese Form der Qualifikations- und Kompetenzstrukturierung soll zur besseren Übersicht anhand der folgenden Abbildung nach Halfpap veranschaulicht werden.

---

[94] Vgl. Beck (1996, S. 8), vgl. auch Reetz (1990, S. 19), vgl. auch Braukmann (2001, S. 82).

[95] Pätzold (1999, S. 57).

[96] Vgl. Pätzold (1999, S. 57).Handlungsschemata können nach Aebli (1997, S. 186) als Repertoire von fertigen Handlungsabläufen bezeichnet werden, „die wir in unserem Handlungswissen und Handlungsgedächtnis gespeichert haben.“ Vgl. hierzu auch Kaiser/Söltenfuß (1983, S. 826). Vopler/Oestereich/Gablenz-Kolakovic/Krogoll/Resch (1983, S. 32-33) gehen von einer Routinisierung von Handlungen aus, die dem Menschen helfen, „Wiederkehrendes im Fluß der Dinge zu erkennen und diesen Fluß in die Bahnen einer flexiblen Ordnung zu lenken“, so dass eine Welt „des Selbst-Gemachten und Selbst-Beherrschten“ geschaffen wird.

[97] Vgl. Ott (1997, S. 185), der hierzu näher beschreibt: „Unstrittig ist: Berufliche Handlungskompetenz umfasst verschiedene Teilkompetenzen - diese verdeutlichen die jeweilige Akzentuierung und Zielsetzung in der Berufsausbildung. Im jeweiligen Einzelfall werden die Teilkompetenzen konkretisiert bzw. in unterschiedliche Kategorien eingeteilt, dabei wird stets betont, dass die Teilkompetenzen nicht isoliert nebeneinander stehen, sondern eng aufeinander bezogen sind.“

[98] Der Begriff Schlüsselqualifikation geht auf Mertens zurück. Gonon (1999, S. 341) zitiert Mertens (1974, S. 36) wie folgt: „Unter Schlüsselqualifikationen verstand er hierbei 'übergeordnete Bildungsziele und Bildungselemente', die 'den Schlüssel zur raschen und reibungslosen Erschließung von wechselndem Spezialwissen bilden.'“ Siehe hierzu auch Hamm (1995, S. 269). Vgl. auch Dörig (1995, S. 88), der aufzeigt, dass bis zum damaligen Zeitpunkt schon mehr als 600 Einzelschlüsselqualifikationen formuliert wurden.

Abb. 2.7: Qualifikations- und Kompetenzstruktur der beruflichen Handlungsfähigkeit (in Anlehnung an Halfpap)[99]

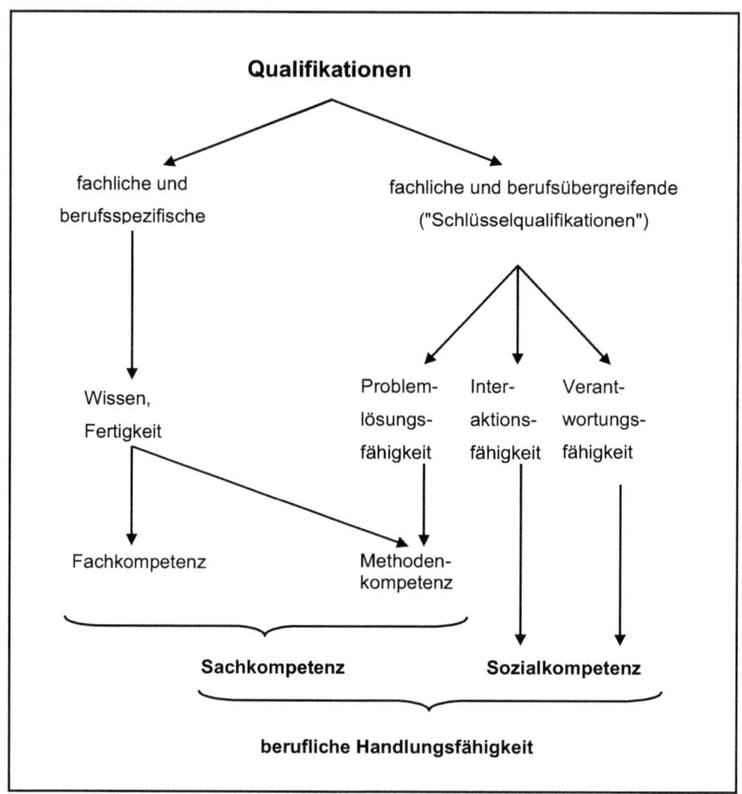

Zwar wird in Publikationen zur 'beruflichen Handlungskompetenz' zwischen weiteren Teilkompetenzen, wie beispielsweise denen der Individual-, Sach-, Human-, Lern-, Selbst- und Sprachkompetenz differenziert[100], jedoch wird offenbar von der Eintei-

[99] Vgl. Braukmann (2001, S. 84) in Anlehnung an Halfpap (1991, S. 242), vgl. auch Halfpap (1992, S. 83), vgl. auch Ott (1998, Punkt 37).

[100] Vgl. Arnold (1995, S. 70-71), vgl. auch Dubs (1995, S. 175), vgl. auch Reetz (1990, S. 22)/(1999, S. 35), vgl. auch Bader (1990, S. 10), vgl. auch Kaiser/Kaminski (1997, S. 33), vgl. auch Pätzold (1999, S. 57), vgl. auch Braukmann (2001, S. 83), vgl. auch Goldbach/Moritz (1994, S. 238-239), vgl. auch Eckert (1992, S. 57) sowie Middendorf (1998, S. 10). Ott (1997, S. 185) führt hierzu aus, dass zur Förderung der Handlungskompetenz verschiedene Ausbildungskonzepte entwickelt worden sind. „Im Ergebnis hat diese Entwicklung, trotz gegenseitiger Orientierung, bisher noch zu keiner geschlossenen Konzeption geführt."

lung in Fach-, Methoden- und Sozialkompetenz[101], ähnlich der Abbildung nach Halfpap, üblicherweise Gebrauch gemacht.[102]
Unter Fachkompetenz wird dabei „die Fähigkeit und Bereitschaft, Aufgabenstellungen selbständig, fachlich richtig, methodengeleitet zu bearbeiten und das Ergebnis zu beurteilen"[103], verstanden. Die Methodenkompetenz bezeichnet „situations- und fächerübergreifende, flexibel einsetzbare kognitive Fähigkeiten auch zur Aneignung neuer Kenntnisse und Fähigkeiten."[104] Unter Sozialkompetenz kann „die Fähigkeit und Bereitschaft, sich mit anderen rational und verantwortungsbewußt auseinanderzusetzen und zu verständigen"[105], subsumiert werden.
Esser/Twardy gehen bereits in Bezug auf ein gründungsbezogenes Kompetenzprofil davon aus, dass sich die drei Teilkompetenzen der 'beruflichen Handlungskompetenz' auch als typische Verhaltensmöglichkeiten eines Existenzgründers beschreiben lassen.[106] In Bezug auf die Fachkompetenz beispielsweise würde dies bedeuten, dass eine Gründerperson in der Lage sein sollte, einen Investitionsplan selbstständig aufzustellen.[107] Die Anwendung von 'Problemlösungsheurismen' wird im Gründungskontext als Methodenkompetenz verstanden.[108] Das Verhandeln eines Darlehns kann, so weiterhin Esser/Twardy, auch Ausdruck von Sozialkompetenz sein.[109] Diese Klassifizierungs- und Systematisierungsinterpretation wurde von ihnen unternommen, um im Rahmen von gründungsspezifischen Lehrangeboten der „Aufgabe der Hochschule in näherer Zukunft [...]" wie beispielsweise Schulte/Klandt es formulieren „[...] auch und vor allem Gründungskompetenzen zu vermitteln"[110], gerecht werden zu können.
„Demzufolge", so verweisen Esser/Twardy weiter, „ist das Entrepreneurial-Learning in der Universität so zu organisieren, daß Lernen in allen hier benannten Verhaltens-

[101] Vgl. Klein (1995, S. 255), vgl. auch Esser/Twardy (1998, S. 12), vgl. auch Halfpap (1991, S. 242), vgl. auch Braukmann (2001, S. 83), vgl. auch Ott (1998b, S. 26), vgl. auch Tepaß (1996, S. 10), vgl. auch Perczynski (1995, S. 39).
[102] Vgl. Ott (1997, S. 185).
[103] Bader (1990, S. 10), vgl. auch Ott (1997, S. 185).
[104] Pätzold (1999, S. 58), vgl. auch Ott (1997, S. 186).
[105] Bader (1990, S. 10), vgl. auch Ott (1997, S. 186), vgl. auch Bauer-Klebl/Euler/Hahn (2000, S. 104), vgl. auch Euler/Reemtsma-Theis (1999, S. 171), vgl. auch Feuerstein (1980, S. 104).
[106] Vgl. Esser/Twardy (1998, S. 12).
[107] Vgl. Esser/Twardy (1998, S. 12).
[108] Vgl. Esser/Twardy (1998, S. 12).
[109] Vgl. Esser/Twardy (1998, S. 12).
[110] Schulte/Klandt (1996, S. 1).

bereichen [Fach-, Methoden- und Sozialkompetenz; I.E.] möglich ist."[111] Die Förderung von Handlungskompetenz ist so zu gestalten, „daß sie sich in der Praxis der Existenzgründung bzw. der Unternehmensentwicklung und damit in der entsprechenden Anforderungssituation bewährt."[112] Die Ausprägungsform einer meist vorzufindenden dozentenorientierten Vorlesung an Universitäten erscheint laut Esser/Twardy daher für das Anforderungsprofil einer hochschulischen Gründungsqualifizierung unzureichend.[113]

Aus diesem Grund soll im Weiteren untersucht werden, wie eine gründungsspezifische Handlungskompetenz unterrichtskonzeptionell - durch die Entwicklung neuartiger Veranstaltungskonzeptionen - effektiv gefördert und unterstützt werden kann.

2.4.2.2 Handlungsorientierung als Basis der 'Hochschuldidaktischen Innovation'

Die Forderung nach der Entwicklung neuartiger Veranstaltungskonzeptionen zur Förderung einer gründungsbezogenen Handlungskompetenz im Rahmen der Umsetzung einer 'Hochschuldidaktischen Innovation' macht es notwendig, sich mit entsprechenden didaktischen Unterrichtskonzepten zu beschäftigen. In diesem Zusammenhang sei insbesondere auf die Theorie der handlungsorientierten Didaktik verwiesen. Seit Mitte der 80er Jahre wird in didaktischen Diskussionen die herrschende Auffassung vertreten, dass durch diese Didaktik der Handlungsorientierung[114] vor allem extrafunktionale Kompetenzen bzw. Schlüsselqualifikationen wie die der soeben vorgestellten Methoden- und Sozialkompetenz gefördert werden können.[115]

Im Rahmen der 'Entrepreneurship Education' wird zwar nicht explizit das Konzept der Handlungsorientierung angesprochen[116], doch lässt beispielsweise die Forderung nach einem handlungsbezogenen Lernprozess in der Entrepreneurship-Ausbildung, wie Klandt sie formuliert[117], vermuten, dass Parallelen vorhanden sind.

---

[111] Esser/Twardy (1998, S. 14).
[112] Esser/Twardy (1998, S. 15).
[113] Vgl. Esser/Twardy (1998, S. 14).
[114] Im Weiteren wird mit dem Begriff 'Handlungsorientierung' auch die handlungsorientierte Didaktik gemeint.
[115] Vgl. Braukmann (2001, S. 85).
[116] Vgl. Braukmann (2001, S. 86).
[117] Vgl. Klandt (1998, S. 200).

Dieser Vermutung soll nachgegangen werden, indem untersucht wird, was unter dem Konzept der handlungsorientierten Didaktik verstanden werden kann.

Die Beschreibung dieses Didaktikansatzes gestaltet sich jedoch schwierig. Ebner/Reinisch merkten dazu schon 1989 an:

> „So leicht es fällt, 'Handlungsorientierung' als zentralen Terminus der aktuellen didaktischen Diskussion zu identifizieren, so schwierig erweist sich zugleich der Versuch zu beschreiben, wodurch sich ein mit diesem Etikett versehener Ansatz auszeichnet - zu verschieden sind die jeweils angeführten Zielperspektiven, Begründungszusammenhänge und Argumentationslinien, als daß von einem deutlich konturierten didaktischen Konzept gesprochen werden kann.“[118]

Dementsprechend ist Speths Aussage nachvollziehbar, der als weiterer Vertreter der wirtschaftspädagogischen Disziplin ebenfalls feststellt, dass es die 'handlungsorientierte Unterrichtskonzeption' nicht gibt.[119] Er verweist darauf, dass vielmehr eine Fülle von handlungsorientierten wirtschaftsdidaktischen Konzeptionen vorzufinden ist.[120] Beck unternimmt jedoch den Versuch einer Begriffspräzisierung und resümiert:

> „Allen Interpretationen gemeinsam ist die Forderung nach einer aktiven Auseinandersetzung des Lernenden mit dem Lerngegenstand während des Lernprozesses. Lernen wird bewirkt (und beeinflußt) durch 'handelndes Tun' und bzw. oder 'verinnerlichte' Handlung.“[121]

---

118 Ebner/Reinisch (1989, S. 3), vgl. Czycholl/Ebner (1995, S. 46), vgl. Gudjons (1997a, S. 7), vgl. Pätzold (1995, S. 573).

119 Vgl. Speth (1997, S. 485).

120 Vgl. Speth (1997, S. 486).

121 Beck (1996, S. 55). An dieser Stelle (vgl. hierzu Weitz 1996, S. 9) sei auf Forschungen des Lernpsychologen Hans Aebli hingewiesen, die belegen, dass ein immanenter Zusammenhang von Denken und Handeln besteht. Weitz präzisiert: „Er stellt fest, daß unser Denken aus Handlungen hervorgeht und es trägt noch grundlegende Züge des Handelns, insbesondere seine Zielgerichtetheit und seine Konstruktivität (vgl. Aebli 1980, S. 26). Wenn aber, so H. Aebli weiter, Denkstrukturen sich aus verinnerlichten Handlungen entwickeln und Denken eine 'Metatätigkeit' über das konkrete Handeln ist, dann müssen auch Begriffsbildungsprozesse ihren Ausgang in konkreten Handlungen nehmen (vgl. Aebli 1980, S. 22 ff.). Auch die Folgen der Nichtbeachtung dieses Zusammenhangs für die schulische Arbeit macht Aebli deutlich: 'Der didaktische Kurzschluß besteht darin, bloße Ergebnisse zu vermitteln und zu meinen, man habe nicht die Zeit oder es sei zu umständlich, mit den Schülern jene Tätigkeiten in Gang zu setzen, deren Ergebnis die Einsicht, die Problemlösung, der Begriff ist.' (Aebli 1987, S. 31).“ Siehe auch Tramm (1994, S. 45).

Beck hält es trotz seines Präzisierungsansatzes nicht für sinnvoll, ein eigenes weiteres Konzept hinzuzufügen,[122] sondern verweist auf Braukmann, der Identifikationen von Identitäten, Gemeinsamkeiten bzw. 'Schnittmengen' bestehender Konzeptionen in Form eines Kriterienkataloges ausweist[123]. Dabei stuft Braukmann folgende vier Anforderungsbereiche im Rahmen der Gestaltung von handlungsorientierten Lehr-/Lernsituationen zur Förderung einer beruflichen Handlungskompetenz als unabdingbar ein[124]:

„- Ganzheitlichkeit
- schüleraktive, weitgehend selbständige Aneignung von Lehr-/ Lernmethoden
- Schülerorientierung und Individualisierung des Unterrichts
- reflexive bzw. metakognitive Auseinandersetzung mit Lernprozessen"[125].

Braukmann differenziert im Rahmen seines Kriterienkataloges zum handlungsorientierten Unterricht die angeführten Merkmalsausprägungen aus. Beck bezieht sich auf diese Katalogisierung und bewertet sie in Form der folgenden synoptischen Darstellung als pragmatische und handhabbare Schnittmenge.[126]

122 Vgl. Beck (1996, S. 56).
123 Vgl. Braukmann (1996, S. 86).
124 Vgl. Braukmann (1993, S. 273-274).
125 Braukmann (1993, S. 274).
126 Vgl. Beck (1996, S. 56).

Abb. 2.8: Merkmale handlungsorientierten Unterrichts[127]

Merkmal	Erläuterung
Ganzheitlichkeit	Geprägt durch - Mehrdimensionalität (neben der kognitiven Dimension sind die affektive und psychomotorische Dimension einzubeziehen) - Denken und Handeln in vollständigen bzw. komplexen Handlungsvollzügen (eigenständige Planung, Durchführung und Kontrolle bzw. Bewertung) - einen engen Theorie-Praxis-Bezug - eine fächerübergreifende bzw. integrative Auseinandersetzung mit Lehr-/Lerngegenständen
Lerneraktivität	Die Lerngegenstände sollen weitestgehend selbständig angeeignet werden, durch - Ermöglichung eines problemlösenden, relativ selbständigen - also entdeckenden - Lernens - Ermöglichung auch äußerlich lerneraktiver Aktions- und Sozialformen - eine interaktionsbetonte Unterrichtsgestaltung
Teilnehmerorientierung	Subjektorientierung durch Individualisierung bzw. Binnendifferenzierung des Unterrichts, u.a. durch - Anknüpfen an/Integration von vorhandenen Erfahrungen der Teilnehmer - Selbstorganisation der individuellen Lernprozesse durch Partizipation der Lernenden an der Unterrichtsgestaltung z.B. auch durch die - von Lernenden vorzunehmende - Wahl von Aktions- und Sozialformen mit einem hohen Grad an Selbstbestimmungsmöglichkeiten
Reflexion	Arbeitsrückschau auf die - Bewältigung der Bezugshandlung (Lernaufgabe) - Bewältigung des Lernprozesses

Mit Rückblick auf die zu Anfang dieses Kapitels beschriebene Forderung nach innovativen Veranstaltungskonzeptionen in der universitären Gründungsausbildung in Verbindung mit der Förderung einer gründungsbezogenen Handlungskompetenz, kann nach den eben skizzierten Merkmalen handlungsorientierter Grundsätze ver-

[127] Vgl. Beck (1996, S. 57) in Anlehnung an Braukmann (1996, S. 87-90).

mutet werden, dass die Theorie einer handlungsorientierten Didaktik in der Entrepreneurship-Qualifizierung weitestgehend Berücksichtigung finden kann.
Dies stellen auch Esser/Twardy fest und fordern, dass für eine universitäre Entrepreneur-Ausbildung der hochschulmethodische Spielraum ausgeweitet werden sollte.[128]
Darauf verwies schon 1993 Grüner, der annahm, dass Lehr-/Lern-Methoden einen starken Bezug zur Praxis und Lebenswelt des potenziellen Entrepreneurs haben sollten.[129] Auch Walterscheid, der sich in seinen Ausführungen auf Gibb bezieht[130], merkt für die 'Entrepreneurship Education' an, unternehmerische Situationen in die Seminarräume hereinzuholen.[131]
Diese handlungsorientierten Methodenarrangements unterscheiden sich stark von traditionellen Lehr-/Lernmethoden.[132] Um eine entsprechende Zuordnung des beispielsweise im wirtschaftsberuflichen Kontext bekannten Methodenrepertoires durchführen zu können, hat Braukmann in Anlehnung an Speth eine Systematisierung vorgenommen, die durch folgende Darstellung verdeutlicht werden soll.
Dort werden die Aktivitätsgrade des Lernenden sowohl in Bezug auf eher traditionelle als auch auf handlungsorientierte Methoden von links nach rechts beschrieben. Hierbei ist der Blick auf die Sozialformen[133] des Lehr-/Lerngeschehens zu richten, da insbesondere die den Sozialformen zuzuordnenden Simulationsmethoden im Mittelpunkt der Diskussion in dieser Arbeit stehen.

---

[128] Vgl. Esser/Twardy (1998, S. 15).
[129] Vgl. Grüner (1993, S. 495), vgl. Grüner (2001, S. 293).
[130] Siehe hierzu Gibb (1993, S. 21): „Incorporating enterprise essences into the classroom environment“ [zitiert nach Walterscheid (1998, S. 13)].
[131] Vgl. Walterscheid (1998, S. 13).
[132] Vgl. Backes-Haase (1998, S. 165).
[133] Vgl. hierzu Kaiser/Pätzold (1999, S. 264), die unter Sozialformen die Beziehungsstruktur von Ausbildungsprozessen verstehen. Hierzu zählen z.B. Einzelarbeit, Gruppenarbeit, Frontalunterricht sowie Simulationen.

Abb. 2.9: Aktions- und Sozialformen in Anlehnung an Speth[134]

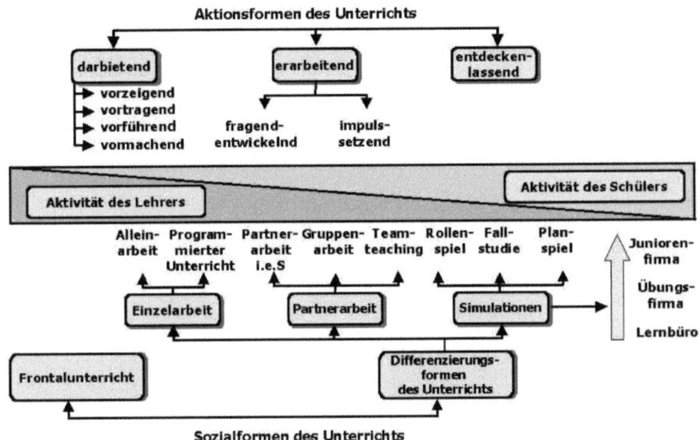

Im Schaubild wird verdeutlicht, dass dem Lernenden im Bereich der Simulationsmethoden der höchste Aktivitätsgrad ermöglicht wird und der Lehrende sich entsprechend zunehmend passiv verhält. Bei den Simulationsformen handelt es sich beispielsweise um das Rollenspiel, die Fallstudie und das Planspiel.[135] Weitere im wirtschaftsberuflichen Bildungskontext bekannte Simulationsmethoden sind das Lernbüro, die Übungsfirma und die Juniorenfirma.[136]

Braukmann ordnet sie, wie dem Schaubild zu entnehmen ist, den Methodenkonzeptionen mit dem höchsten Aktivitätsgrad der Lernenden zu.[137]

Aus den vorangegangen Ausführungen lässt sich schließen, dass diese didaktischen Simulationsmethoden in wirtschaftsberuflichen Bildungsgängen bereits als typische handlungsorientierte Arrangements zur Förderung von 'beruflicher Handlungskom-

---

[134] Entnommen aus Braukmann (1993, S. 359). Braukmann erweiterte diese Darstellung später um den Teil 'Lernbüro, Übungsfirma, Juniorenfirma' auf der Ebene der Sozialformen. Siehe auch zu einer allgemeinen Einordnung von Methoden das 9-Felder-Schema von Müller/Pappenkort (1999, S. 215-216). Die in der Darstellung abgebildeten Aktionsformen werden nach Kaiser/Pätzold (1999, S. 264) als Handlungsstruktur in Aus- und Weiterbildungsmaßnahmen beschrieben.

[135] Diese Methodenkonzeptionen werden im Kapitel 3 genauer beschrieben.

[136] Die Methodentriade findet ihre ausführliche Beschreibung vor allem im Kapitel 4 dieser Arbeit.

[137] Siehe hierzu auch Weitz (1996, S. 10-11), der ausführt, dass im Rahmen der handlungsorientierten Didaktik Methoden wie Fallstudien, Rollenspiele, Planspiele, Lernbüros, Übungsfirmen und Juniorenfirmen, Leittextverfahren und Expertenbefragungen einen besonderen Stellenwert erhalten. Vgl. Kaiser/Kaminski (1997), vgl. Speth (1997) und vgl. Stein/Weitz (1992).

petenz' gelten. Es kann daher davon ausgegangen werden, dass sie auch zur Gestaltung von gründungsspezifischen Lehr-/Lernarrangements zur Förderung einer gründungsbezogenen Handlungskompetenz eingesetzt werden können.

Aus diesem Grund soll im Weiteren der Fokus auf die soeben angesprochenen handlungsorientierten Methoden gerichtet werden. Damit wird auch dem mikrodidaktischen Grundsatz einer Wuppertaler Gründungsdidaktik eine 'Hochschuldidaktische Innovation' zu betreiben, indem für eine innovative Gründungsqualifizierung erfolgversprechende, teilnehmermotivierende Lehr-/Lernarrangements destilliert und weiterentwickelt werden, entsprochen.

3 Zu wirtschaftsdidaktischen Simulationsmethoden

3.1 Definitorische Bestimmung der Simulationsmethode

Eine wirtschaftsdidaktische Simulationsmethode ist nach Ewig ein „umfassender Begriff für alle Aktivitäten, die durch Nachahmung der Realität in einem Modell Schülern Erfahrungen des Wirtschaftslebens vermitteln wollen.“[138] Sie wird genutzt, „um die Konsequenz riskanter und kostspieliger Pläne zunächst [...] gefahrlos ermitteln und bewerten zu können.“[139] Dabei soll die Simulation „die Wirklichkeit in bestimmter Weise zu einer Lernumwelt [vereinfachen,; I.E.] die den Voraussetzungen der Lernenden entgegenkommt und die ungünstige oder gefährliche Auswirkungen ausschließt.“[140] Der Lernende setzt sich im handlungsorientierten Lehr-/Lernprozess mit dem jeweiligen Unterrichtsgegenstand innerhalb der Lernumgebung[141] aktiv auseinander[142] und erhält dadurch die Möglichkeit, seine Handlungskompetenzen zu erweitern.[143]

Wirtschaftsdidaktische Simulationsmethoden können unterschiedlich dimensionierte Handlungsräume haben, die dementsprechend auch verschiedene Grade der Handlungsfreiheiten bieten. Vergleichbar reichhaltig und dabei nicht immer überschneidungsfrei sind auch die Konzepte, die in ihrer Vielfalt zu Verwirrungen führen können[144]. Bezeichnungen dieser Konzepte wie Rollenspiel, Planspiel, Fallstudie, Lernbüro, Übungsfirma, Juniorenfirma oder Computersimulation lassen Unterschiede oder Gemeinsamkeiten bestenfalls erahnen.[145]

---

[138] Ewig (1991, S. 130). Ein Modell kann nach Gramlinger (2000, S. 30), der auf Stachowiak (1973) verweist, „als Hilfskonstruktion menschlicher Erkenntnis“ begriffen werden.

[139] Buddensiek (1999, S 353).

[140] Bonz (1999, S. 125).

[141] Die Lernumgebung kann auch als Handlungsraum, der Handlungsfreiheiten offeriert, verstanden werden. Dörner (1982, S. 142) stellt aus psychologischer Perspektive Folgendes fest: „Das probeweise Handeln mit neu erfundenen Hypothesen setzt das Vorhandensein von 'nach außen' risikofreien Handlungsräumen voraus, in denen man sich handelnd bewegen kann, aber so, daß das Handeln spielerisch bleibt und nur Folgen hat, die reversibel sind. [Die Simulation; I.E.] könnte auch an dieser Stelle eine große Rolle spielen.“

[142] Volpert (1989, S. 121) fordert beispielsweise, „dass die Möglichkeiten und Chancen selbständigen Handelns in komplexen Situationen sowohl allgemeines Ziel als auch Gestaltungsmerkmal von Lernprozessen sein müssen.“

[143] Vgl. Buddensiek (1999, S. 354).

[144] Vgl. Buddensiek (1999, S. 354).

[145] Siehe Abbildung 2.9, Kapitel 2.4.2.2, vgl. Ewig (1991, S. 130).

Bonz hat daher eine Kategorisierung der verschiedenen Simulationskonzepte vorgenommen, die folgende Übersicht verdeutlicht.
Die in dieser Übersicht nur aufgeführten methodischen Varianten werden dem Systematisierungsansatz folgend in den nächsten Kapiteln vorgestellt.

Abb. 3.1: Übersicht wirtschaftsberuflicher Simulationsmethoden in Anlehnung an Bonz[146]

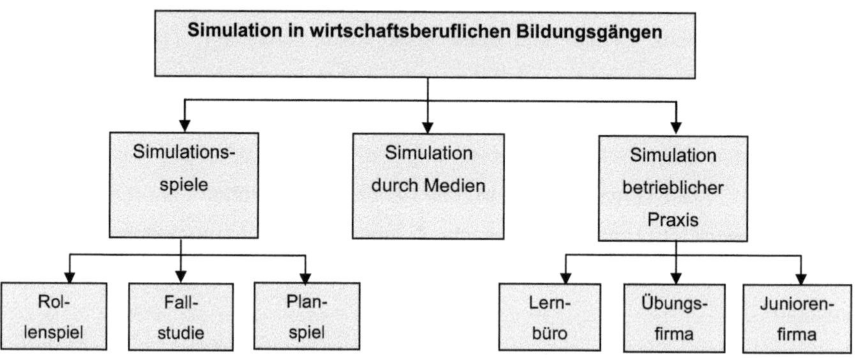

3.2 Kurzbeschreibung der methodischen Varianten

Im Folgenden werden die im obigen Schaubild aufgeführten Simulationsmethoden beschrieben. Sie weisen untereinander einige Überschneidungen auf, die in der Darstellung zu Unschärfen führen können. Von einer Analyse der didaktischen Struktur der aufgeführten methodischen Varianten wird in diesem Kapitel noch Abstand genommen. Über die im Kapitel 4 didaktisch zu analysierenden Simulationsmethoden, die als Strukturierungshilfe für die zu entwickelnde universitäre Gründungsqualifizierung genutzt werden sollen, wird erst im Kapitel 3.3 auf der Grundlage der dort vorangegangenen Beschreibung entschieden.

---

[146] In Anlehnung an Bonz (1999, S. 125).

3.2.1 Zu Simulationsspielen

Simulationsspiele können, wie Meyer explizit zum Ausdruck bringt „als regelgeleitete, absichtsvolle Simulationen von Konflikten und Entscheidungsprozessen“[147] definiert werden. Sie bilden einen bestimmten Realitätsausschnitt in reduzierter Form ab „ohne dass dabei die ursprüngliche Komplexität und Struktur in diesem Ausschnitt verlorengeht.“[148] Hierdurch soll handlungsorientiertes Lernen ermöglicht werden.
In wirtschaftsberuflichen Bildungsgängen sind als Simulationsspiele vor allem die Ausprägungsformen Rollenspiel, Fallstudie und Planspiel bekannt.[149]
Das Rollenspiel wird nach Behrens/Faust wie folgt beschrieben:

> „Das Rollenspiel ist ein Verfahren, das in simulierter Form Situationen aus dem Alltäglichen und Fiktiven darstellt, die entweder aus dem Erfahrungsbereich der Beteiligten stammen oder für sie erfahrungsvorbereitend sind, und somit die Interaktionsfähigkeit der Beteiligten anspricht bzw. fördern sollte.“[150]

Kaiser/Kaminski betonen, dass mit dem Einsatz des Rollenspiels das Ziel verfolgt wird, den Lernenden zu befähigen, „Konfliktsituationen zu durchschauen und durchzustehen.“[151] Es soll die Möglichkeit geboten werden, „den eigenen Handlungsspielraum und die eigene Handlungskompetenz zu erweitern.“[152] Lernende können im Rahmen des Rollenspiels soziale Folgen erkennen und deuten, sowie eigene und fremde Wertmaßstäbe kritisch überprüfen und eventuell korrigieren.[153] Das Rollenspiel ließe sich nun in verschiedene Varianten, die an dieser Stelle aber nicht vertieft werden sollen[154], einteilen, die ihrerseits wiederum die unterschiedlichen Grade der Handlungsfreiheiten der Lernenden verdeutlichen würden.

---

[147] Meyer (1987b, S. 346).
[148] Bonz (1999, S. 128).
[149] Vgl. Abbildung 2.9, Kapitel 2.4.2.2. Die Fallstudie ist zwar kein Simulationsspiel im o.g. Sinne (vgl. Kaiser, 1999a S. 194), sie kann dennoch im Weiteren den Simulationsspielen zugeordnet bleiben, da sie zumindest durch die Ermöglichung einer handlungsorientierten Arbeit an einem praxisnahen Fall auch als Vorlage für Rollen- und Planspielsituationen dienen kann, bzw. weil die Lernenden anhand der Fallstudie Situationen verinnerlichen und dadurch zumindest in Gedanken 'durchspielen' können. Dieser Auffassung ist Meyer (1987b, S. 349), der die Fallstudie genau wie die Verfasserin zu den Simulationsspielen zählt.
[150] Behrens/Faust (1980, S. 73).
[151] Kaiser/Kaminski (1997, S. 149), vgl. Speth (1997, S. 390).
[152] Kaiser/Kaminski (1997, S. 149), vgl. Speth (1997, S. 391).
[153] Vgl. Kaiser/Kaminski (1997, S. 149), vgl. Speth (1997, S. 390).
[154] Meyer (1987b, S. 357) unterscheidet das gelenkte Rollenspiel (Vorgaben sind präzise und festgelegt) und das offene Rollenspiel (Handlungsalternativen der Lernenden sind vielfältig). Nach Weitz (1998, S. 9) wird das Rollenspiel in geplante Rollenspiele (ein systematisch angeleiteter

Im Gegensatz zum Rollenspiel, in dem soziale Konfliktsituationen durchgespielt werden, stellt die Fallstudie oder auch Fallmethode Entscheidungsfälle aus der unternehmerischen Praxis dar. Bodenstein/Geise beschreiben die Fallstudie wie folgt:

> „Bei der Fallstudie bzw. Fallmethode werden die Lernenden mit einer konkreten Situation konfrontiert, für die bestimmte Fragestellungen zu lösen sind."[155]

Es ist deshalb nicht verwunderlich, dass die Fallstudiendidaktik ihren Ursprung in der rechtswissenschaftlichen Lehre hatte.

> „Bereits im ersten Vorlesungsverzeichnis der Harvard Business School vom Jahre 1908 findet sich folgender Hinweis: 'In the courses on Commercial Law, the case system will be used. In the other courses an analogous method, emphaszising classroom discussion in connection with lectures and frequent reports on assigned topics - what may be called the problem-method, will be introduced as far as practicable.' Damit war die Grundlage für die Entwicklung der Fallstudiendidaktik in den USA geschaffen."[156]

Seit mehreren Jahren wird die Fallmethode auch in der wirtschaftsberuflichen Aus- und Weiterbildung in Deutschland eingesetzt. Das Ziel ist es, bei den Lernenden die Urteils- und Entscheidungsfähigkeit[157] auszubilden und einen praxisbezogenen Wissenserwerb zu initiieren, mittels zeitlich und räumlich abgrenzbarer 'Ereigniskomple-

---

Lernprozess) und situative Rollenspiele (entstehen aus einer aktuellen Unterrichtssituation) eingeteilt. Als didaktisch gelenktes Rollenspiel (systematischer Lernprozess) einerseits und als szenische Kurzdarstellung (eine Szene wird mit geringem Zeitaufwand nachgespielt) andererseits wird das Rollenspiel von Schiller (1998, S. 205) bezeichnet. Vgl. auch Ewig (1997, S. 138).

155 Bodenstein/Geise (1987, S. 13) beschreiben dazu die Fallstudie ergänzend wie folgt: „Im allgemeinen müssen hierzu Informationen analysiert, Lösungsalternativen entwickelt und Entscheidungen getroffen werden. Die Informationen für die Lösung des Falls können vorgegeben werden oder die Teilnehmer müssen sie selbst beschaffen; außerdem können die Probleme mit der Fallschilderung ausdrücklich genannt oder von den Lernenden eigenständig definiert werden." Kaiser (1999a, S. 193) ergänzt dazu, dass am Fall die komplexe Realität analysiert wird. Siehe auch Bonz (1999, S. 141).

156 Kaiser (1983, S. 12), vgl. Achtenhagen (1997, S. 630).

157 Vgl. Pätzold (1996, S. 180). Der Verlauf einer Fallstudie wird von Kaiser/Kaminski (1997, S. 127) in diesem Zusammenhang wie folgt beschrieben: „Die Grundstruktur der Fallstudie beruht darauf, daß die Schüler mit einem aus der Praxis bzw. Lebensumwelt gewonnenen Fall konfrontiert werden, den Fall diskutieren, für die Fallsituation nach alternativen Lösungsmöglichkeiten suchen, sich für eine Alternative entscheiden, diese begründen und mit der in der Realität getroffenen Entscheidung vergleichen. Die Zielsetzung der Fallstudien, die Lernenden zur Entscheidungsfähigkeit zu erziehen, legt es nahe, den Lernprozeß als Entscheidungs- und Problemlösungsprozeß zu organisieren."

xen'.[158] Dabei sollte ein Fall einerseits nach lernobjektbezogenen und andererseits nach lernsubjektbezogenen Kriterien konstruiert sein.[159] Zu den lernobjektbezogenen Kriterien zählt der Praxisbezug des Falls bzw. seine situative Repräsentation. Darüber hinaus spielt die wissenschaftliche Repräsentation insofern eine Rolle, als dass „die Wissenschaften bzw. deren theoretischen Konstrukte einen Beitrag zur Durchdringung und Bewältigung der Lebenssituationen leisten können."[160]
Zu den lernsubjektbezogenen Kriterien zählen die subjektive Bedeutsamkeit und Adäquanz eines Falles.[161] Die Erfahrungen der Lernenden sollten im Rahmen des Falles aufgegriffen werden. Der Fall sollte die Vorstellungskraft nicht überschreiten und fasslich konstruiert sein.
Bei der Entwicklung eines Falles können Konflikte zwischen den dargestellten interdependenten Kriterien entstehen. Beispielsweise darf die Realität, die durch den Fall widergespiegelt werden soll, nicht durch das Kriterium der Fasslichkeit verändert oder verkürzt dargestellt werden, vielmehr soll die didaktische Reduktion einer Fallstudie dazu dienen, Praxis zu verdeutlichen und überschaubar zu machen, so dass handlungsorientiertes Lernen ermöglicht wird.[162]
Das Planspiel kann „als eine *spezifische Tätigkeit* definiert werden, in der zahlreiche Spielteilnehmer, die sich zu mehreren Gruppen zusammenschließen, in bestimmten Rollen, wechselnden Szenen und Situationen interagieren, und zwar innerhalb einer hypothetisch fiktiven Umwelt, die auf bloßen Annahmen beruht und dennoch möglichst realistisch erscheinen soll."[163] Den Akteuren wird dabei ein Handlungsspiel-

---

158 Vgl. hierzu auch Pilz (2001, S. 198), der fordert, dass der Einsatz von Fallstudien bei den Lernenden die bewusste Auseinandersetzung mit mehrdimensionalen Verknüpfungselementen fördern soll.

159 Vgl. Kaiser/Kaminski (1997, S. 144-146).

160 Kaiser (1999a, S. 193).

161 Vgl. Kaiser/Kaminski (1997, S. 145-146).

162 Eine Fallstudie kann unterschiedliche Varianten haben. Im Allgemeinen werden 4 Formen unterschieden. Diese nennen sich Case-Study-Method (verborgene Probleme müssen analysiert werden), Case-Problem-Method (Probleme sind ausdrücklich genannt), Case-Incident-Method (der Fall wird lückenhaft dargestellt) und Stated-Problem-Method (Probleme sind vorgegeben). Nähere Erläuterungen hierzu sind Kaiser/Kaminski (1997, S. 139) zu entnehmen. Zum Fallstudienspektrum siehe auch Wolff (1992, S. 324-332).

163 Geuting (1992, S. 27). Er merkt an (1992, S. 13-14), dass in der Literatur immer wieder beklagt wird, dass die Bezeichnung 'Planspiel' unterschiedlich definiert und benutzt wird. Gründe hierfür können sein, dass das Planspiel als Methode ein Querschnittbereich vieler Wissenschaften ist (z.B. der Wirtschaftswissenschaft, Informatik, Didaktik, Mathematik und Pädagogik) und es hierzu im deutschsprachigen Raum nur wenige Arbeiten theoretischer Art gibt. Siehe hierzu auch Ebert (1992, S. 30-34).
Capaul (1996, S. 163-164) beschreibt in Anlehnung an Ebert verschiedene Einteilungskriterien und ihre Arten für Planspiele. Diese sollen im Folgenden kurz genannt werden: Entscheidungsrahmen (Gesamtspiele/Teilspiel), Art der Institution/Unternehmensbranche

raum eröffnet, in dem „Lernen durch Aktion möglich wird."[164] Innerhalb komplexer Konflikt- und Entscheidungssituationen müssen die Lernenden mit gegensätzlichen Interessen und einem hohen Entscheidungsdruck[165] umgehen können. So verwundert es nicht, dass das Planspiel „seinen Ursprung im militärischen Bereich, genauer in den Kriegsspielen des 17. und 18. Jahrhunderts"[166] hat.

Ziel des Planspiels ist, dass die Spieler schnell reagierend Strategien zur eigenen Interessensverteidigung entwickeln. Solidarisches Verhalten gepaart mit sprachlicher Eloquenz soll bei den Lernenden gefördert werden.[167] Durch dieses ganzheitliche Handeln wird auch das Denken in Systemen geschult. Zudem ermöglicht die durch Rekonstruktion und Antizipation von Realsituationen bewirkte Realitätsnähe eines Planspiels die Entwicklung eines Bewusstseins für unternehmerische Unsicherheiten und Erwartungen sowie Risiken und Wagnisse.[168]

Zur besseren Übersicht der vorgestellten wirtschaftsdidaktischen Simulationsspiele erfolgt eine Synopse (nach Naetscher), die die wesentlichen Aspekte der drei Methoden gegenüberstellt.[169] Dabei finden hier auch Aspekte Berücksichtigung, die aufgrund der gebotenen inhaltlichen Kürze nicht näher beschrieben werden.

(allgemeine Spiele/spezielle Spiele), Freiheitsgrad des Entscheidungsbereiches (freie Spiele/starre Spiele), Entscheidungsabhängigkeit (deterministische Spiele/stochastische Spiele), Einfluss anderer Spielgruppen (interaktive Spiele/nicht interaktive Spiele), Offenheit (gilt für interaktive Spiele) (offene Spiele/geschlossene Spiele), Komplexität des Spielmodells (einfache Spiele/komplexe Spiele), Auswertung (manuelle Spiele/Computerspiele), Spielort (Vor-Ort-Planspiel/Fernplanspiel). Nähere Erläuterungen dazu sind Capaul (1996, S. 163-164) zu entnehmen.

164 Meyer (1987b, S. 367).

165 Meyer (1987b, S. 366). Siehe hierzu in Bezug auf das Thema 'Existenzgründung' auch die Beschreibungen zum Verlauf des Planspiels 'Do it! ' bei Greßnich/Schneider (2000, S. 16-22).

166 Achtenhagen (1997, S. 629). Andere Autoren, beispielsweise Blennemann (Die Geschichte des CoSims, abrufbar unter: http.//www.g-h-s.org/cosmis.htm, Stand vom 22.01.2002) verfolgen die Entstehung des Planspiels bis 3000 v. Chr. zurück.

167 Vgl. Speth (1997, S. 403).

168 Vgl. Speth (1997, S. 404). Capaul (1996, S. 175-177) hat in Anlehnung an Mandl (1992, 1994) und Dörig (1994, S. 276ff.) sechs grundlegende Prinzipien planspielausgerichteter Lernumgebungen zusammenstellt. Diese heißen Authenzität und Situiertheit, multiple Kontexte, Nutzung moderner Unterrichtstechnologien, Förderung des kooperativen Arbeitens und Lernens, anwendungsorientierte Methoden der Evaluation und Förderung der intrinsischen Motivation und der Interessendimension.
In der gesichteten Literatur wird nicht konkret zu Kriterien für die Konstruktion eines Planspiels, wie sie bei der Fallstudie thematisiert werden, berichtet.

169 In Anlehnung an Naetscher (1978, S. 202) in Speth (1997, S. 405-406).

Tab. 3.1: Synopse der drei Simulationsformen Rollenspiel, Fallstudie und Planspiel[170]

Methode / Aspekte	Rollenspiel	Fallstudie	Planspiel
Ursprung	Spieltrieb als Grundfunktion menschlichen Tuns -Soziodrama -Psychodrama (Moreno)	(case method) Harvard Business School in USA - Studenten unmittelbar auf die Praxis vorbereiten	Militärischer Bereich - Kriegsspiele
Beispiel	eine als ungerecht empfundene Kündigung	Gründung eines Lebensmittelgeschäfts (Filialgründung)	Planung eines Werbefeldzuges - Bekanntmachung und Einführung eines neuen Produkts
Themen im Mittelpunkt	hypothetische Situationen aus zwischenmenschlichem Bereich (besonders Konfliktsituationen)	Entscheidungsfälle aus der Unternehmungspraxis	Erarbeitung von Planungs- und Entscheidungsstrategien
Dauer	kurzzeitig	mittelzeitig	langzeitig
Zeit	zeitlos, zeitindifferent	auf Zeitpunkt bezogen	sich über Zeitraum erstreckend
Verlauf	keine formale Beschränkung, Verlauf völlig offen	Spielregeln, Weg offen, Ziel bekannt, mehrere Lösungen möglich	Spielregeln, Ziel steht fest, Strategien sind zu entwickeln
Objekt/Subjekt	personaler Bezug vordergründig	Sachproblematik	Tatsachen und Daten
Ausgangslage	grundlegende Information	Fall: strukturiert	Modell: alles vorgegeben, komplex abstrakte Nachbildung, reduzierte Realität
Dynamik/Motivation	Dynamik der Akteure, Spontaneität	Engagiertheit intermittierend, fallbezogen	Dynamik modellimmanent
Spielverhalten	gelöst, da keine Sanktionen bei Fehlverhalten	beurteilungsbezogen	entscheidungsbezogen
Stoffvermittlung	gering, Grundwissen sollte als Basis vorhanden sein	exemplifiziert Beispiel: der Fall konkret überschaubar, analysierbar	aktuell, sachlich spontan, komplex, undogmatisch
pädagogische Zielsetzung	- Verhaltenstraining, - Förderung von Kreativität, Konfliktbewältigung, Toleranz u.ä., - Schulung der Kommunikationsfähigkeit, - Stärkung der Entscheidungs- und Problemlösungsfähigkeit (Open-end-Situation).	- Förderung des eigenständigen und konstruktiven Denkens, - Schulung im Problemlösen, Entscheiden und Entwickeln eigener Lösungsstrategien, - Erwerb von Transferkompetenz, - Stärkung der Fähigkeit der Interpretation, der Diskussion und des Konfliktlösens.	- Förderung des analytischen, kreativen und hypothesenbildenden Denkens, - Schulung ganzheitlicher Betrachtungsweisen, - Stärkung der Entscheidungs- und Gestaltungsfähigkeit, - Erwerb von Transferkompetenz.

Diese Simulationsspiele haben trotz der hier aufgestellten Unterschiede Ähnlichkeiten in ihrem Spielverlauf. Gemeinsam ist ihnen in der Anfangssequenz[171] eine bestimmte Problemstellung, eine situationsbezogene Aufgabe oder ein Konflikt. Gemeinsam ist ihnen auch die bedeutsame Lernphase in der Schlußsequenz, die über

---

[170] Entnommen aus Speth (1997, S. 405-406). Er greift hierbei auf Naetscher (1978, S. 202) zurück. Die letzte Zeile wurde von Speth hinzugefügt.

[171] Vgl. Bonz (1999, S. 128).

das eigentliche Spiel hinausgeht.[172] In dieser Phase erfolgt die Analyse und Reflexion des Spielergebnisses, des Spielverlaufs und der Entscheidungen der Spieler. Hierbei sollen auch Überlegungen angestellt werden, wie die simulierten Handlungen auf die unternehmerische Realität[173] übertragen werden können.[174]

3.2.2 Zur Simulation durch Medien

Lernende werden bei der Simulation durch Medien in Form des jeweilig eingesetzten Mediums mit der Abbildung einer realen Situation konfrontiert.[175] In den meisten Fällen handelt es sich hierbei um die Anwendung von Computersimulationen.[176]
Ziel der Simulation durch Medien ist, durch ihr Vermögen komplexe Situationen abbilden zu können, ein umfängliches Handeln beim Lernenden zu provozieren. Durch die Interaktion[177] mit dem Computer können Denk- und Handlungsspielräume erzeugt werden, „die der Selbststeuerung und damit auch der Motivation förderlich"[178] sein können. Hierbei kann entdeckendes Lernen und individuelles Umsetzen von erlerntem Wissen ermöglicht werden.[179]
Die Aktivität des Lernenden wird jedoch bei der Simulation durch Medien, im Gegensatz zu den zuvor dargestellten Simulationsspielen, insofern eingeschränkt, als dass sich die Reaktion der Lernenden auf die dargestellte Wirklichkeit[180] auf die Betäti-

---

172 Vgl. Bonz (1999, S. 128). Bonz (1999, S. 125) führt dazu aus: „Nachdem das simulierende Lernen erfolgreich abgeschlossen ist, muß das Handeln und seine Folgen gleichsam erweiternd auf die Realität transferiert werden. Die Generalisierung bahnt den Transfer auf die Wirklichkeit an." Vgl. Buddensiek (1999, S. 354).

173 Unternehmerische 'Realität' wird von Schulte/Klandt (1996 S. 101) wie folgt beschrieben: „Unternehmerische Probleme sind vielmehr unscharf, unstrukturiert, intransparent, komplex und interdisziplinär, der unternehmerische Alltag ist hektisch und chaotisch."

174 Vgl. Bonz (1999, S. 128).

175 Vgl. Bonz (1999, S. 128).

176 Vgl. Bonz (1999, S. 128-129). Capaul (1996, S. 165) führt hierzu aus: „Obwohl auch Planspiele ohne jeglichen Computereinsatz entwickelt werden können, hat die rasante Entwicklung der PC und der entsprechenden Programme die rasche Ausbreitung und Popularität der Planspielmethode gefördert." Siehe hierzu auch Euler/Twardy (1995, S. 360).

177 Gräber (1990, S. 111) versteht unter Interaktivität beispielsweise Folgendes: „Ein Lehrprogramm wird interaktiv genannt, wenn es in differenzierter und angemessener Weise auf die unterschiedlichen Antworten des Anwenders reagiert und es dem Anwender ermöglicht, auf den Ablauf des Lernprogramm einzuwirken." Vgl. hierzu auch Baumgartner/Payr (1994, S. 128).

178 Achtenhagen (1997, S. 619).

179 Eine Möglichkeit des individuellen Umsetzens von erlerntem Wissen ist in diesem Zusammenhang nach Blötz (2002, S. 26-27) das Computer-Based-Training (CBT).

180 Im Rahmen von computergestützten Lern- und Arbeitsumgebungen führt Behnke (1995, S. 169) aus, dass diese „immer nur ein vereinfachendes Abbild der Wirklichkeit liefern" diese somit „einen bestimmten Ausschnitt der objektiven Realität in spezifischen medialen Repräsentationen widerspiegelt." Zur computerunterstützten Lernumgebung siehe Arzberger/Brehm (1994, S. 61).

gung einzelner Bedienungselemente reduziert.[181] Im Zentrum der Aktivität steht nicht die „Interaktion zwischen Personen untereinander sowie deren Auseinandersetzung mit dem Arrangement"[182]. Der Lernende wird vielmehr mit der auf dem Bildschirm des Computers simulierten Situation konfrontiert, innerhalb derer er, ohne sie weitestgehend eigenständig ausgestalten zu können, nur eingeschränkt agieren und reagieren kann. Darum sollte der Einsatz des Computers als Simulationsmedium überlegt werden „und darf nicht zum Selbstzweck verkommen." [183]

3.2.3 Zur Simulation betrieblicher Praxis

Obwohl im Kapitel 4 eine umfangreiche Darstellung der Simulationsformen betrieblicher Praxis erfolgt, soll im Weiteren für sie eine kurze Beschreibung vorgenommen werden. Diese dient zum besseren Verständnis der im Kapitel 3.3 stattfindenden abschließenden Beurteilung aller im Kapitel 3 vorgestellten Simulationsformen.

Simulationen betrieblicher bzw. unternehmerischer Praxis sind vornehmlich im Bereich der wirtschaftsberuflichen Bildungsgänge bekannt. Hierzu zählen die Methodischen Großformen Lernbüro, Übungsfirma und Juniorenfirma.[184]

Das Lernbüro stellt dabei eine dynamische Bürosimulationsform dar, durch die Lernende „betriebliche Abläufe und Aufgaben in ihrer Komplexität und ihrem Zusammenhang durch ein praxis- und handlungsorientiertes Lernen erkennen und bearbeiten."[185]

Die Schüler übernehmen Rollen und Aufgaben, um zum Gelingen der Simulation unternehmerischer Abläufe beitragen zu können.[186] Einerseits ist das Ziel des Einsatzes des Lernbüros, die Anschaulichkeit des theoretischen Unterrichts herzustellen, andererseits soll die berufliche Handlungskompetenz beim Lernenden gefördert werden.[187]

> „Die Anstöße für Handlungen im Lernbüro folgen aus den sogenannten 'Außenstellen'"[188].

---

181 Vgl. Bonz (1999, S. 129).
182 Bonz (1999, S. 129). Vgl. Achtenhagen (1997, S. 620).
183 Capaul (1996, S. 165).
184 Vgl. Bonz (1999, S. 126-127).
185 Achtenhagen (1997, S. 624), vgl. Bonz (1999, S. 126), vgl. Tramm (1991, S. 248).
186 Vgl. Kaiser (1999b, S. 274).
187 Vgl. Bonz (1999, S. 127), vgl. Achtenhagen (1997, S. 625).
188 Achtenhagen (1997, S. 626). vgl. Kaiser (1999b, S. 275).

Dazu zählen beispielsweise Kunden und Lieferanten des Unternehmens, die auch simuliert werden.

Anstöße zu Arbeitsabläufen werden bei der Übungsfirma durch andere Übungsfirmen initiiert, da diese Simulationsform für gewöhnlich dem sogenannten Deutschen Übungsfirmenring angeschlossen ist.[189] Achtenhagen stellt diesbezüglich fest: „Die umfängliche Modellierung der betrieblichen Realität in der Übungsfirmenarbeit erlaubt einen komplexen Zugriff auf das Spektrum kaufmännisch-verwaltender Fähigkeiten"[190].

Die Juniorenfirma „stellt eine am Wirtschaftsleben aktiv teilnehmende Unternehmung dar, die mit konkreten Produkten am Markt konkurriert."[191] Von daher ist die Juniorenfirma eine 'Weiterentwicklung' der Übungsfirma.[192]
Ziel der Methodischen Großform ist sowohl die Veranschaulichung kaufmännischer Arbeitsabläufe als auch die Förderung von Schlüsselqualifikationen wie „Teamfähigkeit, Kreativität, Entscheidungsfähigkeit, Sprachkompetenz, Selbständigkeit und das Denken in Zusammenhängen"[193].

Allen drei Methodischen Großformen ist gemeinsam, dass sich in ihnen die zuvor dargestellten Simulationsformen wiederfinden.[194] Diese bilden einen umfangreichen Teil der Sozialformen eines Lernbüros, einer Übungsfirma und einer Juniorenfirma. Der hohe Komplexitätsgrad der Simulation betrieblicher Praxis verlangt geradezu nach dieser Einbettung von Simulationsspielen und -medien. Die abwechslungsreichen Methodenarrangements ermöglichen dem Schüler einen im hohen Maße handlungsorientierten Lehr-/Lernprozess, der einen umfangreichen Einblick in die unternehmerische Praxis erlaubt.

---

[189] Vgl. Sommer (1999, S. 378), vgl. Achtenhagen (1997, S. 626).
[190] Achtenhagen (1997, S. 626), vgl. Bonz (1999, S. 126).
[191] Achtenhagen (1997, S. 628), vgl. Kutt (1999, S. 240), vgl. Bonz (1999, S. 127).
[192] Vgl. Achtenhagen (1997, S. 628), vgl. Kutt (1993, S. 32).
[193] Achtenhagen (1997, S. 628), vgl. Bonz (1999, S. 127).
[194] Vgl. Ewig (1991, S. 130), vgl. Braukmann (2000a, S. 36).

3.3 Zusammenfassende Beurteilung

Mit Rückblick auf die im Kapitel 2 beschriebene Genese einer Wuppertaler Gründungsdidaktik soll abschließend diskutiert werden, welche der in diesem Kapitel dargestellten Simulationsformen dem Anspruch einer 'Hochschuldidaktischen Innovation' im Rahmen eines gründungsspezifischen Lehrangebots gerecht werden können.

Innovative Methoden sollen für eine neuartige, universitäre Gründungsqualifizierung entwickelt, erprobt und verfeinert werden. Diese Lehr-/Lernarrangements sollen dem Anspruch gerecht werden, teilnahmemotivierend, lerneffizient und handlungsorientiert ausgerichtet zu sein. Dabei sollen sie im Rahmen des gründungsspezifischen Lehrangebots die im Kapitel 2.4.2.1 beschriebene 'unternehmerische Handlungskompetenz' bei den Studierenden fördern können. Die Lernenden sollen sich zudem durch den Besuch der Qualifizierung frühzeitig für oder gegen die eigene Perspektive einer beruflichen Selbstständigkeit entscheiden können. Bei der Entwicklung einer solchen 'Hochschuldidaktischen Innovation' ist darüber hinaus zu beachten, dass sie mit den unter Kapitel 2.4.1 dargestellten makrodidaktischen Grundsatzformulierungen einer Gründungsdidaktik harmoniert. Auf diesem Weg kann ein umfassender gründungsbezogener Lehr-/Lernprozess, von Außen nach Innen gestützt werden.

Diesem Anspruchskatalog, der an innovative, handlungsorientierte Methoden gerichtet wird, könnten im großen Umfang die drei Methodischen Großformen zur Simulation betrieblicher Praxis entsprechen. Sie bilden vollständige unternehmerische Abläufe ab, wodurch kaufmännisches Denken und Handeln simuliert und gefördert werden kann. Der Lernende erhält dabei einen ersten Einblick in die unternehmerische Praxis. Darüber hinaus ermöglichen sie einen vielfältigen, aktivierenden Methodeneinsatz. Aufgrund dieser sie auszeichnenden methodischen Komplexität und zur Unterstützung der Konzeption einer universitären Gründungsqualifizierung soll im Weiteren eine didaktische Strukturanalyse für jede Methodische Großform durchgeführt werden. Hierfür bedarf es einer umfangreichen Literaturauswertung, durch die eine detaillierte Untersuchung, Darstellung und Diskussion der übergreifenden Kriterien sowie der mikro- und makrodidaktischen Elementar-Strukturen, auch Faktorenkomplexe[195] genannt, zu den jeweiligen Methoden ermöglicht wird. Auf diesem Weg

---

[195] Siehe hierzu beispielsweise die Ausführungen zu Maßnahmenmodulen mit faktoriell vollständig und relationell exemplarisch konkretisierten Qualitätskonstituenten bei Braukmann (1993, S. 281). In der vorliegenden Forschungsarbeit werden die mikrodidaktischen Faktorenkomplexe (das

soll im Kapitel 4 vor allem umfassend rekonstruiert werden, welche didaktische Konzeption den drei schulischen Methodischen Großformen Lernbüro, Übungsfirma und Juniorenfirma zugrunde liegt - eine Aufarbeitung, die bisher in der wirtschaftspädagogischen Disziplin noch nicht vorgenommen wurde. Dieses innovative und ambitionierte Vorgehen ist notwendig, da, wie oben schon erwähnt, die Ergebnisse der Strukturanalyse unter anderem als didaktische Konzeptionshilfe für die Gestaltung einer Gründungsqualifizierung im Sinne der Wuppertaler Gründungsdidaktik im Kapitel 5 ihre Anwendung finden sollen.

Berliner Didaktik-Modell nach Heimann wird hierbei um den Faktorenkomplex fomative Lehr-/Lernzielkontrolle ergänzt) in den Vordergrund gestellt, da der Schwerpunkt dieser Arbeit auf der Unterrichtsraumdidaktik liegt. Die von Braukmann (1993, S. 279-280) grundgelegten makrodidaktischen Elementar-Strukturen werden nur der Vollständigkeit halber aufgenommen und deshalb komprimiert dargestellt.

4 Varianten Methodischer Großformen zur Simulation unternehmerischer Praxis

4.1 Zur historischen Entwicklung der Methodischen Großformen Lernbüro, Übungsfirma und Juniorenfirma

Bei der Literaturrecherche zu den hier zu betrachtenden drei Methodischen Großformen konnte schnell der Eindruck gewonnen werden, dass eine nahezu unerschöpfliche Fülle an Publikationen zu diesen Methodenarrangements vorzufinden ist. Dabei fällt auf, dass die Begriffsbezeichnungen, unabhängig von ihrer spezifischen didaktischen Simulationsausprägung, recht willkürlich gewählt und zugeordnet werden.[196] Es kann daher vermutet werden, dass bisher keine eindeutigen didaktischen Konturen für jede einzelne der drei Methoden gezeichnet wurden. Dieses didaktisch-methodische Theoriedefizit, so kann nach intensiver Literatursichtung angenommen werden, ist auf die wenigen Quellen zur historischen Entwicklung der hier zu beschreibenden Formen des praxisnahen Lernens zurückzuführen, die keine inhaltliche Abgrenzung der Simulationsmethoden vornehmen.
Im Weiteren soll diese Problematik verdeutlicht werden. Die Vorstellung des derzeitigen Standes der Forschung zur Historie der drei Methodischen Großformen kann zu einem besseren Verständnis für die Notwendigkeit, klare didaktisch abgrenzbare Konturen für jede einzelne Lehr-/Lernform herauszuarbeiten, beitragen.
Der deutlichen Trennung der didaktischen Ausgestaltung der zu untersuchenden Methodentriade bedarf es zum einen, um eine klare Begriffszuordnung legitimieren und zum anderen, um ihre jeweilige Konzeption als didaktische Strukturierungshilfe für die Entwicklung der universitären Gründungsqualifizierung im Kapitel 5 nutzen zu können.

---

[196] Reetz (1986, S. 351) meint beispielsweise, „daß 'Übungsfirma' oder 'Lernbüro' jeweils ganz bestimmte historisch und empirisch vorfindbare Ausprägungen jener Organisationsform handlungsorientierten Lernens im Betriebsmodell darstellen, die ich hier als Lernfirma bezeichnen möchte. Mit der Bezeichnung 'Lernfirma', über deren Akzeptanz erste positive Recherchen vorliegen [...], wird ein Begriff angeboten, der möglicherweise eine echte Synthese darstellt, die die Eigenarten unterschiedlicher Konzeptionen *bewahrt*, ihre Gegensätze *aufhebt* und in einem Oberbegriff vereinigt. (Dabei wird bewußt in Kauf genommen, das 'Firma' nur umgangssprachlich, nicht juristisch, die Bedeutung von 'Betrieb' hat.).“ Siehe auch Halfpap (1989a, S. 125), welcher den Lernbürounterricht weiter so benennt, obwohl der dort erwähnte Lernort am Deutschen Übungsfirmenring angeschlossen ist (siehe hierzu Kapitel 5.2).

4.1.1 Quellenanalyse und Problematik der Begriffsvielfalt zur Simulation unternehmerischer Praxis

Begriffe wie: "Kontorübungen, Übungskontor, Musterkontor, Schulkontor, Schulbüro, Schulungsbüro, Lehrbüro, Bürokunde, Büroübungen, Büroorganisation, Bürotechnik, Bürowirtschaft, Schulungsfirmengemeinschaft, Scheinfirma, Übungsfirma"[197] lassen schon Anfang der 70er Jahre Hopf aufmerken. Diese schlägt aufgrund der multiplen Wortschöpfungen vor, neue Begriffskategorien zu kreieren, die alle schon Vorhandenen bündeln sollen. So stellen die Wörter 'Bürosimulation' (Lernmethode), 'Simulationsbüro' (Lernort), 'Bürowirtschaft' (Curriculumbezeichnung) und 'Übungsbüro' (Oberbegriff für Lernmethode, Lernort und Lerninhalt) für sie deutlich abgegrenzte Begriffsbeschreibungen dar.[198]

Kritik an diesen Wortschöpfungen wird fast 20 Jahre später von Reinisch formuliert.[199] Er macht anhand der Methodischen Großform Lernbüro deutlich:

> „Bei ihren 'genealogischen' Bemühungen zum Gegenstand Lernbüro subsumiert Hopf (1971, S. 26ff.; 1985, S. 510ff.) alle möglichen Techniken 'der Nachahmung und Vorwegnahme kaufmännisch-wirtschaftlicher Ernstsituation' (1985, S. 509) unter den Begriff Simulation, so daß [...] zum Zwecke der Präzisierung des Sprachgebrauchs nach Elementen zur Bestimmung des Begriffsinhalts und -umfangs von Simulation zu suchen ist."[200]

Diese Kritik soll verdeutlichen, dass es zwar lohnenswert ist, die Begriffsverwirrungen aufzulösen, dabei allerdings nicht der Fehler entstehen darf, die subsumierten Begriffe für sich undefiniert zu lassen. So wird beispielsweise nicht deutlich, in welchem Umfang das 'Simulationsbüro' und die 'Bürosimulation' aus didaktischer Perspektive Elemente der Simulation enthalten, da keine Beschreibung des jeweiligen Gegenstandes vorgenommen wird.[201] Auch Söltenfuß weist genau auf diese Schwäche hin. Der Versuch der Begriffsmodernisierung findet auf Kosten eines Definitionsdefizits der neuen Bezeichnungen statt.[202]

---

[197] Hopf (1973, S. 14). Siehe auch Frost/Grünwald (1995, S. 284), Linnenkohl (1984, S. 357), Kaiser/Weitz (1990, S. 61), Söltenfuß (1983a, S. 5) und Gramlinger (1994, S. 404).
[198] Vgl. Hopf (1973, S. 16), vgl. auch Söltenfuß (1983b, S. 11).
[199] Vgl. Reinisch (1988, S. 193).
[200] Reinisch (1988, S. 193).
[201] An dieser Stelle sei auf das Kapitel 3.1 verwiesen, in dem eine Definition des Begriffes Simulation vorgenommen wurde.
[202] Vgl. Söltenfuß (1983b, S. 15).

Hieraus erwachsen zwei Problembereiche. Zum einen wurden die drei hier zu betrachtenden Varianten Methodischer Großformen bisher ihrer didaktischen Konzeption entsprechend nicht deutlich definitorisch voneinander abgegrenzt. Zum anderen hat kaum jemand bis auf Hopf bei der Quellenanalyse zu den historischen Wurzeln der Simulation unternehmerischer Praxis auf Originalquellen zurückgegriffen. Es erfolgt fast ausschließlich eine Rezeption über Hopfs[203] Darstellung der Geschichte der Simulationsformen und ihrer ausgewerteten Literatur.[204]
Sicherlich spielt Hopfs Arbeit eine wertvolle Rolle in der wirtschaftspädagogischen Diskussion über die Historie der Idee des realitätsnahen Lernens, doch weist Reinisch darauf hin, dass Hopf die verschiedenen Simulationsformen, ähnlich wie bei der Begriffsbildung, auch bei ihrer Nachzeichnung der historischen Entwicklung nicht inhaltlich differenziert dargestellt hat.[205] Es ist deshalb nicht verwunderlich, dass in den gesichteten Veröffentlichungen zur Geschichte der Methodischen Großformen[206] auf gleiche Quellen verwiesen wird. Die historische Entwicklung der Simulationsmethoden soll nun im Weiteren nachgezeichnet werden. Dadurch soll verdeutlicht werden, dass die hier zu betrachtenden Lehr-/Lernformen keine neuen Erfindungen sind, sondern schon in der Vergangenheit als bewährte Simulationsmethoden in ähnlicher Form praktiziert wurden, doch durch ihre vielfältigen Einsätze und Bezeichnungen zu Verwirrungen hinsichtlich ihrer didaktischen Funktion führen können.

4.1.2 Vom ersten Scheingeschäft zur schulischen Simulation unternehmerischer Praxis

Anfang bzw. Mitte der 80er Jahre erfuhr im Zuge der schon im Kapitel 2.4.2.2 erwähnten Diskussion um den handlungsorientierten Unterricht im Rahmen der wirtschaftsberuflichen Bildung die Idee des praxisnahen Lernens, welche eng mit der Entwicklung des kaufmännischen Bildungswesens verknüpft ist, eine Renaissance.[207] Diese Idee, Theorie und Praxis zu verbinden und gleichsam Schulen in lebendige Kaufmannskontore zu verwandeln, ist nachweislich schon seit dem 17.

203 Siehe hierzu Hopf (1973, S. 17-31).
204 Vgl. Reinisch (1988, S. 192).
205 Reinisch (1988, S. 194) weist auf ein Beispiel bei Hopf hin, in dem die Modelle Übungskontor und Lernbüro keiner entsprechenden Abgrenzung unterzogen werden.
206 Siehe hierzu Kapitel 4.1.2.
207 Vgl. Korbmacher (1989, S. 387).

Jahrhundert Bestandteil in der wirtschaftsberuflichen Ausbildung.[208] Ein Blick auf die Historie der kaufmännischen Simulationsmethode macht deutlich, dass die dort vorzufindenden Formen des praxisnahen Lernens Vergleiche zu den heutigen Methodischen Großformen zulassen.

Beachtung gebührt in diesem Zusammenhang dem Buchführungswerk 'Commission und Factorey' des Danziger-Rechenmeisters Lerice von 1610. Er lässt einen fiktiven Kaufmann namens Peter Winst Scheingeschäfte tätigen und somit die Lernenden kaufmännische Tätigkeiten tatsächlich durchführen.[209] Auch Paul Jacob Marperger, welcher maßgeblich an dem ersten Entwurf des Systems von berufsvorbereitenden kaufmännischen Bildungsanstalten beteiligt war, wollte Anfang des 18. Jahrhundert in Deutschland ein System in kaufmännischen Bildungsanstalten einrichten, das die o.g. Idee verwirklicht.[210]

Letztlich blieben Marpergers Vorschläge ohne besondere Beachtung. Einzelne Wissenschaftler griffen zwar seine Ideen auf; sie gewannen aber erst im Jahre 1768 ansatzweise an Gestalt. Der Kommerzienrat Wurmb gründete zu diesem Zeitpunkt in Hamburg eine 'Handlungs-Akademie' und machte Johann Georg Büsch zum pädagogischen Leiter des Instituts.[211] Wurmb führte die Bürosimulation in einem sogenannten Übungskontor ein, so dass die Schüler im Anschluss an eine theoretische Unterweisung die Möglichkeit hatten, das Gelernte durch praxisnahe Geschäftsfälle in einer Übungsumgebung praktisch umzusetzen.[212]

1795 nahm die 'Nürnberger Akademie und Lehranstalt der Handlung' von Johann Michael Leuchs ihren Unterricht auf. Leuchs ließ die Schüler zum Teil in seinem Betrieb arbeiten. So sollte die Theorie im handelswissenschaftlichen Unterricht durch Übung in der Realität gefestigt werden.[213]

Um 1796 gründete Gerhard Heinrich Buse in Erfurt eine kaufmännische Erziehungsanstalt.[214] Sie umfasste zwei Klassen.

---

[208] Vgl. Miller (1990, S. 246).

[209] Vgl. Hopf (1973, S. 18) und Korbmacher (1989, S. 388) sowie Kaiser/Weitz (1990, S. 62).

[210] Vgl. Hopf (1973, S. 19), vgl. Korbmacher (1989, S. 389), vgl. Kaiser/Weitz (1990, S. 63) und Linnekohl (1984, S. 357). Linnekohl bezieht seine Ausführungen auf die Darstellung der Übungsfirmenhistorie.

[211] Vgl. Korbmacher (1989, S. 389) und vgl. Kaiser/Weitz (1990, S. 63).

[212] Vgl. Kaiser/Weitz (1990, S. 64).

[213] Vgl. Hopf (1973, S. 20), vgl. Korbmacher (1989, S. 390-391), vgl. Kaiser/Weitz (1990, S. 66-69).

[214] Vgl. Korbmacher (1989, S. 392), vgl. Kaiser/Weitz (1990, S. 69-70).

> „In die erste 'Klasse' wurden Kinder im Alter von 6 bis 7 Jahren aufgenommen, denen vor allem die Grundlagen in den Kulturtechniken Lesen, Schreiben und Rechnen vermittelt wurden und die in allgemeinbildenden Fächern wie Technologie, Physik, Geographie, Moral, Gesundheitslehre, Musik, Zeichnen und Tanzen Unterricht erhielten."[215]

Für die zweite Klasse galt das Zugangsalter von 12 bis 15 Jahren. Die Kinder erhielten Unterricht in allgemeinbildenden und in kaufmännischen Fächern. Zur praktischen Vorbereitung auf ihre zukünftigen Geschäfte führten die 'Zöglinge' einen kleinen Handel in der Schule, den wir heute mit der Methodischen Großform Juniorenfirma vergleichen würden. Hier ging das praktische Handeln schon deutlich über die Simulation hinaus.[216]

Festzuhalten ist, dass Büsch, Leuchs und Buse Modelle zur Simulation unternehmerischer Praxis geschaffen haben, auf die bei der Entwicklung der Methodischen Großformen sicherlich zurückgegriffen wurde.

Ab 1860 wurde das 'Wiener System' bekannt, das von Pelopidas Garabella in der Handelsakademie in Wien in Form eines ersten 'Musterkontors' entwickelt wurde. Hier arbeitete die Klasse in einem arbeitsteilig organisierten Kontor, nachdem sie während einer zwei- bis dreimonatigen Vorlaufphase die theoretischen Grundlagen kennengelernt hatte.[217]

Im Jahre 1856 wurde in Prag eine 'höhere Handelslehranstalt' von Karl Arenz gegründet. Von ihm wurde ein realitätsnahes Musterkontor eingerichtet. Dieser übergab die Leitung 1857 Josef Odenthal. Unter seiner Führung wurde die Einrichtung zum sogenannten „Prager Kontor" weiterentwickelt.[218]

Theophil Benet schuf 1897 eine bis dahin noch unbekannte Form der Idee praxisnahen Lernens an der Kantonalen Handelsschule in Zürich. Ein fingiertes Handelshaus mit zwei Abteilungen wurde von jeweils 22 bis 26 Schülern geleitet. So heißt es im Lehrplan der Schule von 1917:

---

215 Korbmacher (1989, S. 392), Kaiser/Weitz (1990, S. 69).

216 An dieser Stelle wird wieder deutlich, welche unterschiedlichen Ausprägungen das kaufmännische praxisnahe Handeln im Rahmen von Simulationen haben kann.

217 Vgl. Korbmacher (1989, S. 393), vgl. Kaiser/Weitz (1990, S. 71).

218 Vgl. Korbmacher (1989, S. 394), vgl. Kaiser/Weitz (1990, S. 73).

„'Die Leitung der einzelnen Firmen liegt je einem Lehrer ob, nach dessen Anweisungen und unter dessen Aufsicht die vorkommenden Bureauarbeiten abwechslungsweise von den einzelnen Schülern gleich Lehrlingen in einem Handelsgeschäft besorgt werden. Diese Firmen unterhalten mit wirklichen Handelshäusern und Kaufleuten einen regelmäßigen Briefwechsel und Rechnungsverkehr aufgrund fingierter Geschäftsvorfälle' (zit. n. Bernet 1926, 56). Dieses Modell ist als 'Züricher Kontor' bekannt geworden.“[219]

Die Idee des praxisnahen Übens im sogenannten Übungskontor erlebte gegen Ende des 19. Jahrhunderts bis zum Ersten Weltkrieg dann ihre erste Blütezeit. Es bestanden über 60 Musterkontore in Deutschland, Norwegen, Österreich, Schweden und der Schweiz. Nach dem Ersten Weltkrieg erlebten beispielsweise auch die berufsvorbereitenden Bildungsgänge einen Aufschwung. Die auch von Korbmacher als Übungskontore bezeichneten Simulationsformen wurden nun auch in Deutschland in die Stundentafel aufgenommen, wie das Beispiel Baden-Württembergs zeigt (vgl. Amtsblatt des Württembergischen Ministeriums des Kirchen- und Schulwesens 1924).[220]

Dieser kurze Abriss der Geschichte kaufmännischer Bildung zeigt,[221] dass das vorherrschende Prinzip der 'übenden Anwendung' schon seit ca. 400 Jahren umgesetzt, allerdings aus didaktischer Theorieperspektive keine methodische und definitorische Abgrenzung hinsichtlich ihrer Simulationsformen vorgenommen wurde. Seit den 80er Jahren des 20. Jahrhunderts entwickeln im Rahmen des handlungsorientierten Unterrichts Vertreter dieses didaktischen Ansatzes auf der Basis theoretischer Überlegungen Konzepte, indem sie auch auf in der Vergangenheit als praktikabel erwiesene Organisationsmuster zurückgreifen.[222] Hierbei kommt es, wie schon erwähnt, immer wieder zu unterschiedlichen Begriffsverwendungen für die gleiche Simulationsmethode. Zwar haben sich die Bezeichnungen Lernbüro, Übungsfirma und Juniorenfirma in der heutigen Zeit etabliert, jedoch wurde, so darf vermutet werden, aufgrund eines fehlenden sicheren Fundaments aus der Vergangenheit keine sie voneinander trennende didaktische Strukturanalyse durchgeführt. Damit geht einher, dass bislang keine umfassende klar abgrenzbare inhaltliche Ausformulierung der didaktischen Elementar-Strukturen für diese drei Methodischen Großformen stattge-

219 Korbmacher (1989, S. 396), Kaiser/Weitz (1990, S. 76).
220 Vgl. Korbmacher (1989, S. 399), vgl. Kaiser/Weitz (1990, S. 81).
221 Der geschichtliche Abriss kann aufgrund der Kürze keinen Anspruch auf Vollständigkeit erheben.
222 Vgl. Korbmacher (1989, S. 400.), vgl. Kaiser/Weitz (1990, S. 82).

funden hat. Deshalb soll im weiteren Verlauf der folgenden Kapitel dieses Theoriedefizit behoben werden, indem eine deutliche Kontur dieser drei Methodischen Großformen aus heutiger Sicht gezeichnet wird. Diesbezüglich erfährt zunächst das schulische Lernbüro eine detaillierte Betrachtung.

4.2 Zum Lernbüro

In den 80er Jahren des letzten Jahrhunderts fand eine starke Verbreitung der Methodischen Großform Lernbüro im Bereich der wirtschaftsberuflichen Bildungsgänge statt. Grund dafür waren unter anderem mehrere Modellversuche zur Erprobung dieser handlungsorientierten Lehr-/Lernform. Die Projekte wurden seitens der Vertreter der wirtschaftspädagogischen Disziplin wissenschaftlich begleitet. Beschreibungen zu den Projektergebnissen trugen zu den zahlreichen Veröffentlichungen zur Methodischen Großform Lernbüro bei. Verschiedenste didaktisch-methodische Bereiche des Lernbüros wurden dabei evaluiert.
Eine Literaturrecherche zu dieser Thematik soll nun zur didaktischen Strukturanalyse des Methodenarrangements Lernbüro beitragen. Elementar-Strukturen, die den Entscheidungs- und Bedingungsfeldern des im Kapitel 2.2 beschriebenen Berliner Didaktik-Modells nach Heimann entsprechen, werden hierbei herausgearbeitet. Diese Faktorenkomplexe können die Ausgestaltung einer universitären Gründungsqualifizierung im Kapitel 5 im Rahmen der aufgezeigten Wuppertaler Gründungsdidaktik, bei der das Berliner Didaktik-Modell als Referenzrahmen dient, konzeptionell unterstützen. Der Vollständigkeit halber werden auch makrodidaktische Elementar-Strukturen, die allerdings nur fragmentarisch bei der Literaturuntersuchung zum Lernbüro destilliert werden konnten, beschrieben.
Zur Einführung und für einen ersten Überblick soll zunächst der Gegenstand Lernbüro mit einer Auswahl verschiedener Definitionen beschrieben werden. Hieran schließt sich eine Darstellung der Funktion des Einsatzes und des handlungsorientierten Unterrichtskonzeptes von Lernbüros an.

4.2.1 Zur Begriffsdefinition der Methodischen Großform Lernbüro

Zur Begriffsdefinition des Lernbüros sind in der einschlägigen Literatur nur wenige Originalquellen zu finden. Auf folgende Definition von Kaiser wird in der Literatur gerne rekurriert:

> „Das Lernbüro ist ein nach pädagogisch-didaktischen Gesichtspunkten organisierter Lernort, 'in dem die Schüler im Modell und am Modell lernen unter der Zielsetzung, grundlegende Fähigkeiten und Fertigkeiten des kaufmännisch-verwaltenden Bereichs zu erwerben und Einblicke in betriebliches Geschehen und Zusammenhänge zu erhalten'.“[223]

Ergänzend benutzt Achtenhagen folgende Definition:

> „Das Lernbüro ist ein ‚dynamisches Modell eines Wirtschaftsunternehmens, in dem ‚...'Arbeitshandlungen didaktisch so organisiert werden, daß ein Höchstmaß an Lernwirksamkeit durch die Arbeit erwartet werden kann'.“[224]

Dämmer u.a. liefern eine umfangreichere Beschreibung:

> „Ein Lernbüro ist eine didaktisch konstruierte Einrichtung zur Simulation praktischer Bürotätigkeiten kaufmännisch-verwaltender Art durch Schüler/innen. Im Mittelpunkt des Lernbüros steht das Modell eines Wirtschaftsunternehmens, in dem komplexe, gleichwohl didaktisch reduzierte wirtschaftliche Arbeitshandlungen und Interaktionen nach methodischen Gesichtspunkten ablaufen. Zugleich steht das Modellunternehmen mit der Umwelt symbolisiert durch sog. Außenstellen - in wechselseitigen ökonomischen und administrativen Beziehungen; insofern trägt das Lernbüro auch volkswirtschaftliche Züge.“[225]

Diese Definitionssammlung soll einen ersten Überblick über den Gegenstand des Lernbüros vermitteln. Alternativ zu einem eigenen Definitionsvorschlag sollen die folgenden Kapitel Auskunft über die didaktische Funktion, den handlungsorientierten Ansatz und die Faktorenkomplexe der Lehr-/Lernform geben.

---

223 Kaiser (1999b, S. 274), entnommen aus Kaiser (1987a, S. 24), siehe auch Speth (1997, S. 410.)
224 Achtenhagen (1997, S. 624), entnommen aus Kaiser (1987a, S. 24).
225 Dämmer/Diers/Goldbach/Habekost/Holthaus/Jacobs/Kleine/Marten (1991, S. 116).

4.2.2 Zur Funktion des Lernbüroeinsatzes

Die berufsbildenden kaufmännischen Schulen[226] begegneten den hohen Anforderungen der Wirtschaftswelt Mitte der 80er Jahre laut Halfpap mit der Neuordnung der Richtlinien für die bürowirtschaftliche Ausbildung. In diesen Richtlinien wurde explizit eine fundierte Grundbildung in Bezug auf wirtschaftliche Entscheidungs- und Handlungsspielräume und auf den Erwerb von Fähigkeiten und Einstellungen gefordert, die das Urteilsvermögen sowie eine Handlungsfähigkeit und –bereitschaft der Lernenden in beruflichen und außerberuflichen Bereichen erhöht.[227] Das hohe Maß an Abstraktionsvermögen, das der traditionelle Unterricht im Berufsfeld Wirtschaft und Verwaltung den Teilnehmer/innen abverlangt, sollte laut Richtlinienkommission durch 'anwendungsbezogene Übungen' in den berufsbezogenen Fächern abgelöst werden. Die Methodische Großform Lernbüro böte eine vielversprechende Unterrichtsform zur erfolgreichen Vermittlung abstrakter Lerninhalte, da sie anschaulich und praxisgerecht beispielsweise betriebliche Zusammenhänge darstellen könne.[228] Realitätsbezogene, ganzheitlich und tätigkeitsstrukturiert organisierte Lernprozesse würden somit ermöglicht. Zunehmend komplexer werdende kaufmännische Arbeitsaufgaben könnten selbstständig und/oder mit den 'Mitarbeitern' geplant, ausgeführt und kontrolliert werden.[229] Eine breite kaufmännische Sockelqualifikation würde hierdurch gesichert. Diese beinhalte auch den Erwerb von bedeutsamen Kompetenzen, wie fachliche (sachliche/methodische) und personale/soziale Schlüsselqualifikationen.[230]

Zusätzlich könnte durch die Einrichtung von Lernbüros[231] Jugendlichen, die aufgrund regionalen Ausbildungsplatzmangels keine Lehrstelle bekämen, berufspraktischer

---

226 Halfpap (1988a, S. 53) beschreibt explizit: Forderungen nach Einrichtung von Lernbüros und bisherige praktische Erfahrungen beziehen sich unter anderem auf Schulformen, die berufliche Vorbereitung vermitteln, wie zum Beispiel die Berufsfachschulen (Handelsschule, Höhere Handelsschule) oder das Berufsgrundbildungsjahr. „Sie erstrecken sich aber in der Perspektive auch auf den Berufsschulunterricht, um Defizite in bezug auf ganzheitliches Lernen und Erkennen von Zusammenhängen in den Lernorten Schule und Betrieb auszugleichen."

227 Vgl. Dämmer/Diers/Goldbach/Habekost/Holthaus/Jacobs/Kleine/Marten (1991, S. 117).

228 Vgl. Dämmer/Diers/Goldbach/Habekost/Holthaus/Jacobs/Kleine/Marten (1991, S. 117).

229 Vgl. Halfpap (1989a, S. 128-129).

230 Vgl. Dämmer/Diers/Goldbach/Habekost/Holthaus/Jacobs/Kleine/Marten (1991, S. 119), die weiterhin spezifizieren (Fußnote): „Diese 'Grundsätze zur Neuordnung der bürowirtschaftlichen Ausbildungsberufe' sind beispielsweise abgedruckt in: Wirtschaft und Erziehung, 40 Jg., Heft 2, 1988, S. 61-63. Siehe ferner Verordnung über die Berufsausbildung zum Bürokaufmann/zur Bürokauffrau vom 13.02.1991 (BGBl. I, S. 425 vom 20.02.1991); Verordnung über die Berufsausbildung zum Kaufmann für Bürokommunikation/zur Kauffrau für Bürokommunikation vom 13.02.1991 (BGBl. I, S. 436 vom 20.02.1991)."

231 Vgl. Tidick (1991, S. 47).

Schulunterricht in Vollzeitform im Rahmen der Ausbildung zum/zur Bürokaufmann/-frau angeboten werden.[232] Halfpap ist diesbezüglich folgender Meinung:

> „Hierdurch wird nicht etwa das duale Berufsausbildungssystem in Frage gestellt oder verändert. Vielmehr soll durch das Lernbüro das fachliche Lernen in der Schule erweitert werden, um schulisches Lernen effektiver sowie berufs- und praxisbezogener zu machen."[233]

Das effektive Lernen wird durch den Einsatz des Unterrichtskonzeptes der handlungsorientierten Didaktik unterstützt und weitestgehend erst ermöglicht. Daher soll im Weiteren der Ansatz des handlungsorientierten Unterrichts im Lernbüro vorgestellt werden.

4.2.3 Zum Ansatz der Handlungsorientierung im Lernbüro

Dieses Kapitel gibt eine grobe Übersicht über den Ansatz der Handlungsorientierung im Lernbüro, da diese Thematik im Kapitel 4.2.6 in der dort dargestellten Kritikdiskussion sehr ausführlich behandelt wird.

Für eine kurze Rezension in diesem Abschnitt ist festzuhalten, dass Söltenfuß[234] als einer der ersten Literaten die Theorie des handlungsorientierten Ansatzes auf das Simulationsbüro bezogen hat. Er schuf damit ein Fundament, auf das von weiteren Autoren in Veröffentlichungen zum Lernbüro gerne aufgebaut wird.

Sollen die verschiedensten Ausführungen gebündelt vorgestellt werden, ist es sinnvoll, auf Auszüge von Publikationen hinzuweisen, die die unterschiedlichsten Erkenntnisse zusammenfassen.

Handlungsorientiertes Lehren und Lernen im Lernbüro erfolgt nach Dämmer u.a. dann, wenn praktisches wirtschaftliches Handeln in den Mittelpunkt des Lernprozesses rückt, idealerweise sogar zum Ausgangspunkt des Lernens wird.[235] Bestenfalls steht das wirtschaftliche Handeln zugleich im Kontext einer konkreten Bürosituation, denn so ist Lernen im Lernbüro auch gleichzeitig situationsorientiert. Die Lernenden

---

[232] Vgl. Halfpap (1989a, S. 191).
[233] Halfpap (1988a, S. 53).
[234] Siehe hierzu Söltenfuß (1983b), Söltenfuß (1983a, S. 2-6), Kaiser/Söltenfuß (1984, S. 75-85) und Söltenfuß (1987, S. 49-74),
[235] Vgl. Dämmer/Diers/Goldbach/Habekost/Holthaus/Jacobs/Kleine/Marten (1991, S. 121).

erhalten dadurch einen direkten Bezug zu ihrem potenziellen realen Arbeitsumfeld.[236] Hierüber können weitere Handlungen initiiert werden, die ihrerseits wiederum situationsverändernd wirken und damit neue Lernsituationen schaffen können.[237]
Darüber hinaus berühren realitätsbezogene Probleme der Praxis die emotionale Sphäre des Schülers, so dass Lernbüroarbeit wesentlich motivierender wirken kann als herkömmlicher Unterricht.[238] Der Aufforderungscharakter, den das realitätsbezogene Lernbüro-Modell auslöst, kann die Lernbereitschaft fördern.[239] Dadurch können Kräfte frei werden, die die Schüler befähigen, sach- bzw. aufgabenbezogene oder sozial- bzw. personenbezogene Probleme selbstständig zu lösen.[240] Leistungen, die im Team zu erbringen sind, werden zukünftig in der Berufswelt mehr und mehr gefordert, beispielsweise bei Arbeiten in Arbeits- und Projektgruppen.[241]
Gerade diese Situationen machen eine Verknüpfung von Denken und Handeln im Lernprozess notwendig, so dass, wie schon im Kapitel 2.4.2.2 beschrieben wurde, Denkleistungen des Gehirns das Handeln und Verhalten steuern können, umgekehrt praktische Tätigkeiten im Lernbüro aufgrund konkreter, sinnvoller Aufgabenstellungen dazu dienen können, Denkstrukturen aufzubauen.[242]

> „Wahrnehmen, Denken und Handeln bedingen also einander und verbessern die Leistungsfähigkeit des Gehirns um so mehr, je enger sie wechselseitig miteinander verknüpft werden."[243]

---

236 Vgl. Kaiser/Söltenfuß (1984, S. 82).
237 Vgl. Dämmer/Diers/Goldbach/Habekost/Holthaus/Jacobs/Kleine/Marten (1991, S. 121).
238 Siehe hierzu auch Frost/Grünwald (1995, S. 284), die folgenden Standpunkt vertreten: „Erst mit dem Lernbüro wurde ein ganzheitlicher didaktisch-methodischer Ansatz initiiert, der die Lernenden, die Lernziele, die Lerninhalte sowie die Lernorganisation [...] mit einschließt: der didaktische Ansatz handlungsorientierten Lernens. Diese Didaktikkonzeption unterstellt ein Menschenbild des Lernenden, das nachhaltig geprägt wird von der Annahme eines epistemologischen (reflektiven) Subjektmodells. In der Kognitionspsychologie werden dem menschlichen Subjekt kognitive Reflexivität, Konstruktivität und Intentionalität mit zunehmendem Streben nach Rationalität zugestanden[...]. Konkret bedeutet dies für die Lernbüroarbeit, daß sich für Schüler *einerseits* Erfahrungswissen und Handlungskompetenz durch routiniertes anwendungsbezogenes Tun im kaufmännischen Lernbüroalltag bewähren müssen und *anderseits* Schüler in diesem praktischen Zusammenhang immer wieder an temporäre Grenzen stoßen, die handlungsleitendes Erkenntnisinteresse, Impulse und Motivation für weitere Lernprozesse freisetzen."
239 Vgl. Dämmer/Diers/Goldbach/Habekost/Holthaus/Jacobs/Kleine/Marten (1991, S. 121).
240 Dies bedeutet nach Söltenfuß (1983a, S. 3) für die Lehrenden, dass das Lernen als Handlungsprozeß zu organisieren ist, also als ein bewußtes, zielorientiertes Tun. Dies kann dazu führen, daß didaktisch gesehen nicht mehr die Aufbereitung des Lehrstoffes für den Lehrenden im Mittelpunkt steht, sondern die zweckmäßige Organisation von Handlungen durch die Schüler.
241 Vgl. Dämmer/Diers/Goldbach/Habekost/Holthaus/Jacobs/Kleine/Marten (1991, S. 121).
242 Vgl. Söltenfuß (1987, S. 57, S. 74).
243 Dämmer/Diers/Goldbach/Habekost/Holthaus/Jacobs/Kleine/Marten (1991, S. 120).

Ähnliches gilt auch für die Verbindung von Theorie und Praxis im unterrichtlichen Kontext. Theorie sollte sich nicht von der Praxis lösen, da sie Gefahr laufen könnte, zu einem Selbstzweck zu werden.[244] Damit wäre sie nicht mehr im Stande, einen Beitrag zur Lösung praktischer Probleme und den Lernenden Hilfestellung zu leisten.[245] Eine starke Orientierung an den Fachwissenschaften, aufgrund des didaktischen Prinzips der Wissenschaftsbezogenheit der Inhalte[246] würde zu einer Entberuflichung von kaufmännischen Ausbildungsgängen führen und damit zu einem tendenziellen Auseinanderfallen von Praxis und Theorie.[247] Gerade der theorielastige Bildungsbereich Wirtschaft und Verwaltung sollte sich in der Schule den Anforderungen der Praxis stellen.[248] Das Lernbüro kann einen wichtigen Beitrag zur Verbindung von Denken und Handeln bzw. Theorie und Praxis leisten.[249] Praxisgerechte Unterrichtsinhalte können mit Hilfe handlungsorientierter Unterrichtsmethoden auf der Grundlage einer praxisnahen materiellen Ausstattung umgesetzt werden.[250]

Im Weiteren wird die Beschreibung der übergreifenden Aspekte eines Lernbüros abgeschlossen und der Blick auf die unterrichtlichen Elementar-Strukturen des Lernbüros gerichtet. Es findet hierbei, wie im Kapitel 4.2 schon erwähnt, eine Strukturana-

---

[244] Siehe hierzu auch Söltenfuß (1983a, S. 4): „Da es ein Qualitätsmerkmal von beruflichen Lernprozessen sein muß, Kenntnisse und Wissen nicht nur lediglich zu besitzen, sondern diese zielbezogen anzuwenden, kann und darf Berufsbildung nicht im Theoretisieren enden. [...] Von daher muß neben der gedanklichen Antizipation zur Hervorbringung des bloßen Denkens die Wahrnehmung von konkreten Sachen und Personen, sowie die Koordination von sinnlichen und motorischen Abläufen zur Verwirklichung des Zieles treten, oder anders formuliert: die praktische Inbeziehungssetzung der Handlungspartizipianten."

[245] Hierzu stellt Söltenfuß (1983a, S. 4) fest, dass dem Individuum funktionale Wissens- und Regelsysteme zur Steuerung seiner Handlungen zur Verfügung stehen sollten damit Handlungskompetenz erworben werden kann. Das wissenschaftliche Wissen ist dabei aber nicht von vornherein als höherwertig anzusehen, vielmehr hat es seine 'Überlegenheit' gegenüber dem Alltagswissen zu beweisen. Solange das Alltagswissen für die Bewältigung alltagspraktischer Probleme für den Handelnden zufriedenstellend ist, besteht auch keine Notwendigkeit, dieses durch wissenschaftliches Wissen zu ergänzen. Vgl. hierzu auch Kaiser/Söltenfuß (1983, S. 827).

[246] Söltenfuß (1983a, S. 4) stellt fest, dass durch die Ausbildung von wissenschaftlichen Begriffssystemen, die sich nicht auf die Handlungssituationen der Auszubildenden bezögen, die Gefahr der Verselbstständigung bestünde, so dass sie kaum handlungsregulierend wirken könnten bzw. der Wirtschaftslehreunterricht eher zu einer fragmentarischen, unzusammenhängenden lexikalischen Ansammlung von Definitionswissen führe, als zu Handlungswissen.

[247] Vgl. Söltenfuß (1983a, S. 3).

[248] Halfpap (1989b, S. 6) macht dies nochmals am Beispiel des Einsatzes von neuen Informations- und Kommunikationstechniken deutlich.
Vgl. Dämmer/Diers/Goldbach/Habekost/Holthaus/Jacobs/Kleine/Marten (1991, S. 120) und vgl. Tramm/Achtenhagen (1994, S. 216).

[249] Söltenfuß (1983a, S. 3) bestätigt dies, indem er erkennt, dass der handlungstheoretische Ansatz des Lernbüros Arbeiten und Lernen sowie Praxis und Theorie im Zusammenhang sieht. Auch Halfpap (1986a, S. 62-63) stellt diese Zusammenhänge detailliert vor.

[250] Vgl. Dämmer/Diers/Goldbach/Habekost/Holthaus/Jacobs/Kleine/Marten (1991, S. 121) und vgl. auch Kaiser (1987a, S. 20).

lyse statt, die es ermöglichen soll, die Methodische Großform für die strukturelle Konzeption des im Kapitel 5 zu entwickelnden gründungsspezifischen Qualifizierungsangebots an Hochschulen als didaktische Hilfestellung zu nutzen.

4.2.4 Zu den mikrodidaktischen Elementar-Strukturen des Lernbüros

Im Folgenden werden mikrodidaktische Elementar-Strukturen, die im Verlauf der Literaturrecherche zum Lernbüro destilliert werden konnten, vorgestellt. Hierbei werden die im Kapitel 2.3 beschriebenen Elementar-Strukturen des Berliner Didaktik-Modells nach Heimann um den Faktorenkomplex formative Lehr-/Lernzielkontrolle erweitert.[251]

Die folgende Beschreibung zur Modellierung eines Lernbüros bzw. des Modelleinsatzes in einem Unterricht gehört klassisch nicht zu den mikrodidaktischen Faktorenkomplexen. Da jedoch der Einsatz eines Modells die Ausgestaltung der unterrichtlichen Elementar-Strukturen für einen Lehr-/Lernprozess beeinflussen kann, soll die Modellbildung eines Lernbüros als Einführung in die Analyse der mikrodidaktischen Faktorenkomplexe dienen.

4.2.4.1 Zur Modellbildung des Lernbüros

Zur Einführung in die mikrodidaktische Strukturanalyse des Lernbüros soll die Modellbildung dieses Lehr-/Lernarrangements dargestellt werden. Das konstruierte Modell hat einen umfänglichen Einfluss auf den gesamten Lehr-/Lernprozess im Lernbüro.[252]

Mikrodidaktisch betrachtet ist das Lernbüro ein dynamisches Simulationsmodell[253] eines Unternehmens[254], das für eine bestimmte Zeitdauer, für spezielle Zwecke und

---

[251] Dieser Faktorenkomplex wird im weiteren Verlauf auch für die weiteren Methodischen Großformen grundsätzlich berücksichtigt. „Formative Lehr-/Lernzielkkontrolle [...] sind als 'Bestandteile der Lehrgangsdurchführung'[...] oder als 'Lernfortschritts- bzw. Prozesskontrollen'[...]" [Braukmann, (1993, S. 421)] zu verstehen.

[252] Vgl. hierzu Neugebauer (1977, S. 290), (1980, S. 67).

[253] Vgl. Reetz (1986, S. 352).

[254] Kaiser/Weitz (1992, S. 90) führen hierzu detaillierter aus: „Je unanschaulicher die betrieblichen Arbeitsprozesse ablaufen, je komplexer Arbeitsorganisationen und technische Systeme werden, und je geringer damit für die Schüler/innen und Auszubildenden die Möglichkeit der aktiven Teilnahme an realen Arbeitshandlungen im Unternehmen wird, um so bedeutungsvoller wird das Erfahrungslernen in nach didaktischen Prinzipien gestaltetem Modellunternehmen. Simulationen, und das gilt auch für Handlungen in einem Modellunternehmen, zeichen [sic! I.E.] sich dadurch

für bestimmte Benutzer entwickelt worden ist.[255] Die Nutzer kommen in den Genuss erhöhter Transparenz der Wirklichkeit dank des Modells aufgrund der Komplexitätsreduktion auf der einen Seite und der bewussten Hervorhebung von interessierenden Teilaspekten auf der anderen.[256]

> „Bei der Lernbüroarbeit geht es eben nicht um die Nachbildung betrieblicher Realität im Verhältnis eins zu eins. Vielmehr sollen Schüler im relativ komplexen und dynamischen ökonomischen System Lernbüro Entscheidungen fällen, um Auswirkungen von Fehlentscheidungen nachvollziehen zu können, ohne daß sie ggf. katastrophale Konsequenzen tragen müssen.“[257]

Ein Modell ist dementsprechend keine realitätsgetreue Abbildung eines Originals. Bei der Untersuchung der Publikationen ließen sich zu dieser Thematik unterschiedliche Formen der Modellbildung von Lernbüros finden. Im Folgenden soll, den Ergebnissen der Literaturrecherche entsprechend, eine Übersicht über eine Auswahl von den mit Einschränkung bekanntesten Modellierungsformen des Lernbüros gegeben werden,[258] die im Einzelnen lauten:

1. *Modellkonstruktion als Rekonstruktion eines modernen Wirtschaftsbetriebes nach Reetz*[259]

---

aus, daß wir Erfahrungen sammeln können und Irrtümer begehen dürfen, für die wir nicht teuer bezahlen müssen oder bei denen nicht gleich die Welt untergeht. Für eine erfolgreiche Lebensbewältigung benötigen wir, daß wir Fehler machen dürfen und aus den Konsequenzen Lehren ziehen und klüger werden.“ Korbmacher (1989, S. 400) führt ergänzend hierzu an, dass mindestens folgende wesentliche Anforderungen an das Modell 'Lernbüro' gestellt werden sollten, wenn die Konzeption des handlungsorientierten Unterrichts zur Grundlage gemacht wird:
„- eine 'bildungswirksame' Modellkonstruktion,
- die Einbettung des Simulationsunternehmens in eine gleichsinnig strukturierte Umwelt,
- die Gestaltung des Lernbüros als Arbeitsraum mit Büroatmosphäre,
- didaktisch aufbereitete Materialien,
- die Verbindung von Arbeitspraxis und Fachtheorie,
- die Orientierung der Arbeit an gemeinsamen Zielen,
- ein verändertes Selbstverständnis des Lehrers,
- veränderte Lern- und Arbeitsformen während des Unterrichts.“ Diese Anforderungen werden im weiteren Verlauf des Kapitels zum Lernbüro detaillierter beschrieben.

255 Vgl. Buddensiek/Kaiser/Kaminski (1980, S. 93).

256 Bei der pädagogischen Gestaltung des Lernbüros darf nicht außer acht geraten, dass es sich hier um einen Lernort eigener Prägung handelt.

257 Frost/Grünwald (1995, S. 285).

258 Eine Gemeinsamkeit scheint sich jedoch mit folgender Aussage auf alle Formen von Lernbüromodellen zu beziehen [Tramm/Achtenhagen, (1994, S. 219)]: „Das Original des Lernbüros befindet sich in den Köpfen der Lehrer.“ Der Modellkonstrukteur gestaltet also das Lernbüro didaktisch begründet nach seinen Vorstellungen.

259 Vgl. Reetz (1996, S. 351-365).

2. *Modellierung des Lernbüros im Verwendungskontext: 'Modell von etwas' - 'Modell für etwas' nach Benteler*[260]
3. *'Modell: Teilweiser Neuaufbau' - 'Modell: Weiterführung eines bestehenden Unternehmens' nach Kaiser*[261].

Im Weiteren soll zunächst die Darstellung der 'Modellkonstruktion als Rekonstruktion eines modernen Wirtschaftsbetriebes' nach Reetz einen Einblick in den Gestaltungsprozess, der die Basis für die Modellierung eines Lernbüros ist, gewähren.

1. *Modellkonstruktion als Rekonstruktion eines modernen Wirtschaftsbetriebes nach Reetz*

Reetz beschreibt, so das Ergebnis der Literaturrecherche zur Modellbildung, als bisher Einziger in sequentieller Form den Prozess einer Modellkonstruktion für ein Lernbüro.
Er spricht von einer Modellkonstruktion als Rekonstruktion eines modernen Wirtschaftsbetriebes, die durch zwei sequentielle Transformationsprozesse erfolgt.[262]

> „Mithin ist der Lernfirmenkonstrukteur genötigt, sich ein exemplarisches *Bild* zu machen, in dem er neben möglichen eigenen Erfahrungen auf Repräsentationsformen der betrieblichen Realitäten zurückgreift.“[263]

Reetz verdeutlicht dies an den Formen der situativen und wissenschaftlichen Repräsentation, wodurch konkrete Bilder von Betrieben den ersten Transformationsprozess durchlaufen.
Unter situativen Repräsentationsformen sind auf der einen Seite ikonische episodisch-historische Abbildungen und Dokumentationen von Betrieben und betrieblichen Aktivitäten in Form von Dokumenten, Fallstudien und dergleichen zu verstehen.[264]
Die wissenschaftliche Repräsentation bzw. isolierende Abbildung betrieblicher Realität bezieht sich auf der anderen Seite vor allem auf die Betriebssoziologie und die

---

[260] Vgl. Benteler (1988, S. 69-79).
[261] Vgl. Kaiser (1987a, S. 44-45).
[262] Vgl. Reetz (1986, S. 354). Siehe hierzu auch Schaubild 4.1.
[263] Reetz (1986, S. 353), vgl. auch Benteler (1988, S. 249).
[264] Vgl. Reetz (1986, S. 353).

Betriebswirtschaftslehre. Im Rahmen der Betriebswirtschaftslehre, die viele unterschiedliche theoretische Ausprägungen hat[265], haben sich unter anderem der systemtheoretische und entscheidungsorientierte Ansatz Geltung verschafft.[266] Für den ersten Ansatz gilt, dass der Betrieb als soziotechnisches System „in der Regel in Form von Theorien und Modellen abstrakter Art repräsentiert"[267] wird. Für den zweiten Ansatz gilt, dass der Betrieb vor allem als Instanz unternehmerischen Handelns und Entscheidens anzusehen ist.[268]

> „Beide Formen der Repräsentation, die situative wie die wissenschaftliche, bilden die Basis für die Rekonstruktion des Betriebsmodelles, das als Lernfirma fungieren soll. Ausgangspunkt ist also das praxisbezogene, wissenschaftliche geklärte und überprüfte Bild einer Betriebswirtschaft als sozio-technischen Systems."[269]

Die Modellbildung und der zweite Transformationsprozess von konkreten betrieblichen Vorstellungen erfolgt nun in den drei parallel stattfindenden Schritten

> „- Vereinfachung durch Reduktion,
> - Substitution,
> - Akzentuierung."[270]

Vereinfachung bedeutet, dass die Komplexität eines Originals verringert wird. Dies kann dadurch geschehen, indem die Beziehungen von Abteilungen und Arbeitsplätzen als Subsysteme im Modell vereinfacht werden. Die Reduzierung der Komplexität durch Verringerung der Beziehungen bedeutet auch, dass Zahl und Vielfalt inner- und zwischenbetrieblicher Handlungen verringert werden.[271]
Substituierende Repräsentation heißt, dass das Modell entweder physisch oder auch nur symbolisch realitätsgerecht dargestellt wird. Oftmals ist eine physische Repräsentation in Form eines Großraumbüros vorzufinden. Produktionsstätten und Lager

---

265 Siehe hierzu auch Aff (1997, S. 18).
266 Vgl. Reetz (1986, S. 353).
267 Reetz (1986, S. 353).
268 Vgl. Reetz (1986, S. 353).
269 Reetz (1986, S. 353), vgl. Benteler (1988, S. 255).
270 Reetz (1986, S. 351), vgl. Tramm/Achtenhagen (1994, S. 219). Reetz (1986, S. 352) präzisiert: „Modelle schlechthin, wie auch didaktische Modelle, werden gewonnen vor allem durch Reduktion von Realität im Interesse erhöhter Transparenz und durch Akzentuierung, also Hervorhebung und Betonung der interessierenden Teilaspekte des Modells [...]."
271 Vgl. Reetz (1986, S. 353).

werden zumeist nur symbolisch repräsentiert. Es konkurrieren hierbei zwei unterschiedliche Lernauffassungen miteinander, einerseits die originalgetreue Abbildung und Nachahmung und andererseits die Verkürzung der Realität im Interesse erhöhter Transparenz.[272]

> „Der ersten Auffassung unterliegt ein millieutheoretisch-behavioristisches Lernverständnis. Man vertraut in erster Linie den situativen Stimuli und setzt auf die Übertragbarkeit der durch sie bewirkten Verhaltensschemata.
> Die zweite Auffassung legitimiert sich durch ein kognitivistisches Lernkonzept, demzufolge erwirbt der Mensch besonders bei transparenter Umweltgestaltung schnell eine 'kognitive Landkarte', die als Wissen gespeichert wird und als Handlungsschema auf neue Situationen übertragbar wird [...]“[273].

Die *Akzentuierung* hebt bestimmte Merkmale des Betriebsmodells hervor. Hierbei sollen arbeitsorientiertes Lernen sowie die Hervorbringung entsprechender beruflicher Qualifikationen eine Rolle spielen. Dabei handelt es sich um zweierlei Akzentuierungen. Einerseits geht es um die des Lernsubjekts, auf dessen Bedürfnisse der Qualifizierungsprozess des Modells ausgelegt wird und andererseits um die Hervorhebung des Lernobjekts, also den Modellbetrieb betreffend.[274] Die lernsubjektbezogene Akzentuierung bezieht sich zum einen auf die Qualifikation und Bildung des Lernenden, die für ihn bedeutsam werden können. Zum anderen nimmt sie Bezug auf die Akzentuierung der Fasslichkeit und Lernbarkeit. Diese entspricht dem Grad der didaktischen Aufbereitung und Reduktion.[275]
Die Merkmalsausprägung der betrieblichen Modellstruktur und der betrieblichen Prozesse steht in Verbindung mit der lernobjektbezogenen Akzentuierung.[276]
Im Folgenden sollen nochmals beide Transformationsprozesse, ausgehend vom Bild eines Unternehmens bis zu einer Lernbürokonzeption, in Form eines Schaubildes dargestellt werden.

---

[272] Vgl. Reetz (1986, S. 353).
[273] Reetz (1986, S. 353).
[274] Vgl. Reetz (1986, S. 351).
[275] Vgl. Reetz (1986, S. 353).
[276] Vgl. Reetz (1986, S. 353).

Abb. 4.1: Konstruktion einer Lernfirma als Betriebsmodell[277]

Bezugssystem: Ökonomisch-soziale Realität von Wirtschaftsunternehmen

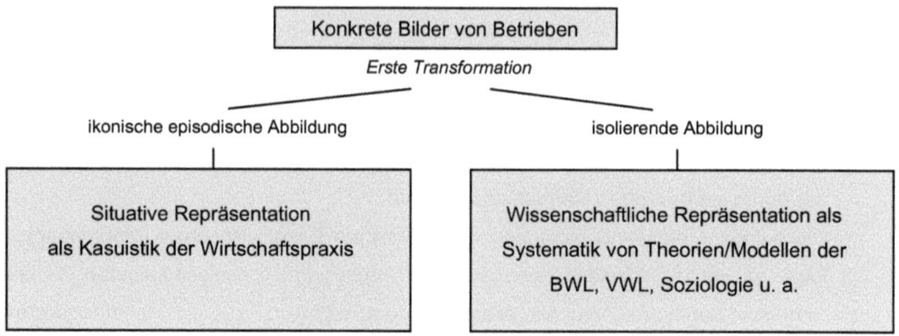

Zweite Transformation als Modellbildung/Rekonstruktion durch

- **Reduktion der Komplexität** betrieblicher Strukturen und Prozesse
- **Substitution/Repräsentation**: Physische Rekonkretisierung und/oder symbolische (ikonische, verbale, mathematische) Darstellung
- **Akzentuierung**: Hervorhebung bzw. Dosierung der...

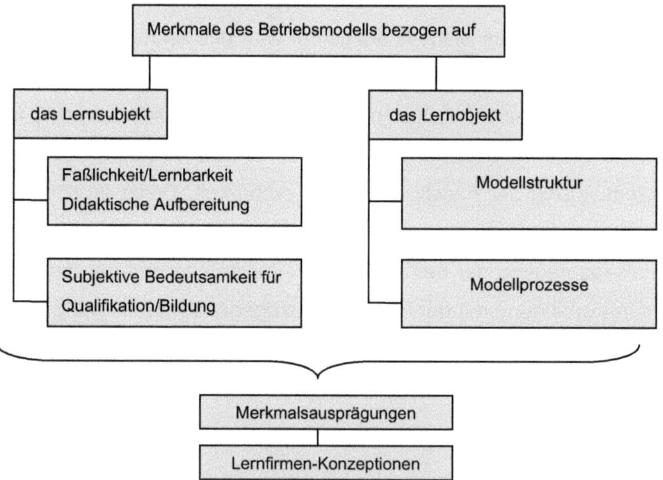

Wie dieses Schaubild abschließend verdeutlichen kann, legt Reetz den Schwerpunkt auf die Transformationsprozesse bei der Modellierung eines Lernbüros.

---

277 In Anlehnung an Reetz (1986, S. 354).

2. *Modellierung des Lernbüros im Verwendungskontext: 'Modell von etwas' – 'Modell für etwas' nach Benteler*

Benteler beschäftigt sich schwerpunktmäßig mit der Funktion eines Lernbüromodells und macht hiervon die Gestaltung eines Simulationsunternehmens abhängig. Er geht dabei von zwei Verwendungsmöglichkeiten eines Lernbüros aus.[278] Ein Modell kann ein 'Modell von etwas' oder ein 'Modell für etwas' sein.

> „Die Unterscheidung dieser beiden Verwendungsweisen des Modellbegriffs ist von eminenter Bedeutung. Aus erkenntnistheoretischer Perspektive gilt es festzuhalten, daß Modelle oder Theorien in aller Regel weder das Original in seiner ganzen Vielfältigkeit und Komplexität abbilden, noch Theorien, auch wenn sie als Vorbilder möglicher Originale konstruiert wurden, ohne Reflexion ihrer Konstruktionsmerkmale für die Planung und Realisation genutzt werden, eben weil Erkenntnis auf Modelle beschränkt bleibt. Zudem ist vielfach nur aus subjektiver Sicht vom Modellkonstrukteur oder von den Modellbenutzern eindeutig bestimmbar, ob es sich bei diesem Modell um ein Vorbild oder Abbild handelt."[279]

Benteler sieht in der Modellbildung die Aufgabe, eine Entscheidung dahingehend zu fällen, inwiefern ein Lernbüro an ein erfundenes oder tatsächlich existierendes Unternehmen anzupassen ist.[280]
Dabei sollte berücksichtigt werden, dass das Arbeiten, Handeln und Lernen im Modell den Prozessen eines Unternehmens entspricht. Diesem Realitätsanspruch, so stellt auch Reetz fest, kann jedoch nur bedingt Genüge getan werden:

---

278 Vgl. Benteler (1988, S. 72).

279 Benteler (1988, S. 73).

280 Vgl. Benteler/Kaiser/Korbmacher (1989, S. 76). Tramm/Achtenhagen (1994, S. 220-221) führen hierzu detaillierter aus, in welchen Formen Schüler ein Modell lernwirksam nutzen können: Die Eigendynamik eines Lernbüros dient hier als Hilfestellung. Aktivitäten in einem Lernbüro leisten eine Verstätigung der Arbeitshandlungen bei den Teilnehmern. Je nach Stand des Lernprozesses bezieht sich das Handeln der Schüler 'im' Modell auf die Gestaltung der bestehenden Strukturen eines Lernbüros. Die Weiterentwicklung der Tätigkeiten bzw. das lernwirksame Handeln 'an' dem Modell geht dann über Routine-Handlungen hinaus. Mögliche Verbesserungen zur effizienteren Gestaltung der betrieblichen Abläufe können so auf reale Prozesse transferiert werden. Kaiser/Weitz (1992, S. 89) meinen ergänzend hierzu: „Lernen im Modell und Lernen am Modell im Rahmen der Lernbüroarbeit beinhaltet, daß die Schüler/innen in einem Modellunternehmen handeln und auf situative Distanz zu den Modellhandlungen gehen, aus dem Modell heraustreten, über die Reichweite der im Modell gewonnenen Erkenntnisse reflektieren und diese mit der Realität und mit wissenschaftlichen Aussagen unterschiedlicher Disziplinen vergleichen."

> „Die Lernfirma ist also als Lernsystem eigener Prägung in zweierlei Hinsicht abzugrenzen, nämlich erstens von der Auffassung, hier müsse betriebliche Praxis so naturalistisch nachgeahmt werden, daß das Betriebsmodell als Praxisersatz fungieren könne und zweitens von Auffassungen, in denen die Lernfirma als bloßes Medium von Unterricht vereinnahmt wird.“ [281]

Modelle sollen auf der einen Seite soweit wie möglich ein natürliches oder künstliches Original repräsentieren. Auf der anderen Seite haben sie die Aufgabe, bestimmte Elemente und Beziehungen gegenüber dem Original sowohl in didaktisch reduzierter Form darzustellen, als auch besonders zu akzentuieren. Welche Elemente oder Beziehungen dies sind, hängt erheblich von der Funktion des gedachten Modells ab.[282]

Bei Buddensiek lassen sich hier unterschiedliche Funktionen von Modellen finden[283], die von Benteler auf das Lernbüro übertragen wurden.[284] Er bezieht sich auf die beschriebene zweideutige Verwendung von Modellen, die in der folgenden Tabelle dargestellt werden.

---

281 Reetz (1986, S. 352).

282 Vgl. Benteler/Kaiser/Korbmacher (1989, S. 76).

283 Vgl. Buddensiek (1979, S. 124) sowie Buddensiek/Kaiser/Kaminski (1980, S. 94-95).

284 Vgl. Benteler (1988, S. 78), sowie Benteler/Kaiser/Korbmacher (1989, S. 75). Während Buddensiek die Funktionen von Modellen den Modellzwecken 'Modell für Ausbildungszwecke' und 'Modelle für Zwecke der Theoriebildung, Prognose und Planung' zuweist, konzentriert sich Benteler ausschließlich auf den ersten Zweck.

Tab. 4.1: Typen und Funktionen von Modellen in Bezug auf das Lernbüro[285]

Typen / Funktionen	Lernbüros als Abbilder bestehender Originale	Lernbüros als Vorbilder möglicher Originale
Heuristische Funktion	Darstellen, Veranschaulichen bestehender Strukturen, Funktionen, Abläufe, Merkmale eines bestehenden Originals	Ermitteln, Darstellen, Veranschaulichen möglicher Strukturen, Funktionen, Abläufe, Merkmale eines möglichen Originals
Strukturierung und Deskription	Beschreiben und Veranschaulichen bisher unbekannter Merkmale etc.	Ermitteln, Beschreiben, Veranschaulichen und Erproben alternativer Strukturen, Materialien, Medien etc.
Training	Einüben kaufmännischer Sachbearbeitung	Einüben in das Finden, Entwickeln, Realisieren und Überprüfen alternativer Strukturen und Materialien
Steuerung	Steuerung der Lern- und Arbeitsprozesse durch Arbeitszuschnitte, internes Material Geschäftsvorfälle	Aufarbeitung der Prinzipien, die im Modell steuernd wirken und überarbeiten im Sinne selbst entwickelter Vorschläge
Ersatz	Ersatz von Ausbildungs- und Übungsstätten	Ersatz für Originale, die zur Entwicklung und Erprobung von Alternativen nicht zur Verfügung stehen
Antizipation	Antizipation von Realsituationen, wie sie den SchülerInnen u.U. in der beruflichen Realität begegnen werden	Entwicklung und Erprobung unterschiedlicher Gestaltungsformen des Modells führt auf der Ebene des Modells zu Real-Utopien
Innovation	Nachvollzug von Neuerungen, die die kaufmännische Arbeit verändern	Selbstständige Entwicklung von Anregungen, Möglichkeiten etc. zur Veränderung kaufmännischer Arbeit
Kontrolle und Evaluation	Handhabung modellinterner Evaluationsinstrumente Modell-Modell und Modell-Original-Vergleiche	Entwicklung und Handhabung modellinterner Evaluationsinstrumente, Modell-Modell und Modell-Original-Vergleiche
Ideologiekritik	Reflexion des bestehenden Modells und Beschreibung der die Konstruktion leitenden Prinzipien	Reflexion des Modells und Versuch zur Entwicklung und Realisation selbst gewählter Konstruktionsprinzipien

Diese beiden Modelltypen des Lernbüros stellen Extreme dar, welche ihrer Tendenz nach vom Konstrukteur verfolgt werden können. Eine durchgängige Trennung dieser vorgestellten Funktionen und Formen des Lernbüromodells ist jedoch nicht eindeutig zu leisten, da sie sich überschneiden und teilweise gleichzeitig in einem Modell integriert sein können.

---

285 Vgl. Benteler (1988, S. 78).

3. 'Modell: Teilweiser Neuaufbau' – 'Modell: Weiterführung eines bestehenden Unternehmens' nach Kaiser

Die folgende Beschreibung einer Nachbildung eines Unternehmens soll den gangbaren Weg von Arbeitsphasen in Lernbüros aufzeigen. Hier lassen sich wiederum zwei in der Praxis typisch vorzufindende Modellkonstruktionen unterscheiden.

> „Einerseits kann mit jeder neuen Lerngruppe ein teilweiser Neuaufbau des Simulationsunternehmens erfolgen. Andererseits kann jede neue Lerngruppe das bestehende Simulationsunternehmen von ihrer Vorgängerin übernehmen. Welche Modellkonstruktion auch gewählt wird, in jedem Fall wird die Arbeit im Lernbüro in einem mehrstufigen Unterrichtskonzept erfolgen.“[286]

Ein teilweiser Neuaufbau von Lernbüros lässt sich besonders vorteilhaft bei schon Bestehendem umsetzen. Die Struktur wird teilweise erneuert, indem beispielsweise Abteilungen neu aufgebaut und Stellen neu eingerichtet werden. Eine komplette Neugründung kann je nach Intention des zu erlernenden Inhalts sinnvoll sein, würde aber einen erheblichen Organisationsaufwand bedeuten[287], welcher über das Lernziel hinausgehen könnte.
Das Modell der Weiterführung eines bestehenden Unternehmens setzt voraus, dass ein funktionsfähiges Lernbüro existiert, welches von Schülern unverändert übernommen werden kann. Bestehende Strukturen von arbeitsteiligen Abläufen werden aufgegriffen und von den Teilnehmern weitergeführt.[288] Hierbei stehen Sachbearbeitertätigkeiten im Vordergrund. Eine strukturelle und materielle Veränderung des Lernbüros wird nicht vorgenommen. Folgende Tabelle nach Kaiser stellt die beiden Modelle in verkürzter Form dar.

---

286 Kaiser (1987a, S. 42-43).
287 Vgl. Kaiser (1987a, S. 43).
288 Vgl. Kaiser (1987a, S. 46).

Tab. 4.2: Modellbildung für Prozessabläufe in Lernbüros[289]

Teilweiser Neuaufbau des Simulationsunternehmens	Weiterführung eines bestehenden Simulationsunternehmens
1. Phase: **Kennenlernen kaufmännischer Tätigkeiten** - Vorstellen des Unternehmens - Ausführen erster kaufmännischer Tätigkeiten - Betriebserkundungen - Hospitation im Lernbüro anderer Klassen - Übersicht über die Funktionsbereiche und den Aufbau eines Unternehmens	**1. Phase:** **Einführung in das Unternehmen** - Hospitation in einem Lernbüro in Funktion - Einführung in die Unternehmensstruktur anhand der Unterlagen des bestehenden Unternehmens - Betriebserkundung - Einstellung und Einarbeitung der Mitarbeiter
2. Phase: **Gemeinsames Arbeiten in einzelnen Funktionsbereichen** - Ausführen operativer und dispositiver Arbeiten - genetischer Aufbau von Güter-, Geld- und Informationskreisläufen - Aufbau von Arbeits- und Belegflußplänen - Problemanreicherung durch besondere Geschäftsvorfälle	**2. Phase:** **Arbeiten an kaufmännischen Sachbearbeiterplätzen** - vorrangig operatives Arbeiten im arbeitsteilig organisierten Lernbüro anhand von Arbeitsabläufen und - Stellenbeschreibungen Nachvollzug der Güter-, Geld- und Informationskreisläufe
3. Phase: **Arbeiten im funktionsfähigen Büro** - Prüfung und Revision bzw. Reorganisation der Arbeiten in den Funktionsbereichen - Aufgliederung in Abteilungen und Stellen - eventuell Einstellung von Mitarbeitern - Durchführung spezieller operativer und dispositiver Tätigkeiten	**3. Phase:** **Verbindung operativer und dispositiver Arbeiten** - Problemanreicherungen durch besondere Geschäftsvorfälle - Abteilungsübergreifende Projekte und Vorhaben - Wechsel der Perspektiven - Ergänzungen durch dispositive Aufgaben
4. Phase: **Praxisorientierte Reflexion** - Rückbesinnung auf die Ausgangssituation - eventuell „Jahresabschluss" - spezielle Projekte und Vorhaben - Unternehmensplanspiel zur gezielten Einbringung der Unternehmensperspektiven - Betriebspraktikum	**4. Phase:** **Zusammenschau und Geschäftsbericht** - Rückbesinnung auf die Ausgangssituation - Erstellen eines Geschäftsberichts für die Übergabe - Eventuell Unternehmensplanspiel, Projekte und Vorhaben - Betriebspraktikum

Zusammenfassend kann festgestellt werden, dass die drei vorgestellten Varianten der Nachbildung eines Unternehmens nicht als eindimensionale Modellbildungen verstanden werden sollen. Vielmehr lässt sich aus den Darstellungen erkennen, dass sie unterschiedliche Merkmals- und Inhaltsausprägungen haben, die sich auch alle in einem Modell wiederfinden können und sollen. Die Berücksichtigung nur einer hier vorgestellten Variante würde aus didaktischer Sicht möglicherweise zu einer einseitigen Modellkonstruktion führen. Durch die Zusammenführung der in der Literatur vorgefundenen Ansätze zur Modellbildung eines Lernbüros kann verdeutlicht werden, dass eine mehrdimensionale Sichtweise bei der Konstruktion eines Simulationsun-

289 Kaiser (1987a, S. 44-45), siehe auch Speth (1997, S. 413).

ternehmens notwendig ist. Daraus kann sich weitestgehend ableiten lassen, dass Lernbüromodelle:

> „- Strukturen und Funktionen eines Originals transparent machen;
> - komplexe Zusammenhänge verdeutlichen;
> - helfen, nicht zugängliche Lerninhalte aufzubereiten und damit zugänglich zu machen;
> - anleiten, in Alternativen zu denken, indem unterschiedliche Möglichkeiten der 'Organisation von Realität' erprobt werden;
> - die Möglichkeiten eröffnen, vorfindliche Originale zu hinterfragen, indem sie mit dem Unterricht entwickelten real-utopischen Perspektiven verglichen werden;
> - die Möglichkeit zum Einüben später erforderlichen Handelns bieten;
> - dazu genutzt werden, Bewertungs- und Steuerungsfunktionen des Lernprozesses an Schülern zu übertragen (vgl. Buddensiek u.a. 1980, 96).“[290]

Es kann nun abschließend festgehalten werden, dass die behandelten Erkenntnisse helfen können, den Blick für didaktische Möglichkeiten und Grenzen der Modellkonstruktion zu schärfen.
Im Weiteren wird für die didaktische Ausgestaltung des Lehr-/Lerngeschehens im Lernbüro-Modell die Zielgruppe präzisiert.

4.2.4.2 Präzisierung der Zielgruppe für die didaktische Organisation des Lehr-/Lerngeschehens im Lernbüro

Nach der Studie verschiedener Modellbildungsansätze soll die Zielgruppe beschrieben werden, die als potenzieller Nutzer des Lernbüro-Modells in Betracht kommen kann. Aus mikrodidaktischer Sicht ist die Analyse der Adressaten bzw. des didaktischen Bedingungsfeldes von immanenter Bedeutung, da eine Präzisierung der Zielgruppe hilft, die weitere didaktische Organisation des Lehr-/Lerngeschehens im Lernbüro zu bestimmen.
Die Literaten von Publikationen zum Lernbüro sind sich weitestgehend darüber einig, so kann nach intensiver Recherche konstatiert werden, dass das Tätigkeitsfeld des kaufmännischen Sachbearbeiters im Mittelpunkt des didaktischen Ansatzes des

[290] Benteler (1988, S. 79).

Lernbüros steht.[291] Schüler wirtschaftsberuflicher Bildungsgänge (z.B. Berufsfachschule, Berufsgrundschuljahr)[292] oder Auszubildende in vollzeitschulischen Ausbildungsgängen (z.B. Bürokaufmann/-frau oder Kaufmann/Kauffrau für Bürokommunikation)[293] sollen im Simulationsunternehmen lernen, die Tätigkeit eines Sachbearbeiters auszuüben. Sie erhalten hier einen ersten Einblick in potenziell zukünftige Arbeitsfelder.[294]

Der Zugang zum Tätigkeitsfeld eines Sachbearbeiters kann bei jedem Schüler unter anderem wegen verschiedener schulischer Vorbildungen und Sozialisationsprozesse unterschiedlich sein. Dies könnte gegebenenfalls ein Grund für heterogene Lernfähigkeiten bei den einzelnen Teilnehmern sein, die zu einer Unter- bzw. Überforderung der einzelnen Lernenden bei der Lernbüroarbeit führen würden.[295]

Die didaktische Organisation des Lernbüros intendiert, gleiche Voraussetzungen für Lehr- und Lernprozesse zu schaffen, damit eine möglichst große Anzahl von Schülern diese erfolgreich bewältigen und den Anforderungen der zunehmenden betrieblichen Komplexität gerecht werden können.[296] Das Lernbüro kann dem Lehrenden diesbezüglich verschiedene Möglichkeiten eröffnen. Durch die Zusammenarbeit der Schüler in den einzelnen Abteilungen können Stärkere die Schwächeren unterstützen. Voraussetzung ist hierbei ein soziales Engagement. Kommunikationswege werden unter den Jugendlichen bei fachlichen Fragen deutlich verkürzt. Zudem kann der Lehrende bei eintretenden Leerphasen in den Abteilungen für zusätzliche gruppen-

---

291 Vgl. Halfpap (1989a, S. 128). Siehe auch Frost/Grünwald (1995, S. 287), die aufzeigen, dass sich Absolventen der Berufsfachschule Wirtschaft aufgrund der Lernbüroarbeit schnell und flexibel in die Rolle kaufmännischer Mitarbeiter hineindenken können.

292 Vgl. Halfpap (1988b, S. 53).

293 Vgl. Dämmer/Diers/Goldbach/Habekost/Holthaus/Jacobs/Kleine/Marten (1991, S. 119).

294 Kaiser/Weitz (1992, S. 90-91) meinen hierzu: „Die Lernbüroarbeit verbessert nach Auffassung der Lehrer/innen nicht nur die Voraussetzungen der Schüler/innen für eine spätere Berufswahl bzw. Berufsausbildung, sondern erhöht auch die Lernmotivation und die Lernbereitschaft der Schüler/innen und wirkt sich positiv auf die Zusammenarbeit von Lehrer/innen und Schüler/innen als auch auf die Motivation der unterrichtenden Lehrer/innen aus." Nach einer Umfrage stellen Kaiser/Weitz (1992, S. 91) Folgendes fest: „Die Arbeit im Lernbüro ist für die Schüler/innen vor allem deshalb motivierend und berufsbedeutsam, weil sie im Lernbüro 'relativ selbständig' (85 %) und praxisnah (82 %) arbeiten konnten, gewisse Mitspracherechte hatten (74 %), kaufmännische Tätigkeiten ausführen (69 %), in Gruppen arbeiten (65 %), in der Theorie Gelerntes in der Praxis anwenden (62 %), mit Menschen umgehen (60 %) und mit dem Computer arbeiten (54 %) konnten." Eine weitere Untersuchung zur Entwicklung von Lern- und Leistungsmotivation im Lernbüro wurde von Pawlik (1999, S. 83-99) vorgenommen.

295 Vgl. Benteler/Kaiser/Korbmacher (1989, S. 150): Gründe für unmotiviertes Verhalten können jedoch vielfältig sein, wie beispielsweise das 'Parken' von Schüler/Innen in einem wirtschaftsberuflichen Bildungsgang, die sich während der Schulzeit um einen Ausbildungsplatz bemühen.

296 Vgl. Achtenhagen/Bendorf/Reinkensmeier (2000, S. 267-268).

bezogene Aufgabenstellungen sorgen. Das Arbeits- und Lerntempo wird damit den Bedürfnissen der jeweiligen Klasse angepasst. Den Lernenden wird durch individuelle Zuwendung ermöglicht, entsprechend ihres Leistungsniveaus zu agieren. Auch diejenigen werden Erfolgserlebnisse haben, die über vorwiegend praktische Fähigkeiten verfügen und diese Kompetenzen im theoretischen Unterricht nicht einsetzen konnten. Damit die Schüler ihre individuellen Fähigkeiten erkennen und weiterentwickeln können, sollen sie im Lernbüro Gelegenheit bekommen, Probleme eigenständig zu lösen.[297] Die Lehrkräfte sollten daher vermeiden, Fragen von sich aus zu beantworten, ohne die Schüler vorher an der Problemlösung beteiligt zu haben. Hierdurch sollen die Schüler eigenverantwortliches kaufmännisches Arbeiten erlernen.[298]

Inwiefern die unterrichtlichen Entscheidungsfelder des Lernbüros unter anderem für diesen Lehr-/Lernprozess ausgestaltet sind, wird im nächsten Kapitel beschrieben.

4.2.4.3 Zu den unterrichtlichen Entscheidungsfeldern des Lernbüros

In Anlehnung an das Berliner Didaktik-Modell nach Heimann, wie es im Kapitel 2.3 vorgestellt wurde, soll nun eine Strukturanalyse der unterrichtlichen Entscheidungsfelder des Lernbüros unternommen werden. Um die didaktische Konzeption des Lernbüros verdeutlichen zu können, wird hierbei eine der Literaturauswertung entsprechende Zusammenfassung und Einordnung der den Unterricht bedingenden Momente Intention, Inhalte, Methoden und Medien vorgenommen. Ergänzend wird eine Beschreibung der formativen Lehr-/Lernzielkontrolle hieran angeschlossen.

4.2.4.3.1 Zu den Intentionen des Lernbürounterrichts

Ziel der Arbeit im Lernbüro ist es, einen Beitrag zur Verwirklichung von Fach-, Methoden- und Sozialkompetenz zu leisten, um eine ganzheitliche Persönlichkeitsbildung der Schüler zu erreichen.[299] Die Jugendlichen sollen zu einem selbstständigen und eigenverantwortlichen Handeln befähigt werden, um ihnen eine erste berufliche

---

297 Vgl. Dämmer/Diers/Goldbach/Habekost/Holthaus/Jacobs/Kleine/Marten (1991, S. 123).

298 Vgl. Dämmer/Diers/Goldbach/Habekost/Holthaus/Jacobs/Kleine/Marten (1991, S. 122-123). Kaiser/Weitz (1992, S. 91) machen dies durch eine Umfrage deutlich, in der 91% der befragten Schüler/innen die Arbeit im Lernbüro als interessant beurteilen und 83% die Lernbüroarbeit im Hinblick auf ihre spätere berufliche Tätigkeit als bedeutsam ansehen.

299 Vgl. Benteler/Kaiser/Korbmacher (1989, S. 78), vgl. auch Benteler (1987a, S. 88).

Identitätsbildung zu ermöglichen.[300] Es sollte für die Lernenden die Möglichkeit bestehen, wirtschaftliche Entscheidungen zu fällen und unternehmerische Risiken selbst erfahren zu können. Die Schüler können sich dabei mit den vorherrschenden Arbeitsstrukturen auseinandersetzen, so dass sie als zukünftige Arbeitnehmer befähigt werden, Einfluss auf die Arbeitsorganisation und -formen im Betrieb nehmen zu können.[301] Diese realitätsnahe Ausbildung wird durch den handlungsorientierten Unterrichtsansatz im Lernbüro ermöglicht.

Um hieraus die vorgestellten Vorteile und Intentionen nutzen zu können, sollen diese zu Lernzielen verdichtet werden. Hierbei wird der Blick für das interdisziplinäre Ganze neben den fachsystematischen Begründungszusammenhängen zu einem zentralen Lernziel.[302] Dies bedeutet für die Lernenden, die sich in einer immer komplexer werdenden Welt zurechtfinden müssen, die ein Wissen vorweist, das sich in jeglicher Hinsicht in ihren Enden zerfasert und das auf vielen Gebieten, bedingt durch den exponierten Zeitgewinn durch technologischen Fortschritt, eine sehr geringe Halbwertszeit erkennen lässt, dass für sie ganzheitliche Bildungsziele mehr und mehr an Bedeutung gewinnen.

Die Auswertung der Publikationen zu Intentionen des Lernbüros ergab, dass nur wenige explizite Formulierungen von Lernzielen vorzufinden sind, so dass im Weiteren der Fokus auf die Ausführungen von Dämmer u.a. gerichtet wird. Sie versuchen, Lernziele und zu erwerbende Kompetenzen bei der Lernbüroarbeit wie folgt zu präzisieren.[303] Sie beziehen sich einerseits auf kognitive, affektive und psychomotorische Feinlernzieldimensionen und andererseits auf die Fach-, Selbst- und Sozialkompetenz.[304] Um Schnittpunkte innerhalb dieser beiden Bereiche darstellen zu können, wurde von ihnen der Versuch unternommen, diese in einer Matrix miteinander zu verbinden, die im Folgenden dargestellt wird.[305]

---

[300] Vgl. Benteler/Kaiser/Korbmacher (1989, S. 78).

[301] Vgl. Söltenfuß (1987, S. 54).

[302] Vgl. Frost/Grünwald (1995, S. 284-285).

[303] Vgl. Dämmer/Diers/Goldbach/Habekost/Holthaus/Jacobs/Kleine/Marten (1991, S. 123). Siehe auch Lutze-Sippach/Goldbach (1991, S. 290).

[304] Vgl. Dämmer/Diers/Goldbach/Habekost/Holthaus/Jacobs/Kleine/Marten (1991, S. 123). Siehe auch Lutze-Sippach/Goldbach (1991, S. 290).

[305] Vgl. Dämmer/Diers/Goldbach/Habekost/Holthaus/Jacobs/Kleine/Marten (1991, S. 123). Siehe auch Lutze-Sippach/Goldbach (1991, S. 290).

Tab. 4.3: Lernzielmatrix der Lernbüroarbeit[306]

	Kognitive Lernziele	**Affektive Lernziele**	**Psycho-motorische Lernziele**
Fachkompetenz	Informationen zweckgerichtet auswerten und verwenden	Bereitschaft zur Informationssuche	Bürotechnische Geräte handhaben
Sozialkompetenz	Das Wesen von Kompromissen kennen	Bereitschaft zur Team-Arbeit	Gemeinsame Nutzung von Bürogeräten
Selbstkompetenz	Selbstverantwortliches Handeln	Bereitschaft zur selbstkritischen Arbeit	Routinierte Handhabung der neuen Technologie

Diese Darstellung ist problematisch. Feinlernziele[307] sowie Kompetenzen lassen sich untereinander nicht ohne weiteres klar voneinander trennen. Kognitiver Zuwachs kann beispielsweise auch selbstbewusstes Auftreten bzw. Selbstkompetenz positiv beeinflussen. Als weiteres Beispiel sei die konstruktive Anwendung von Fachwissen bzw. Fachkompetenz eines Teilnehmenden im Rahmen des Anlernens eines 'Mitarbeiters' im Lernbüro genannt, der zu einem positiven Gruppenklima führen kann. Es kann festgestellt werden:

> „Verfolgt man eine Lernzieldimension, müssen zugleich auch Wirkungen auf die anderen Zielaspekte einkalkuliert werden.“[308]

Die vorgestellte Matrix hat somit keinen Anspruch auf Trennschärfe, sondern soll nach Aussagen von Dämmer u.a. verkürzt die Verknüpfungsoptionen von Feinlernzielen mit fächerübergreifenden Kompetenzen verdeutlichen. Des Weiteren steht bei dem handlungsorientierten Unterrichtsansatz, wie schon erwähnt, die Entwicklung von ganzheitlich umfänglichen Handlungskompetenzen im Vordergrund, so dass es

---

[306] Vgl. Dämmer/Diers/Goldbach/Habekost/Holthaus/Jacobs/Kleine/Marten (1991, S. 123). Siehe auch Lutze-Sippach/Goldbach (1991, S. 290).

[307] Feinlernziele sind nach Martial/Bennack (1995, S. 98) als nähere Bestimmung des Endverhaltens zu verstehen.

[308] Dämmer/Diers/Goldbach/Habekost/Holthaus/Jacobs/Kleine/Marten (1991, S. 124). Siehe auch Lutze-Sippach/Goldbach (1991, S. 291).

nicht verwundert, dass die Formulierungen der hier als Feinlernziele bezeichneten Intentionen durchaus auch Überschneidungen mit Groblernzielen[309] aufweisen. Diese Verknüpfung spiegelt sich auch in den folgenden Lernzielformulierungen zur Lernbüroarbeit wider, die nun abschließend ebenfalls nach Dämmer u.a. vorgestellt werden sollen.
Der Schüler soll beispielsweise

- kaufmännische Betriebsfunktionen in ihrem Zusammenspiel verstehen und einen Überblick in betriebliche Arbeitsabläufe gewinnen,
- unternehmerische Entscheidungsprozesse verantwortlich mitgestalten,
- verwaltungstechnische Arbeiten planen, durchführen, kontrollieren und die Bedeutung dieser Phasen erkennen können,
- den Status kaufmännischer Arbeiten durch eigenständiges Handeln erkennen,
- Bürotätigkeiten richtig, zügig und ökonomisch ausführen können,
- einfache administrative Probleme lösen können,
- durch Zusammenarbeit mit fiktiven Außenstellen gesamtwirtschaftliche Vorgänge nachvollziehen und entsprechende Einsichten gewinnen können.[310]

Nachdem mögliche Intentionen der Lernbüroarbeit verdeutlicht wurden, soll nun der Blick auf die Inhalte der Bürosimulation gerichtet werden, die mit den Lernzielen im hohen Maße in Interdependenz stehen.

4.2.4.3.2 Zu den Inhalten des Lernbürounterrichts

Auszuwählende Inhalte und Themen der Lernbüroarbeit sollten verallgemeinert Kenntnisse, Fähigkeiten, Fertigkeiten und Einstellungen im Rahmen kaufmännischer Tätigkeiten vermitteln können. Diese Inhalte sollten Einblicke in die Grundstrukturen kaufmännischer Arbeitszusammenhänge, Arbeitsmethoden und Arbeitsmittel geben und eine berufliche Grundorientierung vermitteln. Um darüber hinaus Einsichten in ganzheitliche kaufmännische Arbeiten geben zu können, sollten neben operativen Tätigkeiten (Sachbearbeiterebene) auch strategische Tätigkeiten (Unternehmer-

---

309 Groblernziele sind nach Martial/Bennack (1995, S. 98) als vage Endverhaltensbeschreibungen zu verstehen.
310 Vgl. Dämmer/Diers/Goldbach/Habekost/Holthaus/Jacobs/Kleine/Marten (1991, S. 124). Siehe auch Lutze-Sippach/Goldbach (1991, S. 291).

ebene) im Modell simuliert werden können.[311] Entscheidungen über den Komplexitätsgrad des Modells hängen entsprechend stark von den zu erreichenden Lernzielen ab, die wiederum die Inhalts- und Themenauswahl sowie die einzusetzenden Methoden und Medien bestimmen.[312]

Daher soll auf die Modellbildung eines Lernbüros nach Reetz, wie sie im Kapitel 4.2.4.1 beschrieben wurde, zurückgeblickt werden. Das zu planende Modell entwickelt sich zunächst aus den Vorstellungen und Bildern, die dem Lernbürokonstrukteur zur Verfügung stehen.[313] Hierbei unterstützen ihn zusätzlich fachwissenschaftliche Bezugsdisziplinen, insbesondere die Betriebswirtschaftslehre.[314] Diese gibt Hinweise zur inhaltlichen Ausgestaltung des Lernbüros. Als Beispiel soll den Ausführungen von Goldbach/Moritz entsprechend die systemorientierte Betriebswirtschaftslehre herangezogen werden, die ihrer Meinung nach bedeutsam für den gezielten Aufbau und die Bezüge der einzelnen unternehmerischen Bereiche untereinander ist.[315] Entsprechend könnte das System 'Lernbüro' eine inhaltliche Ausrichtung haben, wie sie in der Tabelle 4.4 nach Goldbach/Moritz dargestellt wird.

---

[311] Vgl. Benteler/Kaiser/Korbmacher (1989, S. 79). Siehe auch Benteler (1987b, S. 108). Kaiser/Weitz (1992, S. 89) äußern diesbezüglich: „Voraussetzung für erfolgreiches Lernen im Lernbüro ist, daß die Modellkonstruktion so angelegt ist, daß ganzheitliches operatives und dispositives kaufmännisches Arbeiten und 'betriebswirtschaftliches Gesamthandeln' ermöglicht werden. Überdies muß die Modellkonstruktion so offen und dynamisch gestaltet sein, daß eine planmäßige, kontrollierte und begründete Weiterentwicklung der strukturellen und materialen Gestalt des Unternehmens aus dem bestehenden Modell heraus möglich wird.“

[312] Vgl. Benteler/Kaiser/Korbmacher (1989, S. 81).

[313] Vgl. Reetz (1986, S. 353). Siehe auch Benteler (1987b, S. 108).

[314] Vgl. Reetz (1986, S. 353).

[315] Goldbach/Moritz (1994, S. 239) konstatieren: „Um nun zu konkreteren Lerninhaltsstrukturen im kaufmännisch-verwaltenden Berufsbereich zu gelangen, ist ein zentrales Bezugssystem zu definieren, das geeignet ist, die verschiedenen Inhalte der berufsbezogenen Fächer sowohl in sachlicher als auch in zeitlicher Hinsicht schwerpunktmäßig miteinander abzustimmen. Für das Berufsfeld Wirtschaft und Verwaltung bietet es sich an, für dieses Bezugssystem das Modell des Betriebes als zentrales Erfahrungsobjekt zu wählen; dieser Betrieb wäre dann unter systemorientierten Gesichtspunkten zu betrachten, wobei als Modellbetrieb das Lernbüro-Unternehmen natürlich im Mittelpunkt des Interesses steht“. Siehe hierzu auch die Beschreibungen zur Modellbildung nach Reetz im Kapitel 4.2.4.1.

Tab. 4.4: Allgemeines Organisationsmodell zur Erfassung wirtschaftlicher Inhalte auf der Grundlage einer systemorientierten Betriebswirtschaftslehre[316]

Unternehmenskultur bzw. Organisationsphilosophie (Corporate Identity)			
Konzeption der Organisationseinheit (z. B. Unternehmen)			
Bereich / Ebenen	**Leistungswirtschaftlicher Bereich**	**Finanzwirtschaftlicher Bereich**	**Sozialer Bereich (gesellschaftlicher Bereich)**
Ziele/ Zwecke	- Wirtschaftsbereich/Branche - Umsatz - Marktanteile - Güterversorgung i. S. d. Bedarfsdeckung (Gemeinwirtschaftlichkeit)	- Gewinn/Rentabilität - Liquidität - Sicherheit - Kostendeckung - Verlustbegrenzung	- Gesamtwirtschaftliche und staatliche sowie gesellschaftspolitische Verantwortlichkeit - Ökologie/Umwelt - Führung/Arbeitsklima/Zufriedenheit - Sozialverträglichkeit
Mittel und Verfahren	- Artikel: Produkt- und Sortiments- bzw. Leistungsprogramm - Produktions-, Wirtschafts- und Arbeitsmittel (-faktoren) - Marketing - Einkauf/Beschaffung - Lager + Versand - Leistungserstellung - Verkauf/Absatz - Verwaltung/Recht/Buchhaltung - Arbeitsverfahren/Bürotätigkeiten	- Umsatzerlöse - Güterversorgungsgrade - Natur (Boden), Arbeit, Kapital (einschl. Geld) als Einkommensquelle - Investition und Finanzierung: - Ersatz-, Rationalisierungs- und Erweiterungsinvestitionen - Außen-/Innenfinanzierung - Eigen-/Fremdfinanzierung	- EDV-Einsatz (neue Technologien) - Ökologische Verträglichkeit der Artikel/Leistungen - Führungsmethoden - Rechtsform bzw. Rechtsordnung (Zivil-, Wirtschafts-, Arbeitsrecht) - EDV-gestütztes Arbeiten v.a. im Büro - Mensch-Maschine-System - Gesundheits- und Umweltverträglichkeiten
Kontrolle	- Umsatz/Leistung (Statistiken) - Marktanalysen - Leistungs- und Kostenrechnungen - Wirtschaftlichkeitsanalysen	- Handels- und steuerrechtlicher Jahresabschluß - Investitionsrechnung - Finanz- und Liquiditätsrechnungen	- Nutzen-Kosten-Untersuchungen - Sozialbilanzen/Gesellschaftsbezogene Berichte/Öko-Bilanzen - Umweltverträglichkeitsprüfungen - Öffentliche Kontrolle
Rahmenbedingungen für die Organisation			

316 In Anlehnung an Goldbach/Moritz (1994, S. 239).

Die Simulation findet nun innerhalb der individuellen aufbau- und ablauforganisatorischen Struktur des modellierten Unternehmens statt. Ihre Prägung hängt von der jeweiligen inhaltlichen Akzentuierung und Aufgabenzuordnung des Modells ab. Die Interdependenz zwischen Gegenstand bzw. Inhalt des Lehr/-Lernprozesses und der dementsprechend zu entwickelnden Organisationsstruktur des Lernbüros soll im Weiteren nach Dämmer u.a. anhand der Darstellung der 'MARGOT STIFT KG-Großhandel für Bürobedarf'[317] verdeutlicht werden.[318]

Mit den organisationsstrukturellen Bestimmungen wird ein 'Betriebsgehäuse' errichtet, in dem die Regelung und Steuerung von Güter- und Geldkreisläufen möglich sein sollte. Somit erhalten die Lernenden einen Einblick in die betrieblichen Gesamtzusammenhänge. Dieser Prozess und Kreislauf wird durch die folgende Abbildung nochmals verdeutlicht.

---

[317] Dieses Lernbüro wurde in den Berufsbildenden Schulen Burghof/Lehrte eingerichtet.

[318] Vgl. Dämmer/Diers/Goldbach/Habekost/Holthaus/Jacobs/Kleine/Marten (1991, S. 126). Siehe auch Lutze-Sippach/Goldbach (1991, S. 294).

Abb. 4.2: Güter- und Geldströme im Lernbüro[319]

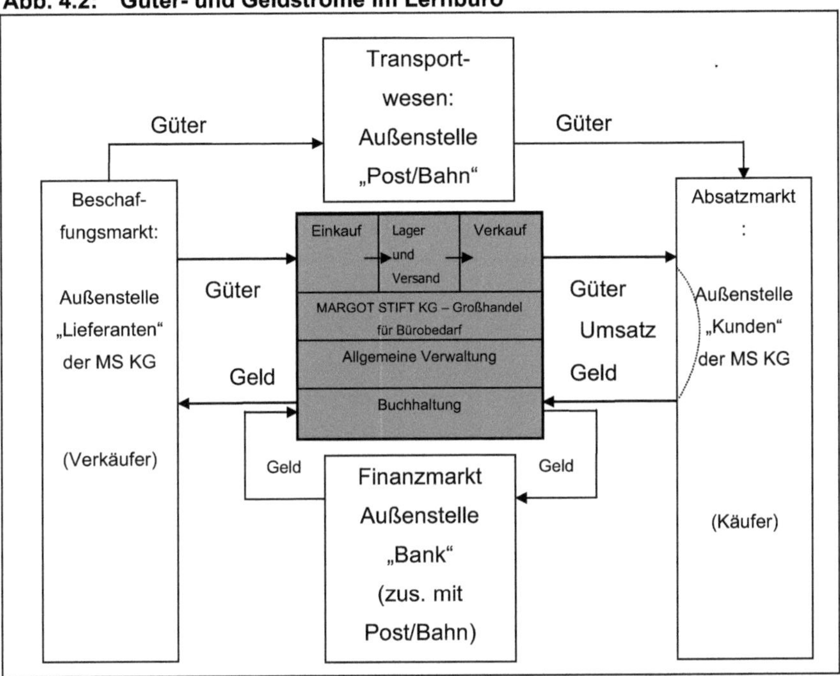

Zur Bearbeitung der hier dargestellten Güter- und Geldströme in ihren Phasen bedarf es der Synthese von Aufgabengruppen, die sich mit den verschiedenen Teilaspekten der betrieblichen Prozesse auseinandersetzen.[320]

Somit werden zumeist Abteilungen mit den Funktionen Einkauf, Lagerhaltung, Verkauf, Rechnungs- und Personalwesen gebildet und simuliert.[321] Der Produktion

---

[319] Vgl. Dämmer/Diers/Goldbach/Habekost/Holthaus/Jacobs/Kleine/Marten (1991, S. 126). Siehe auch Lutze-Sippach/Goldbach (1991, S. 294).

[320] Vgl. Benteler/Kaiser/Korbmacher (1989, S. 81).

[321] Frost/Grünwald (1995, S. 286-287) explizieren hierzu: „Wie in einem realen Unternehmen sind die Abteilungen Allgemeine Verwaltung, Einkauf, Verkauf etc. mit detaillierten Arbeitsplatzdokumentationen konstruiert. Die Schüler vollziehen kaufmännisch-verwaltende Sachbearbeitertätigkeiten, führen Vertragsverhandlungen, überwachen die Erfüllung von Kaufverträgen, erstellen mittels Personaldateien die Gehaltsabrechnung, erfassen mit einem Finanzbuchhaltungsprogramm die Waren-/Geldströme oder entscheiden über Investitionen des Unternehmens. Kaufmännische Tugenden wie Ordnung am Arbeitsplatz werden dabei ebenso verlangt wie die sachgerechte Ablage von kaufmännischem Schriftgut. In den dabei entstehenden Problemsituationen werden ökonomische, juristische oder verwaltungstechnische Entscheidungen erarbeitet. Die Sinnhaftigkeit von berufsbildenden Lernprozessen oder die sinnstiftende Erkenntnis von z.B. ökonomisch-ökologischen Zusammenhängen wird bei dieser handlungsorientierten Lernorganisation *per se* ersichtlich." Siehe auch Geyer/Strauß (1996, S. 309).

kommt im Allgemeinen zumeist eine untergeordnete Bedeutung zu, weil sich diese gerade im schulischen Rahmen nur schwer simulieren lässt.[322]

Um die Synthese der Aufgaben eines Betriebes bzw. ihr Zusammenspiel untereinander sowie mit ihrer zu simulierenden Umwelt darstellen zu können, soll nochmals das Beispiel der MARGOT STIFT KG-Großhandel für Bürobedarf herangezogen werden.

Abb. 4.3: Organisationsstruktur des Lernbüros

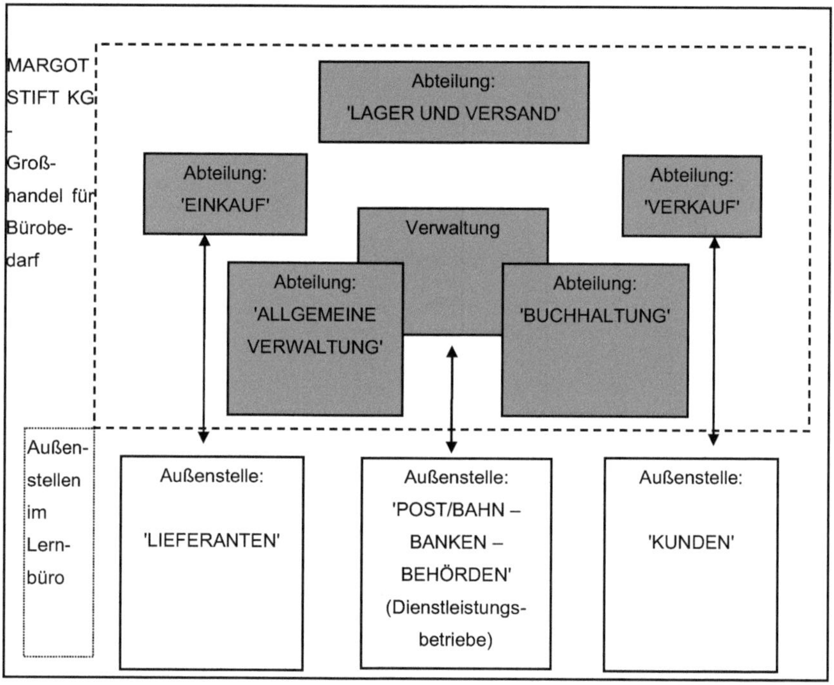

Es bleibt schließlich die Frage zu klären, wie die mögliche inhaltliche Ausgestaltung der Funktionsbereiche des Lernbüros auszusehen hat. Hierbei sollte die Verzahnung mit den kaufmännischen Kernfächern wie Betriebswirtschaftslehre, Rechnungswe-

---

322 Vgl. Benteler/Kaiser/Korbmacher (1989, S. 81). Als weiteres Beispiel, das sich in der Literatur bei Frost/Grünwald (1995, S. 286) dokumentiert, soll das Modellunternehmen Industriebetrieb 'ERWIN SCHEIN KG' - Büroorganisation – genannt werden. Das Unternehmen produziert Bürodrehstühle und führt bürotechnische Handelswaren zur Sortimentsabrundung.

sen, Organisationslehre und Datenverarbeitung berücksichtigt und realisiert werden.[323]

Theoretische Kenntnisse werden dadurch im Lernbüro vermittelt.[324] Es ist sicherzustellen, dass unternehmerisches Gesamthandeln gefördert wird und die Tätigkeiten nicht nur auf der Sachbearbeiterebene beschränkt bleiben. Darum ist es sinnvoll, dass die Schüler immer wieder durch einen Perspektivenwechsel die Rolle des Unternehmers, des Arbeitnehmers und des Konsumenten kennen lernen.[325]

Dazu benötigen die Lernenden eine Einweisung in die einzelnen Tätigkeitsfelder. In Form eines Exkurses soll das Aufgabenspektrum, das von ihnen bewältigt werden muss, durch die folgende Vorstellung der jeweiligen Funktionsbereiche des Lernbüros verdeutlicht werden.

Exkurs

Es sei zunächst angeführt, dass die Funktionsbereiche von Lernbüros sich von tradierten Abteilungen in realen Unternehmen unterscheiden können, wodurch dem Lernbüro ein innovativer Charakter verliehen wird.[326]

Im Weiteren soll zunächst der Bereich der primären betrieblichen Leistungserstellung betrachtet werden.

Die *Abteilung Einkauf* hat bei der Beschaffung von Betriebsmitteln so zu disponieren, dass die zur Realisierung der Lager- und Absatzplanung erforderlichen Mengen in geeigneter Qualität, zur richtigen Zeit und am richtigen Ort zu optimalen Beschaffungskosten zur Verfügung stehen. Dabei sind die erforderlichen Faktorgemeinschaften zu planen und mit den vorhandenen Ressourcen abzustimmen.[327] Die Tätigkeiten im Lernbüro beziehen sich auf die Bearbeitung von Anfragen, Bestellungen, Mahnungen oder Reklamationen und von Angeboten[328] oder eingehenden Rechnungen. Informatio-

---

323 Vgl. Benteler/Kaiser/Korbmacher (1989, S. 81). Siehe auch Kaiser (1987a, S. 27). Kaiser/Weitz (1992, S. 90) führen genauer aus: „Im Hinblick auf eine bildungswirksame Verzahnung der Lernbüroarbeit mit anderen Fächern eines Bildungsgangs hat die Praxis in den Modellversuchsschulen gezeigt, daß die Kooperation begünstigt wird bzw. dann besonders gut gelingt, wenn zwei Lehrer/innen im Lernbüro unterrichten und diese mindestens in einem weiteren kaufmännischen Kernfach eingesetzt sind und durch Bildungsgangkonferenzen die Zusammenarbeit institutionell abgesichert ist."

324 Kaiser/Weitz (1992, S. 90-91): „Die Schüler/innen haben die Überzeugung gewonnen, daß die Tätigkeiten und Lernerfahrungen im Lernbüro und die Wissensvermittlung in den Theoriefächern sich gegenseitig ergänzen, stützen und damit die Effektivität schulischen Lernens erhöhen. Das gilt insbesondere für die wirtschaftsberuflichen Kernfächer Rechnungswesen/Buchführung (85 %), BWL/WISO/VWL (65 %), Organisationslehre/Datenverarbeitung/Informatik (72 %) und das Fach Textverarbeitung/Textautomation (57 %). Weitaus geringer wird von den Schüler/innen die Verzahnungsmöglichkeit mit den Fächern Mathematik (21 %), Deutsch (9 %), Englisch (6 %), Steno (2 %), Sport (1 %) und Rechtskunde (1 %) eingeschätzt." Siehe auch Frost/Grünwald (1995, S. 286), die ein Beispiel für eine Fächerverzahnung für das Fach Deutsch anführen.

325 Vgl. Speth (1997, S. 410).

326 Dies wird z.B. durch einen Beitrag von Kaiser/Brettschneider/Preuß (1991, S. 246-257) deutlich. Dort wird die Einrichtung einer Abteilung für Verbraucher- und Umweltfragen diskutiert. Vgl. auch Kaiser/Brettschneider (1995) und auch Halfpap (1996, S. 97-122).

327 Vgl. Wöhe (2000, S. 424), vgl. auch Balser (1997b, S. 3-51).

328 Siehe hierzu auch eine detaillierte Unterrichtsskizze zum Angebotsvergleich von Kaiser/Weitz (1987b, S. 185-203) sowie von Geyer/Strauß (1994, S. 21-38).

nen zur Lagerumschlagshäufigkeit, zur Lieferantensituation, zum Sortiment, zur Bestellsituation etc. können hier erstellt und bereitgestellt werden.
Bei der Einrichtung der Abteilungen ist darauf zu achten, dass die Lerngruppen nur begrenzte Zeit im Lernbüro arbeiten. Damit erscheint es als zweckmäßig, die Arbeiten im Bereich Produktion auf die Tätigkeiten zu beschränken, die sich auf Handelswaren und deren Verweilen im Betrieb beziehen. Mit dieser Fokussierung auf die *Abteilung Lager* gewinnt das Lernbüro an Transparenz, zumal die Simulation der Produktion an die beteiligten Lehrer erhebliche Anforderungen stellt. Die notwendigen Daten und Unterlagen sind daher von entsprechend vorgebildeten Lehrenden zu erstellen und für das Lernbüro aufzuarbeiten.
Um in der Realität einen effektiven und problemlosen Lagerablauf zu gewährleisten, ist es wichtig, in diesem Aufgabenfeld ein übersichtliches und angemessenes Lagerwesen als Verbindungsfunktion von Beschaffung und Absatz im Güterumlauf vorzubereiten. Folgende Arbeiten können im Lernbüro ausgeführt werden: Annahme und mengenmäßige Prüfung, Inventurarbeiten, Zusammenstellen der Warenlieferungen und Versandvorbereitungen. Hinzu kommen Arbeiten zur innerbetrieblichen Information, wie Lagerzugangsmeldungen, Rückliefermeldungen, Lagerbestandanzeige, Lagerberichte und Inventurmeldungen. Diese Meldungen gehen an die Funktionsbereiche Ein- und Verkauf, welche die Aktivitäten dieser Abteilungen unterstützen oder erst auslösen.[329]
Der *Verkauf* schließt den unternehmerischen Wertkreislauf, indem er über die Verwertung der Betriebsleistungen, also durch Verkauf von Sachgütern und Dienstleistungen, den Rückfluss der im Unternehmensprozess eingesetzten Geldmittel einleitet und damit die Fortsetzung der Produktion bzw. des Handels ermöglicht. Zur Absatzpolitik gehört jedoch nicht nur die Befriedigung der bestehenden Nachfrage, sondern auch die Erzeugung neuer Nachfrage durch die Ansprache neuer Bedürfnisse.[330] Zur Realisierung der letztgenannten Zielsetzung dient in erster Linie die Absatzwerbung. Für die Arbeit im Lernbüro kann dies bedeuten, Anfragen, Aufträge, Reklamationen und Lieferscheine zu bearbeiten, Rechnungen auf Richtigkeit zu überprüfen, die Rundschreiben an Kunden bzw. Mahnungen aufgrund von Termindifferenzen zu versenden. Innerbetriebliche Informationen betreffen z.B. die Umsatzentwicklungen, Umsatzanalysen, Werbeergebnisse und Tagesumsätze.
Bei der Betrachtung typischer Arbeiten in einer simulierten *Personalabteilung* eines Lernbüros beziehen sich diese auf die Führung und Fortschreibung der persönlichkeitsbezogenen Daten, wie Stammdaten, Gehaltslisten, Urlaubslisten oder die Lohn- und Gehaltsabrechnung. Dem Personalwesen obliegen auch die Einstellungen, Entlassungen und die Beurteilungen. Informationen können in Form von Personalstatistiken, Lohnkostenanalysen etc. entwickelt und genutzt werden.[331]
Das *betriebliche Rechnungswesen* befasst sich mit sämtlichen Verfahren aller im Betrieb auftretenden Geld- und Leistungsströme, die vor allem durch den Prozess der betrieblichen Leistungserstellung und -verwertung hervorgerufen werden. Diese Dokumentations- und Kontrollaufgabe erstreckt sich im Einzelnen auf die Ermittlung von Beständen zu einem Zeitpunkt (z.B. Ermittlung des Vermögens und der Schulden eines Betriebes an einem Stichtag), oder sie besteht in der Feststellung von Bestandsveränderungen im Zeitablauf (z.B. Zu- und Abnahme von Forderungen und Verbindlichkeiten) oder des Erfolges einer Zeitperiode (z.B. die Höhe des Aufwandes und Ertrages einer Abrechnungsperiode). Die Dispositionsaufgabe des Rechnungswesens dient über die Stichtagsfeststellung oder den Zeitvergleich von Bestands- und Erfolgsgrößen hinaus in erster Linie der Kontrolle der Wirtschaftlichkeit und der Rentabilität der betrieblichen Prozesse und liefert der Betriebsführung damit gleichzeitig Unterlagen für zukünftige Planungsüberlegungen.[332] Das Rechnungswesen ist für das Lernbüro, wie für alle realen Unternehmen auch, von großer Bedeutung, da sich in ihm alle Aktivitäten der anderen Hauptaufgabenbereiche der Betriebswirtschaft widerspiegeln. Zu den wesentlichen Aktivitäten gehören das Führen und Abschließen der Geschäftsbücher (z.B. Debitoren-, Kreditoren-, Personal- und Hauptbuchhaltung). Des Weiteren ist die Geldeinnahme und -ausgabe, vor allem aber die Verarbeitung der aus den anderen Aufgabenbereichen eingehenden Informationen bedeutsam. Die Aufbereitung dieser Informationen führt zu Kosten- und Ertragsberichten, Kostenanalysen, Kundenanalysen, zum Finanzierungsstatus, zur Liquiditäts- und Kostenentwicklung, zum Finanzüberblick, zur Bilanzerstellung oder Budgetentwicklung.[333]

---

329 Vgl. Benteler (1988, S. 262).
330 Vgl. Wöhe (2000, S. 484-485), vgl. auch Balser (1998, S. 3-31).
331 Vgl. Benteler (1988, S. 263), vgl. auch Balser (1997a, S. 2-57).
332 Vgl. Wöhe (2000, S. 853).
333 Vgl. Benteler (1988, S. 264).

Die Aktivitäten innerhalb der einzelnen im obigen Exkurs dargestellten Aufgabenbereiche sind inhaltlich auf eine für den Schüler verarbeitbare Komplexität didaktisch reduziert.[334]

Dies wird auch beim Einsatz der Außenkontakte, wie beispielsweise Lieferanten, Post, Bahn, Banken und Kunden,[335] siehe hierzu rückblickend Abbildung 4.3, deutlich. Die Jugendlichen sind schrittweise von einfachen kaufmännischen Tätigkeiten an komplexe Handlungsaufgaben heran zu führen. Die Anzahl der Interaktionspartner sind dem jeweiligen Kenntnisstand und Leistungsvermögen der Schüler anzupassen.[336] Entsprechend müssen diese Außenkontakte didaktisch organisiert werden. Die Qualität der Lernbüroarbeit hängt wesentlich von der organisatorischen Ausgestaltung der Außenbeziehungen des Lernbüros ab.[337]

> „Dabei wird davon ausgegangen, daß sich das Lernbüro als Modell der Betriebswirtschaft nur dann lernwirksam betreiben läßt, wenn es in eine strukturierte Umwelt integriert ist.“[338]

Mit Hilfe von Geschäftsvorfällen und sonstigen betriebsrelevanten Impulsen, die aus der Umwelt in das Lernbüro hereingetragen werden, können unerwünschte Entwicklungen korrigiert und gewünschte Entwicklungen initiiert werden.[339] Da die Außenbeziehungen den Input des Lernbüros bestimmen, hängt von ihnen auch wesentlich der Output der Lernbüroarbeit ab. Die Simulation von Außenbeziehungen wird von Schulen unterschiedlich gelöst. In manchen Fällen bildet eine Schülergruppe die 'Außenstelle' und wickelt den Geschäftsverkehr als Lieferant, Kunde und Bank des Modellbetriebes ab.[340] Dadurch lernen die Schüler auch die Sichtweise von Geschäftspartnern kennen. In der Einführungsphase - an den meisten Schulen auch

---

[334] Viele Problembereiche sind jedoch, so merken Dämmer/Diers/Goldbach /Habekost/Holthaus/Jacobs/Kleine/Marten (1991, S. 127) an, noch ausgespart worden, die bei der Lernbüroarbeit relevant sind: „z.B. die Tätigkeits- bzw. Stellenbeschreibungen für Abteilungen und Außenstellen, die Entwicklung eines Sortimentsprogramms mit genauen Artikelbeschreibungen, Bepreisungen, Katalogisierung u.ä.m., Erstellung von Kartei- und Informationssystemen usw.; und nicht zu vergessen die mannigfachen didaktisch-methodischen Entscheidungsprobleme, wie Lehrplanabstimmungen, Lehrerverhalten, Leistungsbeurteilung, Lehrerersatz“ usw..

[335] Vgl. hierzu Benteler/Kaiser/Korbmacher (1987, S. 128).

[336] Vgl. Kaiser/Weitz (1992, S. 91).

[337] Vgl. Kaiser (1987a, S. 30), vgl. auch Kaiser/Weitz (1990, S. 125) und vgl. auch Speth (1997, S. 411).

[338] Kaiser/Weitz (1990, S. 125).

[339] Vgl. Benteler (1988, S. 101).

[340] Vgl. Halfpap (1988a, S. 54).

generell - übernimmt der Lehrer Funktionen der Geschäftspartner. Dies erfolgt in der Regel durch computergestützte Programme.[341]

Insgesamt kann festgehalten werden, dass mit Blick auf die didaktischen Entscheidungen im Lernbüro die für wesentlich erachteten Tätigkeiten für alle Funktionsbereiche, wie innerbetriebliche Abteilungen sowie Außenstellen, der Intention des Lehr-/Lerngeschehens entsprechend auszuwählen sind und in einem methodischen Zusammenhang im Lernbüro gestellt werden müssen.[342]

Die methodische Ausgestaltung des Lernbüros wird daher im nächsten Schritt beschrieben.

4.2.4.3.3 Zur methodischen Ausgestaltung des Lernbüros

Das Lernbüro selbst ist als ein methodischer Rahmen zu bezeichnen, der den Einsatz bestimmter Methoden nahelegt und andere relativiert.

> „An ihnen wird deutlich, wie die Ziele der Arbeit im Lernbüro vor dem Hintergrund des Inhaltes, der Medien, der Lernenden und Merkmalsausprägungen des Modells realisiert werden sollen."[343]

Die Lernbüroarbeit erfordert unterschiedliche Sozial- und Aktionsformen, in denen andauernde Aktivität der Lehrenden und Lernenden ermöglicht wird.[344] Somit liegt der Einsatz unterschiedlicher aktivitätsbetonender Methoden nahe.[345] Erst dadurch wird das Modell zu einer lernwirksamen Umwelt.

Entsprechend sollen im Weiteren mögliche zum Einsatz kommende Unterrichtsmethoden vorgestellt werden.

Hierbei soll die Systematisierung der Aktions- und Sozialformen des schulfachspezifischen Ansatzes von Speth verfolgt werden.[346] Abschließend wird eine Einordnung der Artikulation des Unterrichts für das Lernbüro angestrebt.

Diese Zuordnungen erscheinen notwendig, da in der Literatur zum Lernbüro keine genaue Systematisierung der Methoden vorgenommen wurde. Es lassen sich ledig-

[341] Vgl. Halfpap (1988a, S. 54).
[342] Vgl. Benteler/Kaiser/Korbmacher (1989, S. 81).
[343] Benteler (1987b, S. 109).
[344] Vgl. Benteler (1987b, S. 109).
[345] Vgl. Benteler (1987b, S. 109).
[346] Vgl. Speth (1997, S. 190). Siehe hierzu auch Abbildung 2.9.

lich Fragmente und Ansätze finden, deren Auswertungen im Folgenden eingeflochten werden.

Aktionsformen im Lernbüro

Aktionsformen nach Speth sind als Aktivitäten von Lehrenden und Lernenden im Unterrichtsverfahren zu verstehen. Im Lernbüro sind diese Interaktionsprozesse von denen des traditionellen Unterrichts[347] zu unterscheiden. Die Lernbüroarbeit verlangt vom Lehrenden ein verändertes Selbstverständnis seiner Person.[348] Ihm kommt nicht mehr die Lehrerrolle in Form eines Wissensvermittelnden zu. Dementsprechend übernimmt er im Lernbüro hauptsächlich die Aufgaben eines leitenden Angestellten. Hierbei unterstützt, betreut und berät er seine Untergebenen. Der Lehrer sollte sich als ein Teil des Unternehmens sehen, der mit den anderen Mitarbeitern die anstehenden Tätigkeiten zusammen bewältigt. Die Aufgaben des Lehrers bestehen nun mehr im Mitplanen, Mitdenken, Geben von Anregungen, Einbringen seiner Ideen, der Unterstützung und der Hilfestellung bei Ratlosigkeit der Schüler.[349] Die Beziehung und Interaktionsprozesse zwischen Lehrkraft und Schüler bekommt im Lernbüro im Gegensatz zum herkömmlichen Unterricht eine kooperativere Form.[350]

Inwieweit die Leistungsfähigkeit und Interessen der Schüler in der Lernbüroarbeit Berücksichtigung finden, hängt in erster Linie von der Arbeitsorganisation, den sozialen Interaktionen im Lernbüro und damit entscheidend von der Unterrichtsplanung des Lehrenden ab.[351] Dabei muss berücksichtigt werden, dass den Schülern Raum für ihre eigenen Vorstellungen, Interessen, Bedenken, Wertungen und Kritiken gegeben wird. Der Erfolg und die Akzeptanz der Simulation hängen daher entscheidend von dem wohl dosierten Einsatz des Lehrers einerseits und der Schüler andererseits im Modellunternehmen ab.[352]

Die Förderung der Selbstständigkeit der Schüler steht im Lernbüro im Vordergrund. Deshalb sollten lehrerzentrierte Aktionsformen in den Hintergrund gestellt werden. Auf ihren Einsatz soll jedoch nicht gänzlich verzichtet werden, da verschiedene Tä-

---

347 Siehe hierzu auch Abbildung 2.9.

348 Vgl. Kaiser (1987a, S. 31), vgl. auch Benteler/Kaiser/Korbmacher (1989, S. 89), sowie Kaiser/Weitz (1992, S, 92).

349 Vgl. Benteler/Kaiser/Korbmacher (1989, S. 89), vgl. auch Benteler (1987b, S. 110) sowie Kaiser (1987a, S. 31).

350 Vgl. Kaiser (1987a, S. 31), vgl. auch Benteler/Kaiser/Korbmacher (1989, S. 89).

351 Vgl. Kaiser (1987a, S. 31), vgl. auch Benteler/Kaiser/Korbmacher (1989, S. 89).

352 Vgl. Benteler/Kaiser/Korbmacher (1989, S. 89).

tigkeiten und Aufgabenfelder nach wie vor beispielsweise einer kurzen darstellenden Einführung bedürfen.

Die Literaturrecherche zu den Aktionsformen des Lehr-/Lerngeschehens im Lernbüro ergab, dass eine strukturierte Darstellung dieser Methodik bisher nicht vorzufinden ist. Dieses Defizit soll im Weiteren durch Hilfe des Systematisierungsrasters der Aktionsformen im Unterricht nach Speth[353] behoben werden, indem diese ausdifferenzierte Darstellung auf die Lernbüroarbeit übertragen wird.

[353] Siehe hierzu auch Abbildung 2.9.

Abb. 4.4: Aktionsformen im Rahmen der Lernbüroarbeit[354]

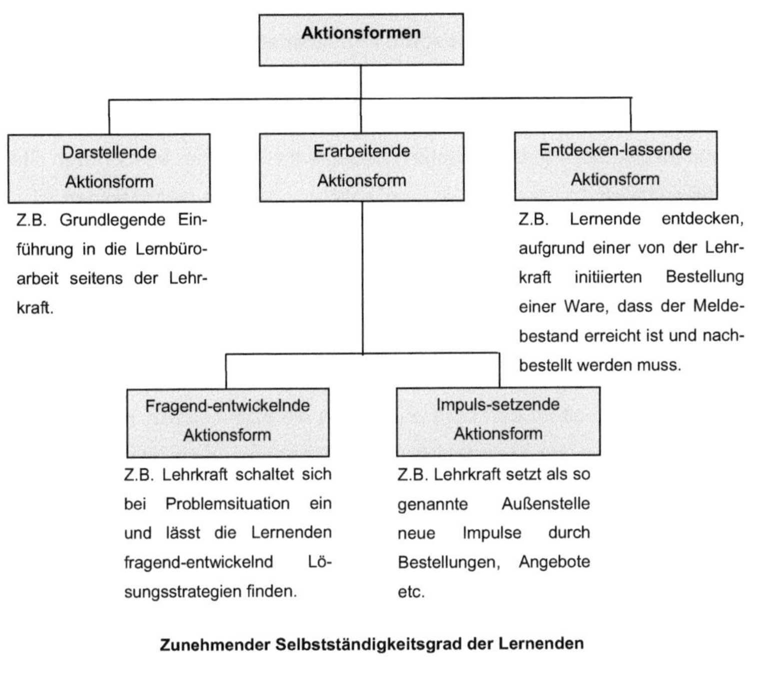

Im weiteren Verlauf soll der Einsatz von Sozialformen untersucht werden. Die Besonderheit von Sozialformen im Lernbürokontext wird daher zunächst herausgestellt. Anschließend findet wiederum eine Anlehnung an und Zuordnung nach Speths Systematisierungsraster von Sozialformen im Unterricht statt.

[354] In Anlehnung an Speth (1997, S. 190).

Sozialformen im Lernbüro

Sozialformen werden nach Speth als Interdependenzen zwischen den im Unterricht agierenden Personen definiert.[355] Hierzu zählt er den Frontalunterricht, die Einzel- und Partnerarbeit, die Gruppenarbeit sowie Simulationen.[356]

Methodisch gesehen haben die Sozialformen unter anderem einen Einfluss auf das soziale Verhalten jedes Einzelnen im Unterricht.[357] Dies ist ein zentraler Aspekt, der für die Arbeit im Lernbüro außerordentlich bedeutsam ist. Einen besonderen Stellenwert wird der sozialen Komponente im menschlichen Handeln beigemessen.[358]

> „Menschliches Handeln ist immer auf den Mitmenschen bezogen, somit soziales Handeln, das seinerseits wieder nur im Handlungszusammenhang existiert und gesehen werden kann."[359]

Im Hinblick auf die Arbeit im Lernbüro ergibt sich als Konsequenz: Formen sozialen Lernens, die Förderung von Teamfähigkeit, die Erziehung zu sozialer Verantwortung und sozialer Phantasie sowie zur Kritikfähigkeit müssen eine besondere Berücksichtigung erfahren.[360]

Des Weiteren sollte die Intention des Einsatzes von Sozialformen in der Lernbüroarbeit sein, Lernende zunehmend selbstständig Arbeiten verrichten zu lassen und sie an die Auseinandersetzung mit Problemstellungen Wahrnehmungs-, Gestaltungs-, Wertungs- und Handlungsmöglichkeiten heranzuführen.[361]

Die Lernorganisation im Lernbüro verlangt dementsprechend die Aufsplittung des Klassenverbandes in eigenverantwortliche Arbeitsgruppen, die in einzelnen Abteilungen zunehmend selbstständig Aufgaben bewältigen, Probleme lösen und zukünftige Tätigkeiten planen und bearbeiten.[362] Speth spricht in diesem Zusammenhang von Differenzierungsformen des Unterrichts. Hierzu zählt er die Einzelarbeit, die Gruppenarbeit, Gesprächskreise und Simulationen, die er auch für das Lehr-/Lerngeschehen im Lernbürokontext wie folgt beschreibt:

---

355 Vgl. Speth (1997, S. 189).
356 Siehe hierzu auch Abbildung 2.9.
357 Vgl. Speth (1997, S. 227).
358 Vgl. Kaiser (1987a, S. 33).
359 Kaiser (1987a, S. 33).
360 Vgl. Kaiser (1987a, S. 33).
361 Vgl. Benteler (1987b, S. 110), vgl. Kaiser (1987a, S. 33-34), vgl. Benteler/Kaiser/Korbmacher (1989, S. 82-86) sowie Speth (1997, S. 412).
362 Vgl. Kaiser (1987a, S. 33).

- **Einzelarbeit:** Im Rahmen der Einzelarbeit können sich die Teilnehmenden selbstständig und selbstverantwortlich mit ihrer Arbeit auseinandersetzen. Bedeutsam hierbei ist, die individuellen Voraussetzungen und Anforderungen der Arbeit zu berücksichtigen und aufeinander abzustimmen.[363]
- **Gruppenarbeit:** Neben der Lösung komplexer Sachzusammenhänge verfolgt die Gruppenarbeit das Ziel, die sozialen Fähigkeiten der Teilnehmer zu fördern. Die Gruppenarbeit führt zur Entwicklung der sozialen Kompetenz. Dazu gehören Fähigkeiten wie Zuhören, Akzeptieren, Nachgeben, Integrieren, Kontaktieren, Zusammenarbeit, personale Kompetenz, Probleme zu erkennen und zu definieren, Entscheidungen zu begründen und zu verteidigen, kritisches Bewusstsein zu entwickeln und strategisches Handeln zu lernen.[364]
- **Gesprächskreise:** Sie können in Form von Mitarbeiter- und Abteilungsbesprechungen organisiert sein. Hier werden unter anderem Unternehmensziele, Unternehmensstrategien, Konflikte und Probleme zur Arbeitsorganisation besprochen.[365]

Simulationen

- **Fallstudie:** Mit einer Fallstudie soll der Lernende die Problem- und Entscheidungssituation erfassen, die für die Entscheidungsfindung erforderlichen Informationen beschaffen und auswerten, verschiedene Entscheidungsalternativen entwickeln und bewerten und so zu einer Lösung gelangen, die mit der in der Realität getroffenen Entscheidung verglichen wird.[366]
- **Rollen- und Planspiele:** Hier sollen Konflikt- und Entscheidungssituationen durchgespielt und Planungs-, Entscheidungs- und Konfliktlösungsstrategien erarbeitet werden.[367]

---

363 Vgl. Benteler/Kaiser/Korbmacher (1989, S. 82).
364 Vgl. Benteler (1988, S. 220-221).
365 Vgl. Kaiser (1987a, S. 34).
366 Vgl. Benteler/Kaiser/Korbmacher (1989, S. 83-84). Siehe hierzu auch Kapitel 3.2.1 und Kapitel 3.2.3.
367 Vgl. Kaiser (1987a, S. 34). Siehe hierzu auch Kapitel 3.2.1 und Kapitel 3.2.3.

- **Projekt:** Projektarbeit sollte vorrangig als Methode eingesetzt werden, wenn besondere Aufgaben, Umstrukturierungen und Vorhaben anstehen, die nicht im Rahmen des gewöhnlichen Geschäftsbetriebes realisiert werden können.[368]

Veröffentlichungen zum Lernbüro lassen für die genannten Sozialformen, ähnlich wie es auch schon für Aktionsformen festgestellt wurde, Systematisierungs- bzw. Kategorisierungsvorschläge vermissen. Mit dem folgenden Schaubild soll ein Vorschlag zur Einordnung der Sozialformen des Lernbüros in Anlehnung an Speths allgemeinem Systematisierungsraster unterbreitet werden.

[368] Vgl. Benteler/Kaiser/Korbmacher (1989, S. 85-86).

Abb. 4.5: Sozialformen im Rahmen der Lernbüroarbeit[369]

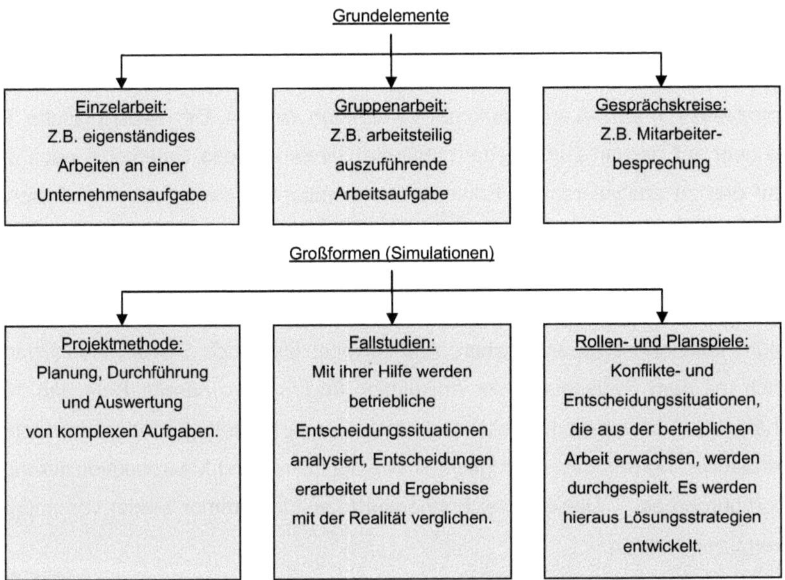

Speth ordnet, wie der obigen Abbildung zu entnehmen ist, die Sozialformen Einzel-, Gruppenarbeit und Gesprächkreise zu den Grundelementen des Unterrichtsverfahrens.[370] Die Simulationen entsprechen den Großformen des Lehr-/Lerngeschehens. Dazu zählt er die genannten Fallstudien, Rollen- und Planspiele sowie die Projektarbeit.[371] An dieser Stelle soll es zu keinem Missverständnis von den hier zu bearbeitenden Methodischen Großformen Lernbüro, Übungsfirma und Juniorenfirma kommen. Diese zählen nach Speth ebenfalls zu den Simulationen.[372] Die im obigen Schaubild angegebenen Großformen sind, wie zuvor beschrieben, zum Einsatz kommende Sozialformen innerhalb der Lernbüroarbeit.[373]

Nun bedürfen die im letzten und diesen Abschnitt vorgestellten Aktions- und Sozialformen einer Reihung und Sequenzierung im Unterrichtsverfahren. Nur so kann sich

369 In Anlehnung an Speth (1997, S. 190).
370 Vgl. Speth (1997, S. 190).
371 Vgl. Speth (1997, S. 191).
372 Vgl. Speth (1997, S. 191).
373 Vgl. Speth (1997, S. 189).

der Einsatz dieser Methoden effektiv gestalten. Aus diesem Grund wird im nächsten Abschnitt die Artikulation der Lernbüroarbeit beschrieben.

Artikulation des Lernbüros

Unter dem Begriff der Artikulation[374] im Unterricht kann die Strukturierung des Lernprozesses in Lehr-/Lernsituationen verstanden werden. Der pädagogische Terminus geht auf Herbart zurück, „der damit die Gliederung des Unterrichts nach dem Verlauf des zu analysierenden Erkenntnisfortschritts des Menschen zum Ausdruck bringen will."[375]

Bei der Beschäftigung mit Publikationen zum Lernbüro fällt auf, dass sich nur wenige Autoren mit der Strukturierung bzw. Sequenzierung des Lehr-/Lernprozesses im Lernbüro auseinandergesetzt haben. Als Vorreiter lässt sich Sievers identifizieren, der sich mit dem Gegenstand der Artikulation im Lernbüro bereits 1984 und 1985 beschäftigte.[376] Er spricht hier allerdings nicht von Artikulation, sondern bezeichnet die Strukturierung des Lehr-/Lerngeschehens als Mikro- und Makrosequenzierungen der Lernbüroarbeit.[377] Diese Bezeichnung wurde seitdem immer wieder von anderen Autoren übernommen.

Diese Abhandlung wird beispielsweise von Benteler drei Jahre später nochmals aufgegriffen und unter anderem um Einflussgrößen und Ordnungsaspekte, die bei der Sequenzierung des Lernbürounterrichts zu beachten sind, ergänzt.[378] Benteler arbeitete zusammen mit Kaiser und Korbmacher etwas später nochmals die Strukturierung des Lerngeschehens auf.[379] Hierbei betonen sie, dass Sequenzierungsvorschläge nicht einfach auf andere Lerngruppen übertragen werden können, da äußere Bedingungen und Entscheidungen mit in die Planung einfließen, die sich in jedem Lernbüro bzw. Lernort anders darstellen können.[380] Diese Gegebenheit scheint ein Grund dafür zu sein, dass in der Literatur nur wenige Ansätze zur Darstellung der Artikulation im Lernbüro zu finden sind. Auch die Eigendynamik eines Lernbüros ist

---

374 Nach Böllert/Twardy (1983, S. 503) wird unter Artikulation unter anderem auch „Artikulation des Unterrichts, Stufigkeit des Unterrichts, Formalstufen, Lehrstufen, Lernstufen, Lernphasen, Lernorganisation, Arbeitsstufen, Arbeitsschritte, Rhythmisierung, Dramatisierung" verstanden.
375 Böllert/Twardy (1983, S. 503).
376 Vgl. Sievers (1985, S. 116-133).
377 Vgl. Sievers (1985, S. 120, S. 122).
378 Vgl. Benteler (1988, S. 208). Auf eine detaillierte Darstellung soll an dieser Stelle verzichtet werden.
379 Vgl. Benteler/Kaiser/Korbmacher (1989, S. 97-101).
380 Vgl. Benteler/Kaiser/Korbmacher (1989, S. 97), vgl. Kaiser/Weitz (1992, S. 90).

offensichtlich so unberechenbar, dass nur grobe inhaltliche und zeitliche Strukturierungsvorschläge unterbreitet werden können. Somit findet die Diskussion in Veröffentlichungen hauptsächlich auf einer theoretischen Basis statt, die die Funktion des handlungsorientierten Lernens in den Vordergrund stellt.[381]

Im Folgenden sollen die vorgestellten Sequenzierungsansätze zusammengefasst aufgezeigt werden. Im Anschluss wird ein eigener Versuch unternommen, ein typisches Artikulationsmuster auf eine Makrosequenzierung des Lernbüros zu übertragen, um erkennbare inhaltliche Parallelen, trotz unterschiedlicher Bezeichnung, verdeutlichen zu können.

Bei der Betrachtung möglicher Strukturierungen der Lernbüroarbeit (Sequenzierung) ist es sinnvoll, den Blick auf zwei Ebenen zu richten. Die erste Ebene sollte sich auf die zeitliche Abfolge eines Lehr-/Lerngeschehens innerhalb eines größeren, thematisch zusammengehörigen Arbeitsabschnitts beziehen. Dies ist die sogenannte Mikrosequenzierung.[382] Die zweite Ebene betrifft die Beschreibung und Begründung der Auslegung des gesamten Zeitraums der Arbeit einer Gruppe im Lernbüro, die sogenannte Makrosequenzierung.[383]

Zunächst soll die Ebene der Mikrosequenzierung betrachtet werden.

> „Für den Bereich der kaufmännischen Berufsfachschulen ist in der Regel davon auszugehen, dass die Schüler über keine oder nur geringe Eigenerfahrungen in dem Situationskomplex 'kaufmännische Tätigkeiten' verfügen."[384]

Somit kommt dem Lernbüro die Aufgabe zu, den Schülern die Basis für die Herausbildung von Handlungswissen zum Vollzug grundlegender Berufstätigkeit zu bieten. Eine solche Anforderung impliziert eine spezifische Sequenzbildung. Wenn mit Lernprozessen Handlungskompetenz erreicht werden soll, sollte daher im Lernbüro entweder an subjektive Erfahrungen der Lernenden oder an eine Praxis angeknüpft werden, die zuvor in einem Lernprozess selbst ermöglicht wurde.[385] Hieraus ergibt sich für die Mikrosequenzierung der Grundsatz:

---

[381] Vgl. Söltenfuß (1983b, S. 192), vgl. Kaiser/Söltenfuß (1984, S. 82-84), vgl. Sievers (1985, S. 116-133), vgl. Kaiser/Weitz (1987b, S. 186-190), vgl. Benteler/Kaiser/Korbmacher (1989, S. 99).
[382] Vgl. Benteler (1988, S. 207, S. 209).
[383] Vgl. Benteler (1988, S. 207, S. 209).
[384] Sievers (1985, S. 121).
[385] Vgl. Söltenfuß (1983b, S. 192).

„Vom (Lern-)Handeln über die Herausbildung von Handlungsfähigkeiten zum Arbeitshandeln.“[386]

Dieses Postulat erfolgt in einem abgeschlossenen Arbeitsabschnitt in zwei Phasen. Zunächst wird beim Aufbauprozess von Handlungswissen eine stabile, flexible und komplexe Verallgemeinerung angestrebt. Das Beziehungsnetz erfährt eine grobe hierarchische Schematisierung. Diese soll dann in relevante wissenschaftliche Aussagensysteme der Bezugsdisziplin aufgehen. In der zweiten Phase wird dann die Anwendung der verallgemeinerten verfügbaren Handlungsfähigkeit in einer Situation geübt bzw. praktisch umgesetzt.[387] Dabei bleiben auch Praxis und Theorie in der Berufsausbildung unmittelbar aufeinander bezogen und als Einheit bewahrt.[388]
Als ein praktisches Beispiel für eine Mikrosequenzierung sei die Einführungsphase als ein abgeschlossener Arbeitsabschnitt des Lernbüros genannt. Der Lernort wird in seiner jeweiligen Struktur kennengelernt.[389] Aufgaben und Tätigkeiten der einzelnen Abteilungen werden hierbei erfahrbar gemacht.[390] Ein anderes Beispiel ist der Lernabschnitt des Einkaufskreislaufes.[391] Alle Lerngegenstände, die die Beschaffung von Gütern am Markt betreffen, werden zum Handlungsobjekt.
Es würde zu weit führen, die einzelnen Lernabschnitte im Detail vorzustellen.[392] Viel bedeutsamer erscheint, die zweite Ebene der Sequenzierung ins Auge zu fassen, die einen Aufschluss über die Komplexität der Lernbüroarbeit gibt.
Die Makrosequenzierung des Lernbüros ist notwendig, da sie in der Lage ist, die Ergebnisse, Einsichten und Erkenntnisse aus den einzelnen Arbeitsabschnitten für die Lernenden zu einem Ganzen zusammenzufügen. Dadurch lassen sich die allgemeinen Bildungsziele anschaulich abbilden. Denn auf der Ebene der Mikrosequenzierung sind beispielsweise Ganzheitlichkeit, Solidarität, Selbst- und Mitbestimmung,

386 Sievers (1985, S. 121).
387 Dörner (1982, S. 138-139) konkretisiert dies, indem er feststellt, für handlungsbezogenes Lernen sei darüber hinaus von zentraler Bedeutung, dass die Anwendung der 'abstrakten' Fähigkeiten und Erkenntnisse sowie der Transfer auf neue Problemstellungen und Situationen im Lernprozess selber geübt werden sollten, d.h. eine Rekonkretisierung erfolge, die erst Handlungskompetenz im eigentlichen Wortsinn begründe. Er meint, dass abstraktes Wissen, das aus Aktivitäten erwachsen sei, damit zur Konkretion in neuen Situationen zurückkehre. Die Ebene des Handlungsvollzuges würde so durch Schleifen der Abstraktion auf ein höheres Niveau geführt.
388 Vgl. Sievers (1985, S. 122).
389 Für diese Lerneinheit werden ca. 18 Unterrichtsstunden vorgesehen.
390 Vgl. Goldbach/Wessels (1993, S. 85-87).
391 Für diesen Lernabschnitt sind ca. 28 Unterrichtsstunden eingeplant.
392 Im Rahmen dieser Arbeit kann dieses ambitionierte Vorhaben nicht geleistet werden. Detaillierte Beschreibungen sind bei Goldbach/Moritz (1994, S. 241-246) zu finden.

Sinnlichkeit, Gestaltbarkeit oder Durchschaubarkeit als Ziele des Lernbürounterrichts nicht in jedem Arbeitsabschnitt zu realisieren.

> „Die Makrosequenz als Ausdruck der gesamten didaktischen Entscheidungen und Bemühungen im Lernbüro soll sicherstellen, daß das gesamte Arbeitsergebnis mehr ist, als die Summe der einzelnen Abschnitte."[393]

Die einzelnen Abschnitte der Makrosequenz sind immer mehr als bloße Bestandteile der gesamten Lernbürosequenz. Dieses Mehr sollte im gesamten Lernprozess zur Geltung kommen. Wird im Rahmen der Lernbüroarbeit beispielsweise ein Projekt durchgeführt, so ist dies Teil der Markosequenz und leistet damit seinen Beitrag zur Realisierung der Bildungsziele.

> „Zugleich ist dieses Projekt ein Lernabschnitt, in dem die Lernenden eigenständige Erfahrungen im Umgang miteinander und mit den zu lösenden Problemstellungen sammeln, die ihren Wert in sich und nicht im eigentlichen Ziel der Sequenz haben."[394]

Als praktisches Beispiel für die Struktur einer Makrosequenzierung soll die folgende Abbildung dienen. Hierbei handelt es sich um die Darstellung von Arbeitslernphasen einer gesamten Lernbürosequenz.[395] Es wurde der Versuch unternommen, eine Parallele zu einer Stufung eines Unterrichtsabschnitts zu ziehen, um die Logik des Aufbaus der abgebildeten Makrosequenz zu verdeutlichen.

---

[393] Benteler (1988, S. 209).
[394] Benteler (1988, S. 209).
[395] An dieser Stelle sei auch auf eine Darstellung einer Makrosequenzierung bei Benteler/Kaiser/Korbmacher (1989, S. 100) verwiesen. Speth (1997, S. 413) versucht eine Beschreibung durch eine entsprechende Interpretation der Modelldarstellung von Kaiser, siehe hierzu Kapitel 4.2.4.1, anzustellen. Diese scheint allerdings nicht die Funktion des Modells zu treffen.

Tab. 4.5: Artikulationsstufen in Bezug auf die Arbeitslernphasen im Lernbüro[396]

Artikulation	Arbeitslernphasen
Hinführung (Eindruck): Es werden Voraussetzungen zur Selbsterschließung der Lerninhalte geschaffen.	**<u>Phase I:</u>** "Die Lernbüroarbeit beginnt,... mit dem Kennenlernen des Modellbetriebes und dem arbeitsgleichen Ausüben grundlegender kaufmännischer Tätigkeiten in einfachen Situationen..."
Erarbeitung (Aneignung): Es erfolgt die detaillierte Auseinandersetzung des Lernenden mit den Lerninhalten.	**<u>Phase II:</u>** Erkundung der Organisationsstruktur des Simulationsunternehmens sowie der Außenbeziehungen. Die Tätigkeiten erfahren zunehmend eine komplexere Situation. **<u>Phase III:</u>** Diese Phase enthält Handlungssituationen der höchsten Komplexität. Alle relevanten Abteilungen werden gebildet und Entscheidungen müssen eigenständig getroffen werden.
Festigung (Ausdruck): Lernprozesse sollen auf die dauerhafte Verfügbarkeit neuer Kenntnisse, Fertigkeiten, Fähigkeiten und Haltungen beim Lernenden zielen.	**<u>Phase IV:</u>** Die Routinierungsphase ist eingetreten. Arbeitshandlungen erhalten selbstverständliche Formen und die Sachkompetenz wird gesteigert.

[396] Die Begrifflichkeiten der Artikulation sind Pätzold (1996, S. 114) zu entnehmen. Das Lernphasenschema ist bei Halfpap/Hoehr/Schütze (1996, S. 25) zu finden. Dieses wird von ihm an einer anderen Stelle (1988a, S. 54) wie folgt beschrieben: „Zu Beginn der Lernbüro-Arbeit erhalten die Schüler eine kurze Einführung in das praktische Arbeiten in einem Büro. Danach wird in den Abteilungen des Modellbetriebes entsprechend den betrieblichen Funktionen – anfangs manuell – arbeitsteilig gearbeitet; dabei sind mehrere Schüler die Mitarbeiter in einer Abteilung und gegebenenfalls in der Außenstelle. Nach einigen Wochen Arbeit in einer Abteilung wechselt jeweils ein Teil der Mitarbeiter in eine andere Abteilung und wird dort von der 'Stammbelegschaft' dieser Phase in die Arbeit eingewiesen , [sic! I.E.] gegebenenfalls unterstützt von den zwei grundsätzlich gleichzeitig anwesenden Lehrern als Geschäftsführern des Modellbetriebes. Diese Rotation erfolgt so oft, bis alle Mitarbeiter wesentliche kaufmännische Tätigkeiten ausgeübt haben. Mit zunehmender Arbeitserfahrung im Lernbüro erfolgt – durch entsprechende Arbeitsimpulse der Geschäftsführer gesteuert – eine Aufgabenvergrößerung und Aufgabenanreicherung durch Progression der Komplexität der Arbeitsaufgaben. Dabei sind zunehmend die neuen Informations- und Kommunikationstechnologien einzusetzen und hinsichtlich der Auswirkungen auf den Arbeitsplatz und die Arbeitsergebnisse zu beurteilen. Darüber hinaus erhalten die Schüler Gelegenheit, zunehmend auch die Arbeitsorganisation selbst zu gestalten sowie gegebenenfalls auch über die Auswahl der Arbeitsverfahren selbst zu entscheiden. Anfangs überwiegend eng und statisch definierte Arbeitsaufgaben werden um offene, dynamische Arbeitssituationen erweitert, die spezifisch ökonomisches Handeln arbeitsteilig in gemeinsamer Koordination erfordern."

Nachdem nun die methodische Ausrichtung der Lernbüroarbeit aufgezeigt wurde, werden die Medien vorgestellt, die das Lehr-/Lerngeschehen im Lernbüro unterstützen sollen.

4.2.4.3.4 Zur medialen Unterstützung im Lernbüro

Medien im Lernbüro werden unter anderem als Hilfsmittel zur methodischen Gestaltung des Lehr- und Lernprozesses verstanden und sind damit der Methodik unterzuordnen.[397] Als direkte pädagogische Hilfsmittel unterstützen sie symbolisch oder gegenständlich den unterrichtlichen Lehr- und Lernprozess.[398] Um handlungsorientiertes Lernen zu ermöglichen, sollte der Lernort medial so aufbereitet werden, dass er Schülern Arbeitsweisen und Zusammenhänge kaufmännischer Aufgaben in entsprechend eingerichteten Büros bzw. Arbeitsplätzen aufzeigen kann.[399] Das Lernbüro sollte dem aufgelockerten Charakter eines Großraumbüros nahekommen und eine Büroatmosphäre besitzen, in der sich die Schüler wohl fühlen.[400] Entsprechende innenarchitektonische Maßnahmen, die die räumlichen Übersichtlichkeiten für die Lehrkräfte und Schüler gewährleisten,[401] sind erforderlich.

---

[397] Schulz (1975, S. 34) bezeichnet Medien als Unterrichtsmittel, „deren sich Lehrende und Lernende bedienen, um sich über Intentionen, Themen und Verfahren des Unterrichts zu verständigen." Vgl. hierzu auch Dichanz/Kolb (1974, S. 21).

[398] Vgl. Speth (1997, S. 330).

[399] Vgl. Dämmer/Diers/Goldbach/Habekost/Holthaus/Jacobs/Kleine/Marten (1991, S. 124), vgl. auch Benteler/Kaiser/Korbmacher (1989, S. 87), vgl. auch Herbold (1987, S. 249) und vgl. auch Benteler (1988, S. 222). Söltenfuß (1983a, S. 5) führt zur Ausgestaltung Folgendes an: „Die Verbindung von fachpraktischem und fachtheoretischem Lernen, von planender und ausführender Arbeit, die ein handlungsorientierter Didaktikansatz impliziert, ist in einem Klassenzimmer traditioneller Art nicht möglich. Der Aufbau beruflicher Handlungskompetenz mittels Arbeitshandlungen aus dem kaufmännischen und verwaltenden Berufsfeld hat sich an den realen organisatorischen Büro- und Verwaltungsbedingungen zu orientieren, weil handlungstheoretische Umwelten selbst ihre Struktur haben, die vom Organismus wahrgenommen und adaptiert wird, weil sonst die Handlungen bzw. Reaktionen nicht auf die Situation passen würden [...]. Wenn Strukturen der Umwelten ihr Gegenstück in den Strukturen des handelnden und lernenden Menschen haben, resultiert hieraus für berufliche Lern- und Qualifizierungsprozesse die Forderung nach weitgehender Identität von Ausbildungs- und Arbeitsplatzumwelten."

[400] Vgl. Kaiser (1987a, S. 26), Benteler/Kaiser/Korbmacher (1989, S. 87) sprechen in diesem Zusammenhang von einer Identifikation des Schülers mit dem Lernbüro. Weiterhin meinen Dämmer/Diers/Goldbach/Habekost/Holthaus/Jacobs/Kleine/Marten (1991, S. 125), dass die Ausstattung des Lernbüros zu einer freundlichen Arbeitsatmosphäre beitragen sollte. Hierzu gehören sowohl eine ansprechende farbliche Gestaltung als auch ein einheitliches, modernes Bild.

[401] Vgl. Dämmer/Diers/Goldbach/Habekost/Holthaus/Jacobs/Kleine/Marten (1991, S. 124).

> „Die Ausstattung sollte so flexibel sein, daß einerseits arbeitsgleiches und andererseits arbeitsteiliges Arbeiten in den unterschiedlichen Abteilungen Einkauf, Verkauf, Personal, Rechnungswesen usw. möglich ist.“[402]

Eine rasche und kostengünstige Veränderung der Ausstattung, die durch ihre Vollständigkeit zur reibungslosen und wirtschaftlichen Abwicklung der anfallenden Arbeiten beiträgt,[403] sollte dabei ermöglicht werden.[404] So wie sie sich in der Praxis bewährt, soll sie auch die bürowirtschaftlichen Abläufe im Lernbüro unterstützen. Hierzu gehört auch der Einsatz von neuen Informations- und Kommunikationstechnologien, die von den Lernenden sinnvoll genutzt werden sollen.[405] Hierbei muss allerdings folgende Maxime berücksichtigt werden: Jede Aufgabe, die mit Hilfe der Neuen Technologien ausgeführt wird, sollte in der Regel auch manuell ausführbar sein.[406] Der Umgang mit den Neuen Technologien darf auf keinen Fall dazu führen, dass „einseitig das begrifflich-logisch instrumentelle Denken“[407] im Lernbüro gefördert wird. Bedeutsamer ist, dass die 'Neue Bürotechnologie' variabel einsetzbar und der Werkzeugcharakter sowie die dienende Funktion dieser Technologie für die Schüler

---

402 Kaiser (1987, S. 26).

403 Vgl. Benteler/Kaiser/Korbmacher (1989, S. 87), vgl. Dämmer/Diers/Goldbach/Habkost/Holthaus/Jacobs/Kleine/Marten (1991, S. 125), siehe hierzu auch eine genaue Auflistung aller notwendigen Gegenstände zur Lernbüroausstattung bei Herbold (1987, S. 251-254) und bei Lutze-Sippach/Goldbach (1991, S. 293).

404 Vgl. Dämmer/Diers/Goldbach/Habekost/Holthaus/Jacobs/Kleine/Marten (1991, S. 125). In der Literatur lassen sich unterschiedliche Konzepte zur räumlichen Ausgestaltung und Einrichtung des Lernbüros vorfinden. Diese reichen über vollständige, großzügige Einrichtungsvorschläge [siehe Herbold (1987, S. 249-254)] bis hin zu eher spartanischen Einrichtungshinweisen [siehe Lutze-Sippach/Goldbach (1991, S. 293)].

405 In Anlehnung an Halfpap (1989c, S. 164-165) kann Folgendes konturiert werden: Im Lernbüro werden nicht nur fachliche Qualifikationen in Verbindung mit allgemeinen humanen und sozialen Kompetenzen vermittelt, sondern hier wird auch der Umgang mit Neuen Technologien (NT) erlernt und dabei erfahren, dass die Informationstechnik zum Hilfsmittel der Informationsverarbeitung wird und dadurch Routinetätigkeiten 'vom Computer' übernommen werden. Soziale Beziehungen zwischen den Schülern durch partnerschaftliche Nutzung der Geräte und gegenseitige Hilfestellung können verstärkt werden. Dadurch werden Interaktions- und Kommunikationsfähigkeiten sowie die Fähigkeit zur Teamarbeit gefördert. Es können auch ökonomische Zusammenhänge und individuelle sowie gesellschaftliche Konsequenzen technologischen Handelns in einer besonderen Qualitätsausprägung reflektiert werden. Die Tätigkeit am Computerarbeitsplatz in der Schule im Umfang von ca. zwei bis drei Stunden pro Woche ist allerdings nicht vergleichbar mit einer realen Büroarbeit im Rahmen einer 40-Stundenwoche. Benteler/Kaiser/Korbmacher (1989, S. 89) weisen unabhängig davon ergänzend darauf hin, dass der Computereinsatz auch dem Lehrenden die Arbeit wesentlich erleichtert. Dies dokumentieren auch Beiträge von Korbmacher (1987, S. 204-226)/(1990, S. 41-44), der unter anderem EDV-Programme zur Simulation von Außenbeziehungen vorstellt.

406 Vgl. Kaiser (1987b, S. 156), vgl. Kaiser/Weitz (1992, S. 91), vgl. Benteler/Kaiser/Korbmacher (1985, S. 326) und vgl. Benteler/Kaiser/Korbmacher (1989, S. 87).

407 Kaiser/Weitz (1992, S. 91).

immer erkennbar ist.[408] Die technologischen Einrichtungs- und Ausstattungsmittel sollten zudem so anpassungsfähig sein, dass sie mit zukünftigen Technologien unproblematisch und kostengünstig ergänzt werden können.[409]
Insgesamt sollte die Einrichtung eines Lernbüros frühzeitig genug und zügig unter wirtschaftlichen Gesichtspunkten realisiert werden. Hierbei ist allerdings zu beachten, dass eine kurzfristig preiswerte Lösung langfristig mit erheblichen Folgekosten verbunden sein kann.[410] Eine Einrichtung eines Lernbüros unter reinen Kostengesichtspunkten ist deshalb zu vordergründig, da der Lernort in erster Linie pädagogischen Erfordernissen entsprechen sollte. Das Lernen im Lernbüro soll in erster Linie praxisnahes, unternehmerisches Denken und Handeln erfahrbar machen[411]. Hierdurch zeichnet sich unter anderem handlungsorientiertes Lernen im Lernbüro aus. Wie die Lernerfolge in Bezug auf die Lernbüroarbeit überprüft werden können, wird das nächste Kapitel beschreiben.

4.2.4.3.5 Möglichkeiten der formativen Lehr-/Lernzielkontrolle

Eine Leistungsbeurteilung entspricht dem didaktischen Ansatz der Lernbüroarbeit dann, wenn eine Hinwendung zu den Fähigkeiten der Lernenden im Rahmen sachgerechter und praktischer Bewältigung betrieblicher Anforderungen in Anwendungssituationen stattfindet.[412]

> „Hierzu steht ein Set von Möglichkeiten zur Verfügung, das sich aus Arbeitsproben, schriftlichen und mündlichen Leistungsmessungen sowie Verhaltensbeobachtungen zusammensetzt."[413]

Eine Arbeitsprobe gibt dem Beurteilenden in Bezug auf das Lehr-/Lerngeschehen im Lernbüro Auskunft darüber, inwiefern der Lernende in einem in sich abgeschlosse-

---

408 Vgl. Kaiser/Weitz (1992, S. 91), vgl. Benteler/Kaiser/Korbmacher (1989, S. 87) und vgl. Stommel (1994, S. 127).
409 Vgl. Dämmer/Diers/Goldbach/Habekost/Holthaus/Jacobs/Kleine/Marten (1991, S. 125) und vgl. Stommel (1994, S. 125).
410 Vgl. Dämmer/Diers/Goldbach/Habekost/Holthaus/Jacobs/Kleine/Marten (1991, S. 125). Das Lernbüro sollte zudem den Sicherheitsstandards der gesetzlichen Unfallversicherung entsprechen.
411 Vgl. Dämmer/Diers/Goldbach/Habekost/Holthaus/Jacobs/Kleine/Marten (1991, S. 125).
412 Vgl. Weitz (1987, S. 227), vgl. Kaiser (1987a, S. 36), vgl. Benteler (1987b, S. 110), vgl. Benteler/Kaiser/Korbmacher (1989, S. 91) und vgl. Kaiser/Weitz (1992, S. 92).
413 Kaiser/Weitz (1992, S. 92). Vgl. hierzu Benteler/Kaiser/Korbmacher (1989, S. 92) und Weitz (1989, S. 186-188).

nen Vorgang die Fähigkeit besitzt, spezifische Arbeitsanforderungen im Prozess zu bewältigen.
Darüber hinaus werden schriftliche Kontrollen des Lernerfolges durchgeführt, die nicht mit üblichen schriftlichen Leistungsmessungen eines traditionellen Unterrichts zu vergleichen sind. Vielmehr werden Lernende dabei aufgefordert, schriftliche Dokumente im Kontext der Lernbüroarbeit zu er- oder bearbeiten. Als Beispiele seien hier Tätigkeitsberichte, schriftliche Analysen umfassender Geschäftsvorfälle oder das Verfassen einer Stellenbeschreibung angeführt.
Auch die mündliche Leistungsbewertung geht über den Rahmen einer reinen Wissenswiedergabe hinaus. Die Kompetenz zur sprachlichen Adäquanz in erforderlichen Interaktionen im Rahmen der Lernbüroarbeit soll dabei im Mittelpunkt der Bewertung stehen.[414]
Verhaltensbeobachtungen ermöglichen darüber hinaus, das Auftreten der Schüler in verschiedenen betrieblichen Situationen zu erfassen.

> „Damit wird dem Umstand Rechnung getragen, daß eine betriebswirtschaftlich effiziente und sozial verträgliche betriebliche Arbeit wesentlich davon abhängig ist, in welcher Weise die Betriebsangehörigen interagieren."[415]

Alle an dem Lernprozess Beteiligten müssen mit neuen Formen der Leistungsbewertung konfrontiert werden. Der handlungsorientierte Unterrichtsansatz verlangt diese Auseinandersetzung, denn er rückt weniger handlungsbezogenes Lernen, das bisher in Form kognitiver Leistungsabfrage standardisiert beurteilt wurde, in den Hintergrund.
Besonders die Lehrenden werden diesbezüglich im Lernbüro vor neue Herausforderungen gestellt. Welche Anforderungen des Weiteren an die Lehrkraft gestellt werden, wird unter anderem im nächsten Kapitel detaillierter beschrieben. Dabei wird die Ebene des mikrodidaktischen Implikationsfeldes verlassen. Es findet eine Hinwendung zu den makrodidaktischen Faktorenkomplexen statt.

---

[414] Vgl. Weitz (1987, S. 230-231), vgl. Benteler/Kaiser/Korbmacher (1989, S. 91) und vgl. Kaiser/Weitz (1992, S. 92).
[415] Kaiser/Weitz (1992, S. 92).

4.2.5 Zu den makrodidaktischen Elementar-Strukturen des Lernbüros

In Anlehnung an Braukmann gehören zum makrodidaktischen Implikationsfeld die die Faktorenkomplexe Lehrperson, Ort, Dauer und summative Lehr-/Lernzielkontrolle.[416] Die Literaturrecherche zum Lernbüro hinsichtlich dieses Themengebiets brachte nur wenige Ergebnisse. Des Weiteren wurden einige Aspekte teilweise schon in die vorherigen Beschreibungen aufgrund der Interdependenzen der Faktorenkomplexe untereinander eingeflochten. Daher werden die folgenden Beschreibungen zum Lernbüro in Relation zu den bisherigen Schilderungen wesentlich komprimierter ausfallen.

In Bezug auf den Faktorenkomplex Lehrkraft, ist festzustellen, dass von ihm im Rahmen der Lernbüroarbeit andere Aufgaben zu bewältigen sind, als solche, die im traditionellen Unterricht an kaufmännischen Schulen von ihm abverlangt werden.[417] Der Unterricht im Lernbüro basiert beispielsweise auf einem von der Lehrkraft wohldurchdachten Modell des Simulationsunternehmens, das auch von ihr konstruiert werden muss. Der Lehrer sollte daher die Fähigkeit besitzen, die Vision des gedachten Bildes den Erfordernissen des Lehr/Lerngeschehens entsprechend planerisch und didaktisch umzusetzen. Die breite Fachkompetenz des Lehrers sollte ermöglichen, dass zusätzliche alternative Unterrichtsvorbereitungen für Exkurse, Vertiefungen oder Wiederholungen beispielsweise beim Auftreten von fehlerhaften Arbeiten seitens der Schüler in den Unterrichtsprozess integriert werden.[418]

---

416 Vgl. Braukmann (1993, S. 279-280).

417 Vgl. Kaiser/Weitz (1987a, S. 171). Kaiser/Weitz (1992, S. 92) führen hierzu genauer aus: „Die in erheblichen Maße von der traditionellen Unterrichtsarbeit abweichende Arbeit im Lernbüro erfordert für die dort einzusetzenden Lehrer/innen spezifische Qualifikationen und eine angemessene Vorbereitung auf diese Tätigkeit im Rahmen der Aus- und Weiterbildung. Kernbestandteile der Handlungskompetenz der im Lernbüro einzusetzenden Lehrer/innen bilden ein besonderes Maß an didaktischer Planungsfähigkeit, die Fähigkeit zur Kooperation und Kommunikation insbesondere mit Kollegen/innen und Experten/innen, die Fähigkeit zum kaufmännischen Arbeitshandeln, ein breites Fachwissen in mehreren kaufmännischen Kernfächern, Kompetenz im Umgang mit den Neuen Informations- und Kommunikationstechnologien sowie die Fähigkeit zur Wahrnehmung, Analyse und Gestaltung sozialer Prozesse. Hinzu kommt, daß die Lernbüroarbeit den Lehrern/innen auch ein neues Rollenverständnis abfordert, sie sich vordringlich nicht als Wissensvermittler/innen, sondern als Berater/innen, Initiator/innen und Mitarbeiter/innen verstehen. Daher wird es erforderlich, daß die Lehrer/innenbildung an den Hochschulen und die Lehrer/innenfort- und -weiterbildung diese Kompetenzen insbesondere dadurch vermitteln müssen, daß sie in hohem Maße konkrete Handlungs- und Anwendungssituationen in die Ausbildung integrieren."

418 Vgl. Korbmacher (1990, S. 41). Korbmacher (1990, S. 41) führt weiterhin aus: „Der Unterrichtende hat also nicht nur die Lerninhalte im Rahmen der pädagogischen Zielsetzungen festzulegen, sondern er muß die gesamte Arbeit einer kaufmännischen Verwaltung im Rahmen der Zielvorstellungen des simulierten Unternehmens abgrenzen."

Darüber hinaus bedarf es aufgrund des vielfältigen Einsatzes handlungsorientierter Methoden und Medien für den Simulationsprozess einer umfassenden Methodenkompetenz seitens des Lehrers. Er muss in der Lage sein, aus der Rolle der Lehrperson heraustreten zu können, und den Schülern einen angemessenen Freiraum für das eigene unternehmerische Denken und Handeln zu bieten.[419] In diesem Rahmen ist er zwar einerseits Mitarbeiter mit Führungsfunktion im Simulationsunternehmen, andererseits hat er aber auch die Aufgabe, mit den Schülern kooperativ zusammenzuarbeiten und ihre eigenen Ideen und Entscheidungen im Arbeitsprozess zuzulassen.[420] Parallel sollte er weiterhin das Lehr-/Lerngeschehen im Hintergrund steuern. Er ist dabei aufgefordert, den Unterrichtsprozess reibungslos zu gestalten. Dazu muss er unter anderem in der Lage sein, die neuesten Bürotechnologien administrieren zu können, so könnte beispielsweise der Ausfall des Computernetzwerkes zu Zeiteinbußen der Lernbüroarbeit und somit auch beim Lehr-/Lernprozess führen. In diesem Zusammenhang kann auch die Fähigkeit, im 'Team-Teaching'[421] mit anderen Fachlehrern zusammenarbeiten zu können und Kooperationen zu organisieren, förderlich sein. Die jeweiligen Kompetenzen können sich gegebenenfalls effektiv bei der Gestaltung der Lernbüroarbeit ergänzen. Zudem sollte die jeweilige Lehrperson ein gewisses Maß an Idealismus mitbringen, denn der zeitliche Arbeitsaufwand für die Vor- und Nachbereitung kann die Dauer des eigentlichen Lehr-/Lernprozesses übertreffen.

Dieses zeitlich flexible Unterrichten ist im Rahmen der deterministischen, weitestgehend strukturierten und geregelten Organisation des Lehr-/Lerngeschehens an staatlichen Schulen, die hier dem Faktorenkomplex Ort zugeordnet werden sollen, wenig verbreitet.[422] Der Arbeitsprozess im Lernbüro passt sich daher so weit wie möglich

---

[419] Auch Kaiser/Weitz (1992, S. 92) führen Folgendes hierzu genauer aus: „Im Zuge der autonomen Lernorganisation von Lernprozessen kommt auch der Rolle des Lehrers eine neu zu definierende Bedeutung zu: Der Lehrer wird zunehmend zum Begleiter (Moderator) von Lernprozessen. Als fach- und sachkompetenter Berater muß er flexibel und *ad hoc* in Entscheidungsprozessen bereitstehen, um kleinen Lerngruppen in den Abteilungen oder auf Betriebsversammlungen der gesamten Belegschaft mit Rat und Tat bzw. rasch zu organisierenden Lernmaterialien zur Seite zu stehen."

[420] Siehe hierzu auch Kapitel 4.2.4.3.3.

[421] Vgl. Lutze-Sippach/Goldbach (1991, S. 296), vgl. auch Meyer (1997b, S. 187). Kaiser/Weitz (1992, S. 92) führen hierzu aus: „Da [...] kontinuierlich vielfältig und intensiv zu diskutierende Probleme auftreten, ist in der Lernbüroarbeit auch ein Lehrerteam eingesetzt. Fachlehrer der Datenverarbeitung, der Wirtschaftswissenschaft, der Textverarbeitung und der Bürotechnik praktizieren im *team-teaching*."

[422] Anmerkung der Verfasserin: Die Beschreibung des Faktorenkomplexes Ort erschloss sich der Verfasserin aus logischen Zusammenhängen.

diesen Regelungen an. Die Vorgänge werden somit zumeist mit dem Ertönen der Pausenglocke abgeschlossen. Die Eigendynamik des Simulationsprozesses im Lernbüro kann zwar zeitlich kaum geplant werden, jedoch hat die Lehrperson die Aufgabe, den Unterricht dahingehend so zu gestalten und zu organisieren, dass er möglichst in der jeweiligen Unterrichtssequenz zeitlich abgeschlossen werden kann. Trotz dieser Anpassung an die tradierten zeitlichen Regelungen im Schulkontext stellt doch das Lernbüro durch seine besondere Lehr-/Lernform eine 'Unterrichts-Insel' inmitten des gewohnten Schulsystems dar. Dieser Lernbüroeinsatz veranlasst Schüler dazu, das zeitweise doch auftretende und mögliche Überziehen des Unterrichts gerne in Kauf zu nehmen.

Die Schüler besuchen das Lernbüro je nach wirtschaftsberuflichem Bildungsgang in einem unterschiedlichen zeitlichen Umfang. Schon ab Mitte der 80er Jahre wurden beispielsweise für das Fach Bürowirtschaft in den Richtlinien der Höheren Handelsschule mindestens drei Unterrichtsstunden in der Woche vorgesehen.[423] Für den Bildungsgang Bürokaufmann/-frau in schulischer Vollzeitform wurden ab dem zweiten Ausbildungsjahr bis zu 24 Unterrichtsstunden pro Woche allein für dieses Fach festgelegt.[424]

Die summative Lehr-/Lernzielkontrolle der in den genannten Sequenzen erbrachten Leistungen erfolgt aus der Summation der einzelnen, formativen Lehr-/Lernzielkontrollen, die im Kapitel 4.2.4.3.5 dargestellt wurden.[425] Hieraus ergibt sich eine Endnote für das Fach Bürowirtschaft, die sich auf den jeweiligen Halbjahreszeugnissen der Schüler wiederfindet. Es wird deutlich, dass auf die tradierte Zensurenvergebung trotz neuer didaktischer Unterrichtsansätze nicht verzichtet wird.

Für manche Akteure der wirtschaftspädagogischen Disziplin stellt sich die Frage, inwiefern der Einsatz des Lernbüros überhaupt legitimiert werden kann. Mit dieser Fragestellung findet nun eine Überleitung zum nächsten Kapitel statt, in der ein kontroverser Diskurs über den handlungsorientierten Unterrichtsansatz im Lernbüro beschrieben wird. Damit wird nun die Analyse der unterrichtlichen Faktorenkomplexe des Lernbüros abgeschlossen.

---

[423] Vgl. Halfpap (1986b, S. 53).
[424] Vgl. Halfpap (1989a, S. 195).
[425] Vgl. hierzu Braukmann (1993, S. 518), der die summative Lehr-/Lernkontrolle in Form einer Zeugnisnote als Testierung von Prüfungsergebnissen sieht.

4.2.6 Kritik an der Methodischen Großform Lernbüro

Der Einzug der handlungsorientierten Didaktik in den wirtschaftsberuflichen Unterricht Anfang bis Mitte der 80er Jahre verursachte heftige Auseinandersetzungen in der wirtschaftspädagogischen Disziplin. Gegen Ende des angesprochenen Jahrzehntes entstand ein Disput zwischen ihren verschiedenen Vertretern. Dieser wurde vor allem in der Zeitschrift 'Wirtschaft und Erziehung' ausgetragen. Besonders interessant ist der Umstand, dass die Einführung des Lernbüros in den wirtschaftsberuflichen Bildungsgängen die Initialzündung für diese Diskussion darstellte.
Bei der folgenden Beschreibung des Disputes handelt sich nicht um eine Auflistung von konkurrierenden kritischen Aspekten zu der vorherigen detaillierten Ausführung zum Lernbüro. Vielmehr wird die Darstellung der kontroversen Diskussion genutzt, um eine verkürzte und einseitige Beschreibung des Lernbüro-Unterrichts vermeiden zu können. Damit geht einher, dass durch die Wiedergabe der ausgewählten Kernaussagen der Diskussion zum handlungsorientierten Unterricht im schulischen Lernbüro, präventiv kritische Aspekte für die Gestaltung der universitären Gründungsqualifizierung aufgezeigt und nicht unreflektiert übernommen werden sollen.
Den Anfang des 'Streits' begann der Wirtschaftspädagoge Hentke mit der Veröffentlichung eines provokanten Artikels mit dem Namen 'Handlungsorientierung oder kritische Bildung', indem er den Einsatz der Methode Lernbüro kritisch betrachtete.[426] Hierauf antworteten ihm verschiedene Befürworter des handlungsorientierten Ansatzes mit Dementi.[427]
Zur besseren Übersicht soll vorab der Streitverlauf mit einigen seiner Protagonisten in einem Schaubild geschildert werden.

---

[426] Vgl. Hentke (1987, S. 354-362).
[427] Vgl. Achtenhagen (1988, S. 47-52), Halfpap (1988, S. 83-86), Kaiser (1988b, S. 124-127), Mau (1988, S. 160-163).

Abb. 4.6: Diskussion um den handlungsorientierten Unterricht vor dem Hintergrund der Einführung des Lernbüros[428]

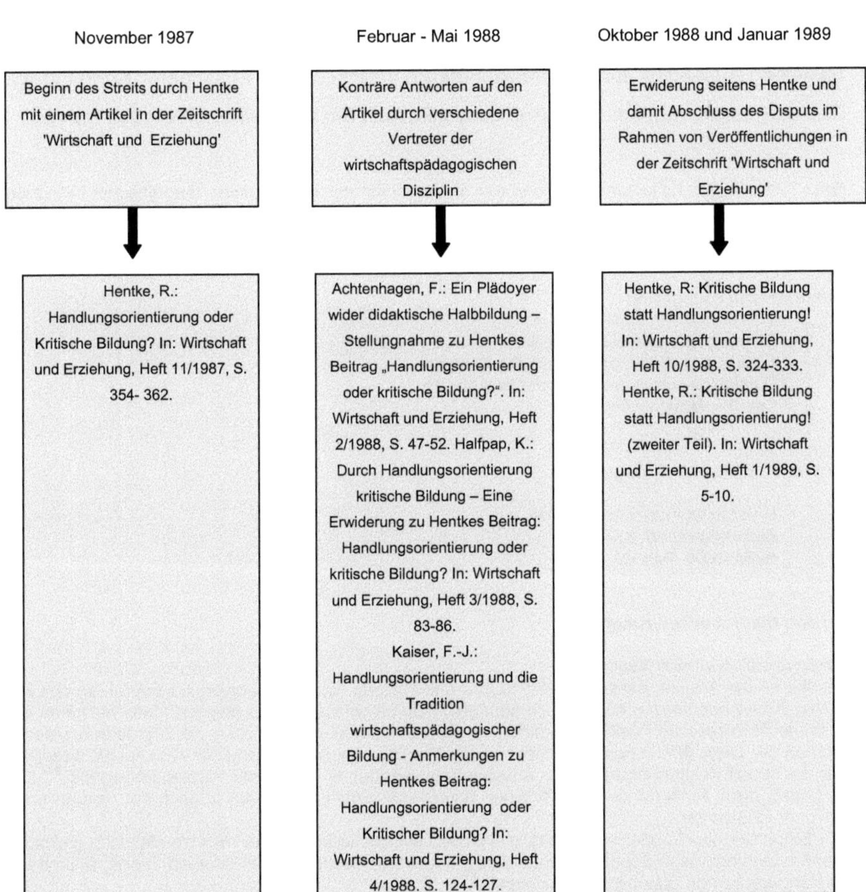

[428] Blatt (1991, S. 94) führt zum Disput Folgendes aus: „Am Anfang des Streites steht die kühne These des Reinhard Hentkes, die Handlungsorientierung wolle die Wissenschaftsorientierung des Unterrichts verdrängen, und dies sei wissenschaftlich unhaltbar. Ihm gegenüber behaupten Frank Achtenhagen, Klaus Halfpap und Franz-Josef Kaiser, die Handlungsorientierung laufe auf eine Weiterentwicklung des Wirtschaftslehreunterrichts und des kaufmännischen Schulwesens hinaus, während Dietrich Mau [1988, S. 160-163; I.E.] die Bewertung der Handlungsorientierung davon abhängig machen will, ob sie im Unterricht der Höheren Handelsschule mit drei oder im Rahmen eines vollschulischen Berufsausbildungsganges mit 28 Wochenstunden zum Zuge kommt. [...] Was den Autor Peter Engelhardt [1988, S. 164-165; I.E.] stört, ist wohl hauptsächlich der Stil ('emotionale Anklage'), in dem die Diskussion teilweise geführt wird." Auf die Ausführung von Mau und Engelhardt wird im Weiteren kein Bezug genommen.

Hentkes Artikel, der die Diskussion auslöste, soll kurz vorgestellt werden. Dadurch können die anschließenden Aussagen der Diskussionsgegner besser eingeordnet werden. Abschließend wird die Erwiderung Hentkes auf die Gegenpartei zusammengefasst geschildert, mit der der Streit beendet wurde. Im Folgenden werden die inhaltlichen Aussagen der Veröffentlichungen abgesetzt und in kleinerer Schrift formatiert dargestellt, da es sich hierbei ausschließlich um eine reine Widergabe handelt.

Grund der hitzigen Auseinandersetzung war die Formulierung verschiedener theoretischer Kategorien und ergänzender Analysekategorien, die von Hentke auf den handlungsorientierten wirtschaftsberuflichen Unterricht im Rahmen des Einsatzes von Lernbüros bezogen wurden.
Folgende Aspekte wurden von ihm diskutiert:

Theoretische Kategorien

- *Erkenntnistheoretische Aspekte*
- *Erziehungs-/Bildungstheoretische Aspekte*
- *Didaktisch-curriculumtheoretische Aspekte*
- *Lerntheoretische Aspekte*

Ergänzende Analysekategorien

- *Unterrichtspraktische Aspekte*
- *Bildungspolitische Aspekte*
- *Historische Aspekte*

Zu den theoretischen Kategorien

Erkenntnistheoretische Aspekte:
Hentke ist der Ansicht, dass Kaiser/Söltenfuß und Halfpap meinen, theoretische Einsichten aus konkreten Arbeitshandlungen herleiten zu können.[429] Damit versucht er zu belegen, dass bei ihnen eine erkenntnistheoretische Position wiederkehre, die von Kant allerdings schon vor 200 Jahren widerlegt worden sei. Denn erfahrungsbegründete Erkenntnis über die Tatsachen in der Welt sei nicht realisierbar. Es bedarf vielmehr eines 'reinen Anschauungsvermögens' und 'reiner Verstandesbegriffe'.[430] Dies bedeutet, dass zunächst der Begriff einer Sache von einem Lernenden zugeordnet werden sollte, bevor er ihn benutzt.
Für Empiristen wie Popper und Albert, so Hentke, sei solche Erkenntnis selbstverständlich geworden. Denn erfahrungswissenschaftliche Forschung könne nur theoriebezogen erfolgen, nämlich durch eine Bestätigung vorher formulierter Hypothesen.[431]
Durch diese Feststellungen will Hentke beweisen, dass aus Arbeitshandlungen heraus kein theoretisches Wissen erlangt werden kann und hält somit handlungsorientierten Unterricht im Lernbüro für sinnlos, wenn davon ausgegangen wird, dass theoretische Grundlagen durch Handlung erlangt werden sollen. Theoretische Zusammenhänge würden dadurch zerpflückt und könnten nicht mehr ihrer Aufgabe, nämlich der einer Vereinfachung der Praxis, nachkommen.

Erziehungs-/Bildungstheoretische Aspekte:
Hierbei diskutiert Hentke die Frage nach den leitenden interdisziplinären Zielen der Pädagogik: Wohin soll der zu Erziehende erzogen und nach welchem Bild soll er gebildet werden?[432] Er beantwortet

[429] Vgl. Hentke (1987, S. 354).
[430] Vgl. Hentke (1987, S. 354).
[431] Vgl. Hentke (1987, S. 354).
[432] Vgl. Hentke (1987, S. 354-355).

diese Frage für die Vertreter des handlungsorientierten Ansatzes damit, dass der Lernende, ihrer Auffassung nach, anscheinend zur Handlungsfähigkeit in der Gesellschaft und in den jeweiligen Lebens- bzw. Arbeitssituationen erzogen werden sollte.[433]
Selbstverständlich ist Hentke auch der Auffassung, dass in beruflichen Situationen gehandelt werden sollte, aber dann stelle sich seines Erachtens die Frage, in welchen gesellschaftlichen Situationen und mit welchen Wertorientierungen gehandelt werden müsse. Denn wesentlich sei „nicht das Handlungsvermögen als solches, sondern allein die Beantwortung der Sinnfrage, was und wozu gehandelt wird".[434]
Bevor der Lernende handele, sollte er dazu befähigt werden, ein kritisch reflektiertes Urteil darüber zu fällen, in welchen gesellschaftlichen Situationen er sich aus fachlichem, politischem und moralischem Grund handelnd anpasst, von welchen er sich eventuell distanziert und an welchen er konstruktive Opposition übt.

> „Dazu kann jedoch der handlungs- und situationsorientierte 'Ansatz' von sich her keinerlei Aussagen machen, denn außer 'Handlungsfähigkeit in den jeweiligen Lebens- bzw. Arbeitssituationen' stehen ihm keine originären leitenden Erziehungskriterien zur Verfügung."[435]

Damit versucht Hentke aufzuzeigen, dass das reine Handeln im Lernbüro ohne vorherige Reflexion der Handlung wenig Sinn macht. Es fehle die Reflexion in vielen Handlungssituationen.

Didaktisch-curriculumtheoretische Aspekte
Zum gängigen weiten Didaktik- und Curriculumbegriff zählt Hentke die methodisch-mediale Vermittlungsthematik. In diesem Zusammenhang werden von ihm Halfpap, der nach Auffassung von Hentke auf die praktische Arbeit im Lernbüro setzt, Reetz, der Fallstudien präferiert und Kaiser/Söltenfuß, die die ganze Palette der schülerzentrierten Lernmethoden zulassen wollen, wie beispielsweise Rollen- und Planspiele sowie Projektbearbeitung, kritisiert.[436] Hentke sieht bei dem einseitigen Einsatz der vorgestellten handlungsorientierten Methoden die Gefahr, dass das 'Interdependenzprinzip' (Heimann/Otto/Schulz) oder der 'Implikationszusammenhang' (Blankertz) aller didaktisch-curricularen Entscheidungsmomente vernachlässigt werden könne.[437] Inhalte sollen, den Vertretern der handlungsorientierten Methoden entsprechend, per Handlung erfahren werden, aber dieser These, so Hentke, stehe die Aussage gegenüber, dass die Erkenntnis von übergreifenden Strukturen in umfänglichen Praxissituationen nur durch Distanz erreicht werden könne.[438] Dazu diene das Erlernen von entsprechenden Theorien.
Hentke sieht den fragend-entwickelnden Unterricht für die Offenlegung von Zusammenhängen zwischen der Theorie und Praxis durchaus als verwendbar an, wenn er mit weiten Fragen/Impulsen, Anknüpfung an Schülererfahrungen, Praxisdarstellungen, visuellen Darstellungen und fächerübergreifenden Erklärungen arbeite.[439] Er dürfe, nach Meinung Hentkes, auf jeden Fall ausreichen, wenn es ausschließlich darum gehe, den Zusammenhang von Einkauf - Produktion - Verkauf - Verwaltung aufzeigen zu wollen.[440]

Lerntheoretische Aspekte
Im lerntheoretischen Kontext stellt Hentke Aebli in den Vordergrund. Dieser hält den fragend-entwickelnden Unterricht, der nach Meinung Hentkes beispielsweise von Halfpap verbannt wird, für eine natürliche Erkenntnissituation und damit für eine Lehrform des problemlösenden Aufbaus.[441] Auch die Artikulation des Unterrichts, wie sie sich über Herbart bis zu Aristoteles zurückverfolgen lässt, bestätigt nach Hentke den fragend-entwickelnden Unterricht ebenfalls. Das problemlösende Aufbauen, das

---

433 Vgl. Hentke (1987, S. 355).
434 Hentke (1987, S. 355).
435 Hentke (1987, S. 355).
436 Vgl. Hentke (1987, S. 356).
437 Vgl. Hentke (1987, S. 356).
438 Vgl. Hentke (1987, S. 356).
439 Vgl. Hentke (1987, S. 356).
440 Vgl. Hentke (1987, S. 356).
441 Vgl. Hentke (1987, S. 357).

folgende Durcharbeiten, das anschließende Üben und Wiederholen sowie das abschließende Anwenden bestätige Parallelen zur Artikulation, und somit fühlt sich Hentke in seiner Auffassung bestärkt.[442] Schließlich bezieht er sich auf einen weiteren lerntheoretischen Befund, der besagt, dass Handlungsorientierung und insbesondere das Lernbüro anscheinend lernschwächere Schüler adäquat fördern können. Hierzu verweist er auf die Theorie der 'Kognitiven Komplexität' (nach Hunt, Harvey, Schroder u.a.) sowie auf den empirisch-experimentellen 'Attribute-Treatment-Interaction'-Ansatz (nach Berliner, Salomon, Cronbach u.a.), die eine Zuordnung von Lernumwelten/Methoden zu Schülermerkmalen vornehmen.[443] Die Grunderkenntnis ist „die Ablehnung einer für alle Schüler gleich guten Universalmethode“.[444] Dem Befund entsprechend lernten Schüler mit niedrigerer Komplexität in wenig komplexen Umwelten besser. Schüler mit höherer Komplexität bevorzugten zwar komplexe Lernsituationen, könnten sich jedoch auch vorstrukturierten Lernumwelten erfolgreich anpassen.[445]

Zu den ergänzende Analysekategorien

Unterrichtspraktische Aspekte
Hier führt Hentke an, dass handlungsorientierter Unterricht eines viel höheren Zeitaufwandes bedarf als beispielsweise ein fragend-entwickelnder Unterricht.[446] Trotz Bemühungen, den Unterricht beispielsweise straff zu lenken, sei für eine Bürosimulation allein der organisatorische Aufwand des Handlungsrahmens problematisch. Geradezu illusorisch sei es, wichtige Inhalte in ihren Grundzügen, geschweige denn im vollen Umfang vermitteln zu können.
Durch diesen Effekt zeigten sich Demotivations- und Frustrationssymptome bei einigen Lernenden, da viele inhaltliche Bereiche ungeklärt bleiben. Zudem führt Hentke weitere Ursachenkomplexe für die Schülerprobleme an:[447]
Zum einen führe das fehlende Vorwissen der Lernenden zwangsläufig zu einem blinden 'Versuchs- und Irrtums-Lernen', das oftmals negative Folgen habe.[448] Schüler behielten beispielsweise falsche Vorgehensweisen in Erinnerung oder sperrten sich innerlich vor Verbesserungen ihrer Handlung, so dass mit einem fehlerhaften Arbeitsergebnis weiter gearbeitet werde. Dies bliebe zunächst unbemerkt. Solche Schwachstellen könnten anschließend nur durch zahlreiche Korrektureingriffe des Lehrkörpers beseitigt werden.
Zum anderen führten Sachfragen der Schüler vielfach von den Handlungszielen des Unterrichts weg und müssten zurückgestellt werden, so dass weitere Frustrationen bei den Lernenden verursacht werden können.[449]
Weiterhin merkt Hentke an, dass das Lernbüro eine ungleiche Arbeitsauslastung der Schüler mit sich bringe.[450] Nicht alle Lernenden könnten gleichzeitig im gleichen vollen Umfang mit verschiedenen Aufgaben beschäftigt sein. Immer wiederkehrende Routinearbeiten begünstigten diesen Umstand, da sich gleiche Geschäftsvorfälle oder das wiederholte Ausfüllen identischer Formulare nur selten mit außergewöhnlichen, unvorhersehbaren und neuartigen Ereignissen im Geschäftsleben des fiktiven Sacharbeiters abwechselten.[451] Zumal auch die Außenstellen eines Lernbüros fast durchgängig intern von den Lehrkräften gestaltet und geleitet würden, da die Lernenden nur eine geringe Vorstellung von der Komplexität und inhaltlichen Aufgabe dieser Funktionsbereiche im Zusammenspiel mit dem Lernbüro entwickeln könnten.
Hentke insistiert darauf, von diesen komplexen, verwirrenden Formen des Lernens Abstand zu nehmen und viel mehr das Augenmerk auf kritisch-bildendes, wissenschaftsorientiertes Lernen im Sinne der Kollegschul-Didaktik zu legen.[452] Zugunsten der Förderung einer stärkeren Reflexionskompetenz bei den Lernenden solle auf blindes aktionistisches Handeln im Unterricht verzichtet werden.

---

442 Vgl. Hentke (1987, S. 357).
443 Vgl. Hentke (1987, S. 357).
444 Hentke (1987, S. 357).
445 Vgl. Hentke (1987, S. 357).
446 Vgl. Hentke (1987, S. 357-358).
447 Vgl. Hentke (1987, S. 358).
448 Vgl. Hentke (1987, S. 358).
449 Vgl. Hentke (1987, S. 358).
450 Vgl. Hentke (1987, S. 358).
451 Vgl. Hentke (1987, S. 358).
452 Vgl. Hentke (1987, S. 359).

Bildungspolitische Aspekte
Hentke ist der Auffassung, dass dieser Ansatz durch seinen praktisch-funktionalistischen Charakter solchen Meinungsvertretern Vorschub leiste, die den beruflichen Lerngegenständen die Bildungsberechtigung aufgrund mangelnder wissenschaftspropädeutischer Inhalte absprechen.[453]
Der Einsatz der Handlungsorientierung verstärke vielmehr eine spezialisierte Qualifizierung, die eigentlich im dualen Ausbildungssystem von den Betrieben übernommen werden sollte.[454] Das bildungspolitische Interesse solle sich nach Meinung Hentkes nicht nach der Verbreitung des handlungs- und situationsorientierten Unterrichtsansatzes, wie dem des Lernbüros, richten.[455] Daraus würde eine einseitige Überqualifizierung entstehen, die sich kontraproduktiv auf die gesellschaftliche Anerkennung des beruflichen Bildungssystems auswirke.

Historische Aspekte
Hier greift Hentke die geschichtlichen Ursprünge des kaufmännischen praxisnahen Übens auf. Genauere Informationen hierzu liefert auch das Kapitel 4.1.2 in dieser Arbeit.
Hentke setzt im 16. Jahrhundert an und führt aus, dass hier schon erste Probleme des handlungsorientierten Lernens aufgetreten wären. Entsprechend dokumentiere die Literatur, dass sich das Erlernen berufspraktischer Fertigkeiten im Übungs-Kontor wegen fehlender Voraussetzungen bei den Schülern nicht mit theoretischen Erklärungen dieser Tätigkeiten verknüpfen ließe. Erforderliche Voraussetzungen hätten auch schon damals in vorherigen Lehrgängen geschaffen werden müssen.[456]

> „Man begnügte sich deshalb fortan mit der (fächer-) 'konzentrierenden' übenden Anwendung des zuvor Gelernten im - der Name wechselt mehrfach - 'Übungs-, Muster- oder Handelskontor'."[457]

Aufgrund dieser Feststellung wirft Hentke die provokante Frage auf, inwiefern nicht heute ein Rückblick auf die Geschichte des praxisnahen Lernens dazu hätte beitragen können, vor dem aktionistischen Einsatz des Lernbüros zu warnen.
In seiner Schlussbetrachtung greift Hentke diese Fragen indirekt auf und versucht, einen Vorschlag zu unterbreiten. Er lehnt dabei den situationsorientierten Ansatz des Unterrichts nicht ab. Jedoch plädiert er dafür, diese Ausrichtung als ein Teilprinzip des Unterrichts anzusehen. Im 'Curriculum Relevanzdreieck'[458] soll dieser Ansatz dafür sorgen, „daß neben dem Persönlichkeits- und Wissenschaftsprinzip die Berufspraxis nicht aus dem Blick gerät."[459] Ein Zusammenspiel der drei Prinzipien soll aber innerhalb eines „tragfähigen, umfassenden und fundierten erziehungswissenschaftlichen Ansatzes"[460] geschehen. Dieser solle sich dadurch auszeichnen, dass er „die traditionelle, geisteswissenschaftliche Pädagogik in Übereinstimmung mit den Lebensbedingungen unserer 'pluralistisch-demokratischen' und 'wissenschaftlich-technischen' Zivilisation rekonstruiert".[461]

Diese durch Hentke geballt formulierte Kritik an den handlungsorientierten Unterrichtsansatz am Beispiel des Lernbüros verursachte starken Protest. Antworten sollen im Weiteren in kurzer Form vorgestellt werden, damit die Kritik nicht unkommentiert und unreflektiert aufgenommen wird.

Achtenhagen antwortet
Als erster Vertreter der wirtschaftspädagogischen Disziplin antwortete Achtenhagen mit einem Gegenartikel, der nun in den als wesentlich empfundenen Punkten kurz dargestellt wird.
Achtenhagen warnt davor, dass durch Formulierungen Hentkes hoch motivierte Berufsschullehrer ihr Engagement verlieren könnten. Die Einführung der Lernbüroarbeit erfolge nämlich überwiegend durch aktive Lehrer, die didaktisch-methodische Innovationen in ihrem Unterricht einsetzen wollen.[462] Nur

453 Vgl. Hentke (1987, S. 359).
454 Vgl. Hentke (1987, S. 359).
455 Vgl. Hentke (1987, S. 359).
456 Vgl. Hentke (1987, S. 359).
457 Hentke (1987, S. 360).
458 Vgl. Hentke (1987, S. 361).
459 Hentke (1987, S. 361).
460 Hentke (1987, S. 361).
461 Hentke (1987, S. 361).
462 Vgl. Achtenhagen (1988, S. 50).

mit dieser ideologischen Einstellung könne eine Neuorientierung innerhalb der Didaktik des Wirtschaftslehreunterrichts getragen und durchgesetzt werden. Wenn diese über Zitatmontagen, wie Hentke sie leiste, abqualifiziert werde, dann liefere dies auch ein Alibi für eine 'vornehme Zurückhaltung' in der Lehrerschaft.[463] Ein solches Verhalten wäre kontraproduktiv.
Weiterhin geht Achtenhagen auf Hentkes Gegenvorschlag, zum vermehrten Einsatz des fragend-entwickelnden Unterrichts mit innovativen Materialien zu tendieren, ein.[464]
Solch eine Methode, so Achtenhagen, lebe von der Hypothesenbildung über das Vorwissen der Schüler. Hierzu würden empirisch gesicherte Informationen über die Anforderungen der Praxis, „das Vorwissen der Schüler, die Inhalte einer Unterrichtseinheit"[465] und den Lernerfolg der Schüler benötigt. Diese Punkte seien inhaltlich optimal aufeinander abzustimmen.
Allerdings stünde eine Anpassung des Unterrichts an die heutigen Anforderungen in vielen Punkten noch aus. Auch Hentkes favorisierter fragend-entwickelnder Unterricht, so Achtenhagen, bedürfe solcher Reformierung. Deshalb fragt Achtenhagen zunächst, wie eine Didaktik des Wirtschaftslehreunterrichts innovativ entwickelt werden könnte, um den aktuellen Ansprüchen gerecht werden zu können.[466]
Nach Meinung Achtenhagens stelle das Lernbüro diesbezüglich schon jetzt einen attraktiven Lösungsansatz dar.[467]

Halfpap antwortet

Halfpap verteidigt in seinem Aufsatz den wissenschaftsorientierten Ansatz der handlungstheoretischen Didaktik, der durch die kritisch-konstruktive Didaktik nach Klafki geprägt wurde.[468] Er konstatiert, dass es bei diesem Ansatz, den er auch vertrete, weder um die Vorbereitung von Schülern auf spätere wissenschaftliche Studien noch um eine Abbildung des Erkenntnisstandes, des Methodenrepertoires oder der Grundbegriffe bestimmter Einzelwissenschaften, sondern um exemplarisch erarbeitete Erfahrungen sowie um inhaltliche und methodische Einsichten gehe, was Wissenschaft für die Aufklärung individueller und gesellschaftlicher Lebensprobleme, die letztlich immer Handlungsprobleme sind, leisten könne bzw. auch nicht leisten kann.[469]
Handlungsorientierung schließe dies nicht aus. Vielmehr werde nach dem Verständnis der kritisch-konstruktiven Didaktik kritische Bildung durch Handlungsorientierung bewirkt.[470] Aus diesem Grund sieht Halfpap Hentkes Kritik an der fehlenden Wissenschaftsorientierung des Lernbüros als hinfällig an. Vielmehr wolle das Lernbüro zur kritischen Bildung führen.[471]

Kaiser antwortet

Kaiser spricht sich in seinem Artikel vehement für die Durchführung von komplexeren Simulationen aus.
Die zunehmende Bedeutung von Neuen Technologien für Wissenschaft, Verwaltung und Büro stelle wirtschaftsberufliche Schulen vor neue Aufgaben. Um ihren Bildungsauftrag auch in Zukunft gerecht zu werden, müssten sie diese Aufgaben bewältigen.[472] Kaiser plädiert in diesem Zusammenhang für das Lernen in und an simulierten Umwelten. Dies werde um so bedeutungsvoller, je anschaulicher die Arbeitsprozesse ablaufen und je komplexer sich die Arbeitsorganisationen und technischen Systeme in den Unternehmungen gestalten würden.[473] Simulationen ermöglichten zudem den abstrahierenden Umgang mit Symbolen und kommunikativer Reflexion.[474] Dieses Moment lasse Hentke in seinem Artikel völlig außer Acht.
Kaisers Erhebungen im Rahmen von Forschungsprojekten wie 'Handlungsorientiertes Lernen' und dem Modellversuch 'Lernbüro' ergeben zudem, dass die räumliche Ausstattung bei Simulationen

---

[463] Vgl. Achtenhagen (1988, S. 50).
[464] Vgl. Achtenhagen (1988, S. 51).
[465] Achtenhagen (1988, S. 51).
[466] Vgl. Achtenhagen (1988, S. 51).
[467] Vgl. Achtenhagen (1988, S. 52).
[468] Vgl. Halfpap (1988b, S. 86).
[469] Vgl. Halfpap (1988b, S. 86).
[470] Vgl. Halfpap (1988b, S. 86).
[471] Vgl. Halfpap (1988b, S. 86).
[472] Vgl. Kaiser (1988, S. 126).
[473] Vgl. Kaiser (1988, S. 127).
[474] Vgl. Kaiser (1988, S. 127).

einen hohen Einfluss auf die Arbeits- und Lernmotivation der Lernenden habe.[475] Je realitätsnaher eine Simulation sei, um so deutlicher könnten sich Schüler mit der kaufmännischen Tätigkeit identifizieren. Kaufmännische Schulen sollten vermehrt über eine didaktisch reduzierte Praxis fachliches Wissen und Theorien vermitteln.[476]

Hentke erwidert mit einem zweiteiligen Artikel, der nicht beantwortet wird

Hentke greift nochmals das Plädoyer seiner 'Gegner' für eine handlungsorientierte simulierte Lernumwelt auf. Er zweifelt nach wie vor an, inwiefern in Lernbüros betriebliche Praxis realitätsnah simuliert werden könne.[477] Er spricht sogar von methodischem Blendwerk und begründet es damit, dass beispielsweise autoritäre Hierarchien und Personalentlassungen im Lernbüro höchstens angedeutet werden könnten.

Zum methodischen Blendwerk zählt er auch den oftmals hoch gelobten Gruppenunterricht[478]. So kommentiert er:

> „Da wird einem beispielsweise verschleierter Frontalunterricht mit überwiegend direkten Aktionsformen vorgeführt, indem der Lehrer unter der Alibifunktion 'Hilfestellung' innerhalb der Gruppe vorträgt und fragend erarbeitet."[479]

Gruppenarbeit verursache zudem das Problem, dass nur Wenige wirklich aktiv sind. Die Restlichen profitieren von den Ergebnissen, ohne sich tatsächlich eingebracht zu haben.[480]

Untersuchungen hätten ergeben, dass eher der „fragend-entwickelnde Unterricht mit stärkerer Lenkung durch den Lehrer zumindest bei jüngeren, ängstlichen und leistungsschwächeren Schülern sowie generell zur Erreichung kognitiver Lernziele" [481] geeigneter erscheint.

> „Er ist auch bei den Schülern, wenn überhaupt, nur geringfügig und in bestimmten Lernsituationen unbeliebter als Gruppenunterricht und ähnliches; für das Lernen neuer Sachverhalte jedenfalls [wurde; I.E.] bei beruflichen Schülern eine durchschnittliche Akzeptanz von '80,2 % zugunsten der Fragemethode' [gefunden; I.E.] (Berufsfachschüler 84%), und nur 6,2 % präferierten 'die weitgehend selbständige Erarbeitung der Lerninhalte' (Berufsfachschüler 5%)!"[482]

Hentke fühlt sich dadurch in seiner Annahme bestätigt, dass der fragend-entwickelnde Unterricht durchaus lernförderlich sein könne.[483] Durch den Zuspruch seitens der Schüler sei ein entsprechender Lernerfolg zu erwarten. Zudem glaubt Hentke, dass sich das Interesse der Lernenden an den Lernprozess nicht an der Auswahl von besonders attraktiven Methoden festmachen ließe, sondern viel mehr an dem vorherrschenden Klassenklima. Somit mache der aufwendige Einsatz der Lernbüromethode nach wie vor keinen Sinn.

Hentkes Antwortartikel findet keine Resonanz. Auch zwei weitere Artikel in der Zeitschrift 'Neue Deutsche Schule'[484] lassen die Diskussion um die Handlungsorientierung vor dem Hintergrund der Lernbüroeinführung nicht wieder aufleben.

---

475 Vgl. Kaiser (1988, S. 126).
476 Vgl. Kaiser (1988, S. 127).
477 Vgl. Hentke (1989c, S. 9).
478 Vgl. Hentke (1989c, S. 9).
479 Hentke (1989c, S. 9).
480 Vgl. Hentke (1989c, S. 9).
481 Hentke (1989c, S. 9).
482 Hentke (1989c, S. 9).
483 Vgl. Hentke (1989c, S.9).
484 Siehe hierzu Hentke, R. (1989a): Gegen die Rückkehr zur reinen Ausbildungspädagogik (I). In: Neue Deutsche Schule, 7/1989, S. 20-21 und Hentke, R. (1989b): Gegen die Rückkehr zur reinen Ausbildungspädagogik (II). In: Neue Deutsche Schule, 8/1989, S. 23-24.

An dieser Stelle soll nun keine Zusammenfassung dieses Disputes angeführt werden, da die komprimierte Darstellung der Diskussion sicherlich für sich spricht. Allerdings darf festgehalten werden, dass Hentke mit seinen aufgeführten Kritikpunkten argumentativ überzeugen kann. So appelliert er doch stark dafür, im wirtschaftsberuflichen Unterricht mehr wissenschaftliche Reflexion anstatt aktionistische, unüberlegte Handlungen um des Handelns Willen durchzuführen. Darf dieser Appell als Prävention, den wissenschaftlichen Anspruch bei dem Einsatz der Methodischen Großform Lernbüro nicht zu vernachlässigen verstanden werden, so soll in Betracht gezogen werden, im Rahmen der im Kapitel 5 stattfindenden Entwicklung einer gründungsspezifischen Qualifizierung an Hochschulen unter anderem Hentkes Kritikpunkte zu berücksichtigen.
Abschließend werden nun die mikro- und makrodidaktischen Implikationsfelder in einer Synopse zusammengefasst dargestellt.

4.2.7 Synoptische Zusammenfassung

Nach dieser sehr ausführlichen Beschreibung der Methodischen Großform Lernbüro sollen die wesentlichen mikro- und makrodidaktischen Elementar-Strukturen zur didaktischen Konzeption eines Lernbüros durch ein Schaubild synoptisch zusammengefasst werden.

Abb. 4.7: Formal konstante, inhaltlich variable Elementar-Strukturen zur Konzeption eines schulischen Lernbüros

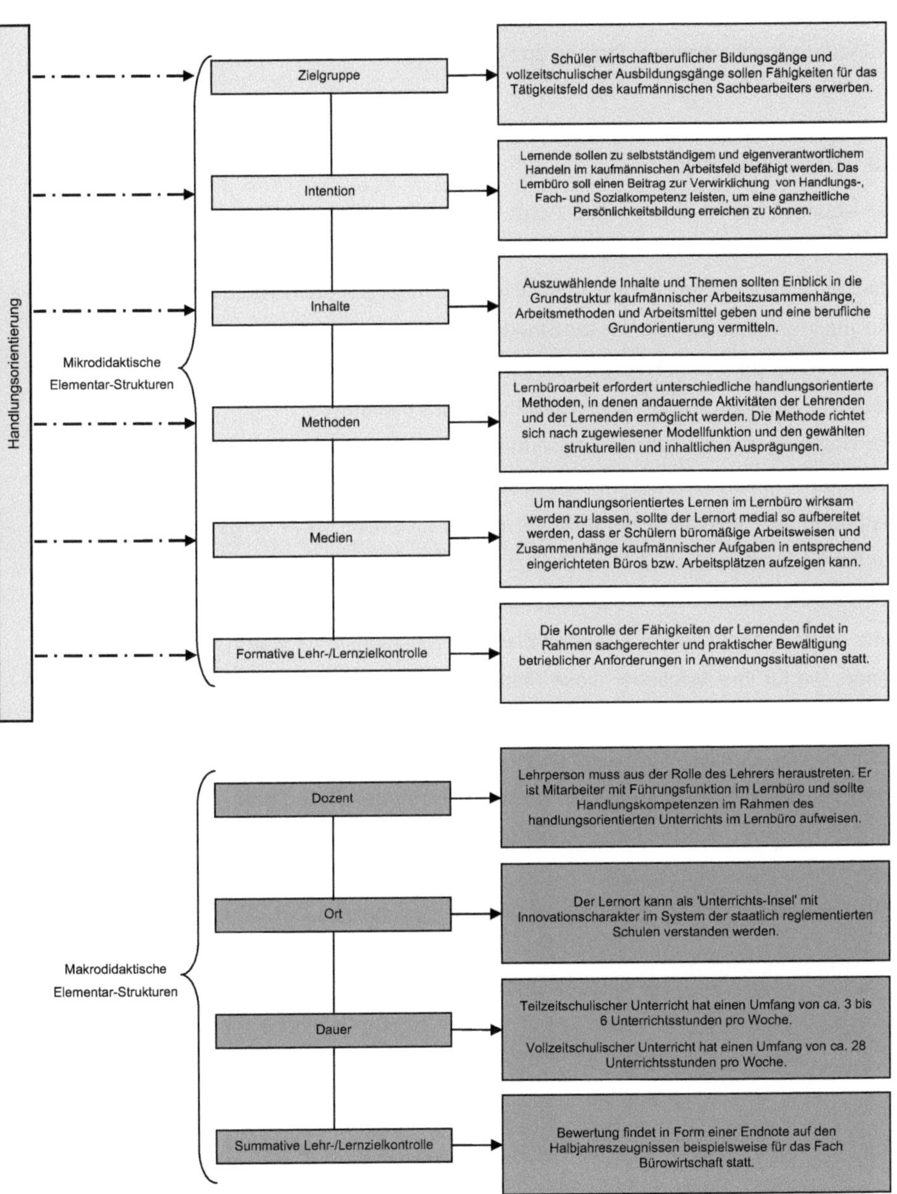

Im weiteren Verlauf soll die Übungsfirma in ihrer didaktischen Struktur untersucht werden, um auch für diese Methodische Großform das mögliche Potenzial einer konzeptionellen didaktischen Unterstützung für die Entwicklung einer universitären Gründungsqualifizierung aufzeigen zu können.

4.3 Zur Übungsfirma

Die Übungsfirma ist eine weitere Form der Simulation betrieblicher Praxis. Sie weist daher, wie im Folgenden aufgezeigt wird, Strukturidentitäten zum Lernbüro auf. Spezifische, nur die Übungsfirma auszeichnende übergreifende Aspekte sowie mikro- und makrodidaktische Elementar-Strukturen sollen bei der Darstellung der Methodischen Großform besondere Berücksichtigung finden. Zur Einführung in die Übungsfirma soll vorab ein kurzer geschichtlicher Abriss dienen.

Der Ursprung der heutigen Übungsfirma lässt sich aufgrund der im Kapitel 4.1.2 aufgezeigten Problematik, dass eine deutliche Trennung der drei wirtschaftsberuflichen Methoden zur Simulation betrieblicher Praxis historisch nicht vorgenommen wurde, nur schwer nachvollziehen.

Nachweisbar wurden die ersten Übungsfirmen in den zwanziger Jahren in Deutschland namentlich erwähnt. Gründer dieser Simulationsform waren Angestelltenverbände, die für ihre Mitglieder diese Methodische Großform zur beruflichen Weiterbildung einsetzten.[485]

Während des Zweiten Weltkriegs geriet die Methode in Vergessenheit, so dass diese Form der simulierten Ausbildungspraxis erst Ende der 50er Jahre neu auflebte. Sozial Schwächere, die der Arbeit entwöhnt und in ein normales Lehr- und Arbeitsverhältnis nur schwer einzugliedern waren, sollte nach der Teilnahme an der Maßnahme der Eintritt in das gesellschaftliche Arbeitsleben ermöglicht werden.[486]

> „In den Jahren der Ruhrkrise (1963-67) hat man die strukturelle Massenarbeitslosigkeit und eine Überlastung der Lehrfirmen auch damit zu steuern versucht, daß freigesetzte und umschulungsbedürftige Arbeiter von der Straße in Übungsfirmen geholt wurden."[487]

---

485 Vgl. Linnekohl (1984, S. 358).
486 Vgl. Freise (1993, S. 43-44).
487 Freise (1993, S. 44).

Bis zu diesem Zeitpunkt waren über 1.000 Übungsfirmen eingerichtet worden. Dieser Umstand führte zu der Idee, die bestehenden Übungsfirmen miteinander vor allem durch zu simulierende Geschäftsbeziehungen, die die Methode näher an die Realität anlehnen sollten, in Kontakt treten zu lassen. Somit schlossen sie sich zu einem Übungsfirmenring zusammen. Zusätzlich sollten die Übungsfirmen eine enge Zusammenarbeit mit in der näheren Umgebung ansässigen Unternehmen aufnehmen. Diese wurden so zu Patenfirmen und unterstützten die Übungsfirmen mit berufspraktischem Wissen, um ein zweckmäßiges Produkt- und Sortimentsprogramm bereitstellen zu können. [488] Die Übungsfirma wurde dabei mit einschlägigen Produktinformationen und Werbematerial versorgt.

> „Außerdem steht die Patenfirma den Schülern für Betriebsbesichtigungen, Erkundungen und Praktika offen.“[489]

Um das komplexe Netzwerk des Übungsfirmenringes von Beginn an in koordinierte Bahnen lenken zu können, wurden Zentralstellen eingerichtet. Diese beschriebene Organisation hat bis heute Bestand. Im Weiteren wird zunächst der Begriff Übungsfirma definiert.

4.3.1 Zur Definition des Begriffs Übungsfirma

Im Folgenden werden zwei Definitionen zum Begriff Übungsfirma vorgestellt.
Käfer bezeichnet die Übungsfirma als einen „Lernort für die Ausbildung (Übungsfirma als Praxisersatz), Umschulung (mit halbjährigem Praktikum in einem Industrieunternehmen) und Fortbildung (praxisergänzend) von Kaufleuten“ [490]. Die Methodische Großform dient dazu, berufspraktische Kenntnisse und Fertigkeiten zu vermitteln, zu erweitern und zu vertiefen.

> „Neben dem kaufmännischen Wissen sollten auch sogenannte Schlüsselqualifikationen (wie Teamarbeit, Selbständigkeit oder auch die Bereitschaft zur Weiterbildung) erworben werden.“[491]

[488] Vgl. Frowein (1992, S. 409).
[489] Frowein (1992, S. 409).
[490] Käfer (1992, S. 85).
[491] Käfer (1992, S. 85).

Linnekohl ergänzt: Es handelt sich um Lernorte für die kaufmännische Aus- und Fortbildung, die den Lehrwerkstätten der handwerklichen und gewerblich-technischen Berufsausbildung ähnlich seien.

> „Sie arbeiten über einen Übungsfirmenring mit anderen Übungsfirmen zusammen, bilden dadurch einen gemeinsamen Markt und eine Übungsvolkswirtschaft mit fast allen Staatsfunktionen."[492]

Diese Begriffsbeschreibungen können einen ersten Eindruck über den Gegenstand der Übungsfirma vermitteln. Anstelle einer eigenen Definition sollen vielmehr die nächsten Kapitel zur ausdifferenzierten Beschreibung der Simulationsform Übungsfirma dienen, um einen umfänglichen Einblick in diese Methodische Großform gewährleisten zu können. Dafür soll zunächst der Dachverband der Übungsfirmen mit seinen Aufgaben vorgestellt werden.

4.3.2 Zu den Aufgaben des Deutschen Übungsfirmenrings

Der Deutsche Übungsfirmenring ist ein Zweckverband, der von

- der Stiftung Rehabilitation Heidelberg (ihr sind Übungsfirmen angeschlossen, die zur Erstausbildung eingesetzt werden) und
- dem Berufsförderungswerk e.V. Essen (ihm sind Übungsfirmen angeschlossen, die in der kaufmännischen Fortbildung und Umschulung eingesetzt werden)

getragen wird.[493]

Die Zentralstellen beraten Institutionen, die mit der Einrichtung einer Übungsfirma dem deutschen Übungsfirmenring beitreten möchten. Bei Fragen der Gründung bzw. Aufnahme oder bei einer anschließenden möglichen Liquidation einer Übungsfirma stehen die Zentralen mit Rat zur Seite. Zu den Institutionen, die im Deutschen Übungsfirmenring vertreten sind, zählen:

---

492 Linnekohl (1984, S. 357).
493 Vgl. Linnekohl (1984, S. 360), vgl. auch Käfer (1992, S. 85).

- Berufsbildungswerke (Erstausbildung behinderter Jugendlicher),
- Berufsförderungswerke (Rehabilitation Erwachsener),
- Bildungswerk der Deutschen Angestellten-Gewerkschaft,
- Berufsfortbildungswerk des Deutschen Gewerkschaftsbundes,
- öffentliche Schulen,
- Schulen und Akademien in freier Trägerschaft,
- Schulen und Akademien in öffentlich rechtlicher Trägerschaft und
- Wirtschaftsunternehmen.[494]

Die Zentralstellen unterstützen die Mitglieder des Weiteren in betriebswirtschaftlichen, wirtschaftsrechtlichen, berufspädagogischen und telekommunikationstechnischen Fragen. Weiterhin treten die Zentralen als Übungsfinanzamt, -krankenkasse, usw. auf. Der gesamte Postverkehr läuft ebenfalls über die Zentralstellen.[495] Der für das Funktionieren dieses Marktes notwendige Zahlungsverkehr und andere Bankleistungen werden von fiktiven Banken, ebenfalls Einrichtungen der Koordinationsstellen, organisiert.[496]

Die Zentralstellen müssen derzeit über 900 Übungsfirmen koordinieren. Hinzu kommen auch Geschäftsbeziehungen, die zu ausländischen Übungsfirmen in Österreich, Schweden und der Schweiz gepflegt werden.[497]

Im Gegensatz zu anderen simulierten Einrichtungen bietet der Deutsche Übungsfirmenring den Übungsunternehmen damit die Chance, eine Vielzahl von komplexen, nicht vorhersehbaren Geschäftsvorfällen abzuwickeln. Alle Übungsfirmen sind in diesem Zusammenhang angehalten, die gültigen Vorschriften, z.B. handels-, wettbewerbs- und steuerrechtlicher Art zu beachten. Die Zentralstellen überwachen hierbei den Geschäftsverkehr hinsichtlich seiner Rechtsgültigkeit.[498]

Darüber hinaus führt der Deutsche Übungsfirmenring jährlich eine Messe durch, bei der alle Firmen ihre Produkte und Dienstleistungen ausstellen können. Der Geschäftsverkehr wird dadurch praxistypisch belebt. Fachpraktische Lernziele, insbe-

---

494 Vgl. Zentralstelle des Deutschen Übungsfirmenringes (o.J.b, S. 1).
495 Vgl. Linnekohl/Ziermann (1987, S. 77).
496 Vgl. Käfer (1992, S. 86), vgl. Linnekohl (1984, S. 360) sowie Frowein (1992, S. 409-410).
497 Vgl. Linnekohl (1984, S. 360).
498 Vgl. Linnekohl (1984, S. 360), vgl. Käfer (1992, S. 85).

sondere in den Bereichen Einkauf und Verkauf, können realisiert werden. Die Organisation der Übungsfirmenmesse obliegt ebenfalls den Zentralstellen.[499]
Im Weiteren wird nun der Blick auf die Simulationsform Übungsfirma gerichtet, indem die Funktion des Übungsfirmeneinsatzes für wirtschaftsberufliche Bildungsgänge vorgestellt wird.

4.3.3 Zur Funktion der Übungsfirmenarbeit

Die anhaltende hohe Arbeitslosigkeit in Deutschland stört bis heute das Vertrauen auf zukunftssichere Arbeitsplätze. Doch nicht nur auf dem Arbeitsmarkt auftretende Unternehmen können für eine Senkung der Arbeitslosigkeit sorgen. Auch Arbeitssuchende können durch Nachqualifizierungen bzw. Fort- und Weiterbildungen ihre Attraktivität für den Arbeitsmarkt erhöhen.[500]
Der Einsatz von Übungsfirmen soll diese Bildungsmaßnahmen wirkungsvoll unterstützen. Vermittlungsstatistiken zeigen diesbezüglich positive Ergebnisse. An etwa 70 Prozent aller Teilnehmer werden nach der Ausbildung in der Übungsfirma Arbeitsplätze auf dem realen Markt vermittelt.[501] Die Kombination von qualitativ hochwertiger beruflicher Bildung und sozialer Qualifikation durch die Übungsfirma stellt daher eine mögliche Grundlage für den dauerhaften Wieder- bzw. Neueintritt in das Berufsleben dar.[502]
Die Simulation in Übungsunternehmen bietet auch den Schülern in staatlichen Vollzeitschulen eine Chance, zusätzlich zu theoretischen Kenntnissen in einem bestimmten Umfang ebenso praktische Fähigkeiten und Fertigkeiten für ihr zukünftiges Berufsleben zu erlangen.[503]
In Hamburg, Hessen und Niedersachsen wird die Übungsfirmen-Arbeit als Wahlfach angeboten,[504] als Wahlpflichtfach hingegen beispielsweise an bayrischen

499 Vgl. Linnekohl (1984, S. 360).
500 Vgl. Freise, (1993, S. 42).
501 Vgl. Käfer (1992, S. 88). Sie beschreibt des Weiteren, dass sich aufgrund der hohen Vermittlungsquote die Platzbesetzung in der Übungsfirma fast jede Woche ändert. Die Einrichtung sei oft mit einem 'Taubenschlag' zu vergleichen. Die wechselnde Situation stelle hohe Anforderungen an die Personalplanung. Auch Linnekohl (1984, S. 360) betont, dass Absolventen einer Übungsfirma gute Chancen auf dem Arbeitsmarkt haben.
502 Vgl. Käfer (1992, S. 88).
503 Vgl. Achtenhagen (1984, S. 356).
504 Vgl. Frowein (1992, S. 406).

Wirtschaftsschulen mit dem Titel 'Betriebswirtschaftliche Übungen'.[505] Im Rahmen des Faches Bürowirtschaft wird der Übungsfirmen-Unterricht in Berlin und Nordrhein-Westfalen sogar als Pflichtfach betrieben.
In den nächsten Kapiteln werden nun die mikro- und makrodidaktischen Implikationsfelder dieser Methodischen Großform analysiert.

4.3.4 Zu den mikrodidaktisch ausgerichteten Elementar-Strukturen der Übungsfirma

Bevor ab Kapitel 4.3.4.2 über die unterrichtlichen Faktorenkomplexe der Übungsfirmenarbeit berichtet wird, sollen Hinweise auf Gemeinsamkeiten und Unterschiede der Modellkonstruktion einer Übungsfirma im Vergleich zum Lernbüro gegeben werden. Dies ist insofern bedeutsam, als dass sich die Ausgestaltung eines Lehr-/Lernprozesses, wie im Kapitel 4.2.4.1 für die Modellierung des Lernbüros angeführt werden konnte, in Interdependenz mit dem konstruierten Modell befindet.

4.3.4.1 Zur Modellierung einer Übungsfirma

Reetz macht bei seiner Beschreibung der Modellkonstruktion einer 'Lernfirma' keinen Unterschied zwischen einem Lernbüro und einer Übungsfirma. Für beide Modelle könnte daher der Anspruch erhoben werden, diese als Modellrekonstruktion eines exemplarischen Wirtschaftsbetriebes zu bezeichnen.[506]
Jedoch stellt sich aufgrund der unterschiedlichen Praxisnähe der Übungsfirma gegenüber dem Lernbüro, entsprechend den Ausführungen in den Kapiteln 4.3.1 und 4.3.2, die Frage, inwiefern die Modellkonstruktionen der beiden Simulationsformen tatsächlich identisch sind.
Zunächst ist festzuhalten, dass Lernen durch Simulation in der Übungsfirma, genau wie bei dem Lernbüro, die Chance bietet, kaufmännische Ernstsituationen zu erfahren und die Folgen von unternehmerischen Entscheidungen voraussehen zu können.[507] Durch Simulationsmodelle werden Modellnutzern komplexe Vorgänge

---

505 Vgl. Frowein (1992, S. 406).
506 Vgl. Reetz (1986, S. 352). Entsprechend soll auf das Kapitel 4.2.4.1 verwiesen werden. Hier wurde die Konstruktion eines Modells für ein Unternehmen nach Reetz detailliert vorgestellt.
507 Vgl. Gummersbach (1989, S. 38).

transparent gemacht.[508] Zusammenhänge, Interdependenzen und Strategien betrieblicher Abläufe können erkannt werden und das gesamtbetriebliche Denken und Handeln fördern.[509] Die durch simuliertes Handeln in solchen Modellen erworbenen Erkenntnisse und Erlebnisse sind auf Situationen in der Praxis übertragbar.[510] In diesen Punkten unterscheiden sich Lernbüro und Übungsfirma kaum.

Jedoch besteht ein deutlicher Unterschied bei der Simulation inner-, zwischen- und außerbetrieblicher Aktivitäten. Ein Modellkonstrukteur einer Übungsfirma muss im Gegensatz zum Lernbüro tatsächliche Außenkontakte[511] bedingt durch angegliederte Übungsfirmen bei seiner Modellbildung miteinbeziehen. Daher muss das Modell der Übungsfirma weitaus komplexer ausgestaltet werden. Geschäftliche Beziehungen zu anderen Übungsfirmen werden nicht wie beim Lernbüro symbolisiert, sondern real unterhalten und repräsentiert.[512] Die Anzahl der Kontakte ist unvorhersehbar und realen betrieblichen Beziehungen bzw. Dynamiken entsprechend sehr ähnlich. Im Gegensatz dazu werden in einem Lernbüro alle Außenkontakte in den meisten Fällen durch die Steuerung des Lehrers simuliert und in den Klassenraum transferiert. In Bezug auf die Vereinfachung bzw. die Reduzierung der Komplexität der Realität bedeutet dies, dass bei der Konstruktion der Modelle die Verschiedenheit der Zahl und Vielfalt sowie Realitätsnähe von Innen- und Außenkontakten beachtet werden muss.[513]

Es darf festgehalten werden: „die Übungsfirma ist die didaktisch höchste Form der übenden Anwendung kaufmännisch verwaltender Arbeitstechniken, Fertigkeiten und Kenntnisse. Schüler und Auszubildende, die in einer Übungsfirma praxisnah arbeiten, befinden sich nicht wie z.B. im herkömmlichen Unterricht oder in einem Simulations- oder Lehrbüro in einer schulinternen isolierten Lernsituation, sondern durch die Mitgliedschaft der Übungsfirma im Deutschen Übungsfirmenring im direkten Außenkontakt mit fremden Übungsfirmen."[514]

---

508 Vgl. Linnekohl/Ziermann (1987, S. 76).
509 Vgl. Gummersbach (1989, S. 38-39).
510 Vgl. Gummersbach (1989, S. 39).
511 Vgl. Reetz (1986, S. 353).
512 Vgl. Breyde (1995, S. 90). An dieser Stelle soll bezugnehmend auf das Kapitel 4.2.4.1 darauf hingewiesen werden, dass Übungsfirmen in den meisten Fällen von realen Patenfirmen unterstützt werden, so dass es sich dann, soll Bentelers Ansatz zur Modellierung eines Lernbüros aufgegriffen werden, um 'Modelle von etwas' handelt. Analog würde es sich nach Kaiser bei den meisten Übungsfirmen um das 'Modell: Weiterführung eines bestehenden Unternehmens' handeln.
513 Vgl. Reetz (1986, S. 353).
514 Linnekohl (1984, S. 359), vgl. Tramm/Gramlinger (2002, S. 8).

Das Ausmaß der Differenzierung der Übungsfirma gegenüber dem Lernbüro ist wesentlich umfangreicher, als es an dieser Stelle beschrieben werden könnte. Die weiteren Ausführungen werden diese Unterschiede verdeutlichen.

4.3.4.2 Zum Zielgruppenspektrum der Übungsfirma

Ähnlich dem Lernbüro wird die Hauptaufgabe der Übungsfirmenarbeit in der Aus- und Fortbildung der Teilnehmenden zum Sachbearbeiter gesehen.[515] Der Lernort erscheint daher für die Entwicklung von kaufmännischen Kompetenzen für Angestellte oder zukünftige Angestellte auf unterer und ggf. mittlerer Unternehmensstufe wie geschaffen. Demnach ist das Konzept der Übungsfirma nur in geringen Maße für eine Förderung von dispositiven Kompetenzen geeignet.[516] Eine Ausnahme bildet beispielsweise das Unternehmen Bayer, das in seinen Übungsfirmen künftige Abteilungsleiter schult.[517]

Des Weiteren wird das Übungsfirmenkonzept in Berufsförderungs- und Berufsbildungswerken eingesetzt. Hierbei soll den Rehabilitanden die Möglichkeit gegeben werden, einen Großteil der für die Praxis notwendigen Qualifikationen zu erwerben. Dies gilt auch für einige Privatschulen, das Berufsfortbildungswerk des DGB sowie Bildungseinrichtungen der DAG. Sie unterrichten arbeitslose Kaufleute im Auftrag des Arbeitsamtes, um ihnen einen Wiedereintritt in den Arbeitsmarkt zu ermöglichen.[518]

Doch nicht nur in der Erwachsenenbildung findet das Übungsfirmenkonzept Anwendung. Auch allgemein- und berufsbildende, öffentliche Schulen setzen diese Methode mit erhöhtem Eifer ein.[519]

Es kann daher festgehalten werden, dass die Übungsfirma ein weitaus breiteres Spektrum von Bildungseinrichtungen bzw. -maßnahmen abdeckt als das Lernbüro. Ein wesentlicher Grund hierfür scheint die höhere Praxisnähe und die damit verbundene höhere Komplexität zu sein, die für den ganzheitlichen Unterricht in der Erwachsenenbildung angemessener erscheint.

---

515 Vgl. Tramm (1991, S. 249).
516 Vgl. Linnekohl (1984, S. 360).
517 Vgl. Gummersbach (1989, S. 40).
518 Vgl. Gummersbach (1989, S. 40).
519 Vgl. Gummersbach (1989, S. 40).

Die folgende Abbildung soll das Zielgruppenspektrum der Übungsfirma bildlich zusammenfassen.

Abb. 4.8: Zielgruppenspektrum der Übungsfirma[520]

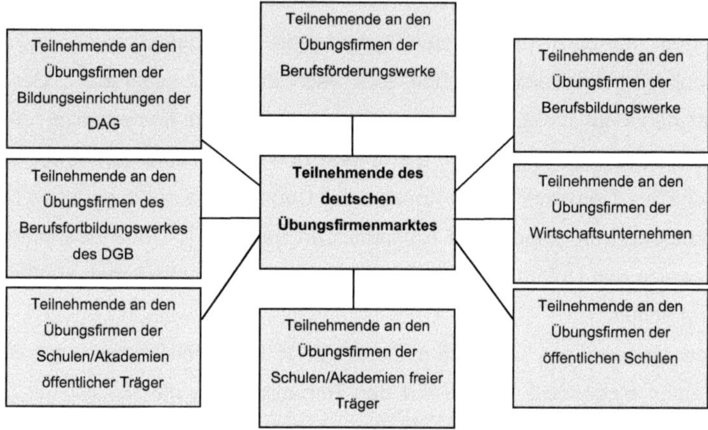

Welchen didaktisch-methodischen Ansprüchen die Lehrform Übungsfirma unter Berücksichtigung der hier vorgestellten Zielgruppen gerecht werden soll, wird im Folgenden erörtert.

4.3.4.3 Zu den unterrichtlichen Entscheidungsfeldern einer Übungsfirma

Die didaktisch-methodische Konzeptionierung einer Übungsfirma weist die meisten Überschneidungen zum Lernbüro auf.

Da eine Übungsfirma jedoch in einem Dachverband organisiert ist und sich unter anderem, im Gegensatz zum Lernbüro, seiner Umwelt gegenüber öffnet[521], sollen die betreffenden didaktisch-methodischen Unterschiede für den Gestaltungsrahmen einer Übungsfirma herausgearbeitet werden.

---

[520] In Anlehnung an Linnekohl/Ziermann (1987, S. 76), vgl. Zentralstelle des Deutschen Übungsfirmenrings (Broschüre 'Lernen und Handeln' - die Übungsfirma), vgl. Linnekohl/Ziermann (1987, S. 76) sowie Gummersbach (1989, S. 40).

[521] Siehe hierzu auch Kapitel 4.3.

Entsprechend dem Berliner Didaktik-Modell nach Heimann sollen die unterrichtlichen Entscheidungsfelder Intention, Inhalt, Methoden und Medien der Übungsfirma untersucht werden. Darüber hinaus findet eine Untersuchung der formativen Lehr-/Lernzielkontrolle statt.

4.3.4.3.1 Exemplarische Lernzielformulierung für die Übungsfirmenarbeit

Für die Darstellung von Lernzielformulierungen soll ein ausgewähltes Beispiel, das des Lernzielkonzeptes der Übungsfirma im Bildungszentrum Villingen-Schwenningen, dienen.[522] Durch dieses Exempel kann der Vielzahl der in den Veröffentlichungen vorzufindenden formulierten Intentionen einer Übungsfirma zusammengefasst begegnet werden, ohne dass es einen Anspruch auf für alle Bildungsgänge zutreffende Vollständigkeit erheben kann und soll.
Bevor der Teilnehmer in das Modell der Übungsfirma in Villingen-Schwenningen eingeführt wird, findet ein Einzelgespräch statt. Auf der Grundlage der Gesprächsergebnisse wird ein individueller Fortbildungsplan erstellt.[523] Hierbei werden vorhandene Kenntnisse und Defizite der Lernenden berücksichtigt, die aufgefrischt bzw. spezialisiert werden sollen.[524] Noch nicht vorhandene Kenntnisse und Fähigkeiten werden ebenfalls in einem persönlichen Fortbildungsplan berücksichtigt. Hieraus resultieren für jede Person individuelle Lernzielformulierungen, die immer wieder dem Kenntnisstand der Teilnehmenden angepasst werden. Auch aktuelle Beschäftigungsangebote des Arbeitsmarktes können zu einer Anpassung der Lernziele führen. Schnelle Reaktionen auf diese Angebote werden durch eine flexible Arbeitsplatzorganisation, die das Erreichen der entsprechenden Lernziele ermöglicht, herbeigeführt.[525]
Im Folgenden werden einige Lernzielformulierungen zur besseren Übersicht in einer Tabelle dargestellt. Hierbei werden Richt-, Grob- und Feinlernziele angeführt, wobei Feinlernziele Überschneidungen zu Groblernzielen aufweisen können.[526] Diese Verschränkung wurde auch schon für das Lernbüro im Kapitel 4.2.4.3.1 beschrieben.

---

522 Vgl. Käfer (1992, S. 85-88).
523 Vgl. Käfer (1992, S. 87).
524 Vgl. Käfer (1992, S. 87).
525 Vgl. Käfer (1992, S. 87).
526 Vgl. zur Einteilung der Lernzielebenen Martial/Bennack (1995, S. 98).

Tab. 4.6: Exemplarische Lernzielformulierungen für die Übungsfirmenarbeit[527]

Richtlernziele
- Wiedereingewöhnung in die Strukturen eines realen Arbeitslebens - Erkennen der eigenen Kenntnisse, Fähigkeiten und Wissenslücken
Groblernziele
- Kenntnisse und Fähigkeiten in Bezug auf neue Arbeitsbedingungen und -technologien erlangen - Betriebs- und volkswirtschaftliche Abläufe in Unternehmen erfassen und verstehen können
Feinlernziele
Kognitive Lernziele
- Beschaffungsplanung und Disposition durchführen können - System der Terminüberwachung im Einkaufs- und Verkaufsbereich verstehen und anwenden - Anfragen anderer Übungsfirmen verstehen und bearbeiten können - Angebotsvergleich kennen, verstehen und durchführen können - den Abschluss von Kaufverträgen mit einem Übungsfirmenpartner wissen, verstehen und real anwenden können - Lohn- und Gehaltskonten kennen, verstehen sowie Personalakten führen können - Kontenführung und -pflege kennen, verstehen und anwenden können
Affektive Lernziele
- Gespräch zur Einstellung und Kündigung von Arbeitsnehmern führen können - Teamsitzungen mitgestalten können - Informationsaustausch zwischen den Abteilungen effektiv mitgestalten können - Kontakte zu anderen Übungsfirmenringmitgliedern pflegen können
Psychomotorische Lernziele
- Versandabwicklungen kennen, verstehen und durchführen können - Ein- und Ausgangspost bearbeiten können

Zusammenfassend bedeutet dies für die zu verfolgenden Intentionen einer Übungsfirma, die Lernenden zu einem exakten, geordneten und gefestigten Wissen, Verstehen und Anwenden der Zusammenhänge kaufmännischer Tätigkeiten zu befähigen.[528] Darüber hinaus werden informationstechnische Kompetenzen, die sich den ständig weiterentwickelnden Informations- und Kommunikationstechnologien anpassen können müssen, vermittelt.[529]

Zusätzlich soll die Fähigkeit erworben werden, betriebliche Probleme zu erkennen, entsprechende Lösungsalternativen zu entwickeln und eine Lösung begründet aus-

---

[527] In Anlehnung an Käfer (1992, S. 87).

[528] Vgl. Frowein (1992, S. 407). Neuweg (2001, S. 240) meint hierzu ergänzend, dass die konkrete Anwendung von in anderen Unterrichtsgegenständen erlernten Sachinhalten im Vordergrund stehe und weniger der Erwerb zusätzlicher fachtheoretischer Kompetenzen.

[529] Vgl. Frowein (1992, S. 407).

zuwählen. Die Problemlösungsfähigkeit soll helfen, das Betriebsergebnis kritisch beurteilen zu können.[530]

Der Erwerb einer Kommunikations- und Kooperationsfähigkeit spielt ebenfalls eine große Rolle,[531] denn Kontakte zu anderen Übungsfirmen und auch die Stellung am Übungsfirmenmarkt bedürfen einer kontinuierlichen Pflege.

Auf den ersten Blick unterscheidet sich diese Lernzieldarstellung nicht erheblich von einer, die auch für ein Lernbüro gelten könnte. Auf den zweiten Blick wird deutlich, dass die Lernziele der Übungsfirma, aufgrund ihres Kontaktes zu anderen Übungsfirmen und ihrer Organisation im Übungsfirmenring, komplexer sind, womit auch ein umfangreicherer Erwerb von Kenntnissen und Fähigkeiten bei den Teilnehmern einhergeht.

Dies führt auch zu inhaltlichen Unterschieden zwischen dem Lernbüro und der Übungsfirma, die im Folgenden unter anderem dargestellt werden.

4.3.4.3.2 Zur inhaltlichen Ausgestaltung der Übungsfirmenarbeit

Bei der Frage nach dem Inhalt, dem Lehrstoff bzw. der Thematik des Übungsfirmenunterrichts ist zu beachten, „dass der Unterrichtsgegenstand nicht etwa vorgefunden, sondern über Prozesse der didaktischen Transformation bzw. Reduktion relevanter Bildungsinhalte modelliert wird."[532] Der Akzent liegt dabei auf der Abbildung von internen und externen Informationsströmen sowie von Arbeitshandlungen im Bereich der kaufmännischen Administration und der Handelskorrespondenz,[533] so dass die operativ-handelnde Auseinandersetzung mit kaufmännischen Tätigkeits- und Problembereichen bzw. die Förderung von extrafunktionalen Kompetenzen im Vordergrund der Übungsfirmenarbeit steht.[534] Dafür müssen vor allem güter- und finanzwirtschaftliche Leistungs- und Transaktionsprozesse auf ein für die Simulationshandlungen notwendiges Maß didaktisch reduziert werden.[535]

Zur Umsetzung der Arbeitshandlungen dienen den Übungsfirmenteilnehmenden Tätigkeitsbeschreibungen, Arbeitsanweisungen u.ä. sowie eigene Unterlagen, Bücher

---

530 Vgl. Frowein (1992, S. 407).
531 Vgl. Frowein (1992, S. 407).
532 Tramm, (1996, S. 268).
533 Vgl. Tramm (1996, S. 85), vgl. Gramlinger (2000, S. 43).
534 Vgl. Tramm (1996, S. 87).
535 Vgl. Tramm (1996, S. 85), vgl. Gramlinger (2000, S. 43).

oder auch aus den Theoriefächern erworbene Kenntnisse.[536] Diese Arbeitsabwicklung soll auf einem weitestgehend selbstständigen Niveau durchgeführt werden, wobei jedoch die individuelle kognitive Durchdringung des Aufgabeninhalts zu berücksichtigen ist. Hiervon hängt ab, wie hoch der jeweilige Handlungsspielraum bei der Aufnahme der Arbeitstätigkeiten gestaltet sein sollte. Durch Wiederholung der Handlung wird jedoch ein wachsendes Verständnis für den Arbeitsinhalt erwartet.[537]
Welche Tätigkeitsfelder bei der Übungsfirmenarbeit unter anderem zu bewältigen sind, kann das folgende Beispiel verdeutlichen. Die dort in groben Zügen dargestellten Aufgabenbereiche einer betrieblichen Organisation sind bei einer Vielzahl von Übungsfirmen vorfindbar.

---

[536] Vgl. Frowein (1992, S. 410-411).
[537] Vgl. hier Frowein (1992, S. 410). Durch das Rotationssystem erhält jeder Teilnehmer die Möglichkeit, die Arbeitstätigkeiten in allen Abteilungen inhaltlich zu durchdringen.

Abb. 4.9: Zu den Tätigkeitsfeldern einer Übungsfirma[538]

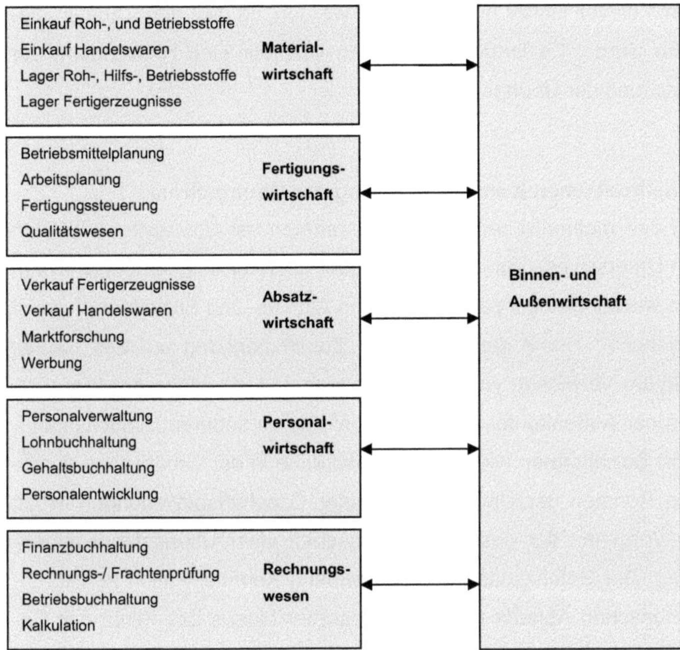

Wie die Abbildung 4.9 nochmals verdeutlicht, gehört es zur Übungsfirmenarbeit im Gegensatz zur Lernbüroarbeit, Kontakte zu anderen Übungsfirmen auf dem Außenmarkt zu unterhalten. Daher kann angenommen werden, dass aufgrund der komplexeren, realitätsnäheren Simulationshandlung in der Übungsfirma umfangreichere inhaltliche Lehr-/Lernprozesse stattfinden müssen.

Es kann darüber nur eine Vermutung geäußert werden, da keine abschließenden wissenschaftlichen Erkenntnisse durch entsprechende Literatur dokumentiert vorliegen. Dies ist insofern nicht verwunderlich, als dass sich sogar im Lehrplan zur Übungsfirma an staatlichen Schulen, wie Neuweg bemerkt, „keine konkreten Hin-

[538] In Anlehnung an Käfer (1992, S. 87) und an die Darstellung der Zentralstelle des Deutschen Übungsfirmenrings (1996, o.S.).

weise auf die in der Übungsfirmenarbeit anzustrebenden theoretischen Lernprozesse und die ihnen korrespondierenden Inhalte"[539] vorfinden ließen.
An dieser Stelle kann dieses Defizit nicht behoben werden, da dies den Rahmen dieser Arbeit sprengen würde. Es findet im Weiteren vielmehr eine Hinwendung zur methodischen Gestaltung der Übungsfirma statt.

4.3.4.3.3 Zur methodischen Konzeptionierung der Übungsfirma

Auch in Bezug auf den methodischen Gestaltungsrahmen der Übungsfirma können keine wesentlichen Unterschiede zum Lernbüro in der Literatur aufgefunden werden. Die Anordnung und wechselseitige Verwendung von Aktions- und Sozialformen weist viele Ähnlichkeiten auf.[540] Somit darf in diesem Zusammenhang auf das Kapitel 4.2.4.3.3 zum Lernbüro verwiesen werden. Ergänzend soll allerdings erwähnt werden, dass aufgrund der Außenkontakte der Übungsfirma zu anderen Simulationsunternehmen vermehrt Sozialformen wie Plenumsgespräche in der Großgruppe durchgeführt werden. Im Rahmen der Unterhaltung realer Geschäftsbeziehungen erhält das geschlossene Vorgehen der gesamten Belegschaft einer Übungsfirma zunehmend an Bedeutung. Die Gefahr, dass eine lückenhafte Kommunikation zu Störungen der unternehmerischen Abläufe führen und darüber hinaus das Klima der Geschäftsbeziehung zu anderen Übungsfirmen beeinträchtigen könnte, kann damit weitestgehend beseitigt werden.
Welche Medien den methodisch handlungsorientiert aufbereiteten Übungsfirmen-Unterricht unterstützen, wird im Weiteren beschrieben.

---

539 Neuweg (2001, S. 240).

540 Folgende Verweise sollen als Beispiele für den ähnlichen Methodeneinsatz dienen: So stellt Linnekohl (1984, S. 359) fest, dass die mitarbeitenden und leitenden Lehrer den Gesamtablauf der Arbeiten überwachen, die Arbeitsplatzbesetzung sowie den -wechsel bestimmen und den Schülern bei der Entscheidungsfindung und deren Realisierung helfen. Zusammen mit Ziermann (1987, S. 80) bekräftigt er, dass die in der Übungsfirma tätigen Lehrkräfte ausgewählte Aufgaben der Geschäftsleitung selbst wahrnehmen und darüber hinaus Hilfestellung geben sollten. Das Problematisieren und Steuern von interessanten Geschäftsfällen sollte ebenfalls zu ihren Aufgaben gehören. Zu dem sollten sie in das Lern- und Arbeitsgeschehen, wenn es notwendig erscheint, eingreifen. Linnekohl/Ziermann (1987, S. 80) führen weiter aus: „Die didaktisch-methodischen Möglichkeiten des Lehrers liegen darin, im Rahmen der Übungsfirmenarbeit selbst Lernprozesse zu initiieren und durch die Eingabe von Entscheidungsfällen, die praktische Umsetzung zuvor vermittelter theoretischer Kenntnisse und Fähigkeiten zu fördern." Fallbeispiele können wiederum aus der Übungsfirma im Unterricht theoretisch vertieft werden. In diesen Punkten wird nochmals die Ähnlichkeit zum Lernbüro verdeutlicht.

4.3.4.3.4 Zur medialen Aufbereitung der Übungsfirma

Die mediale Ausstattung einer Übungsfirma unterscheidet sich ebenfalls kaum von der eines Lernbüros.[541]

Die Übungsfirmenarbeit findet in einem Klassenraum statt, der ähnlich dem Lernbüro wie ein Großraumbüro gestaltet ist.[542] Für einen Besucher bietet sich beim Betreten des Raumes ein Bild, das sich von herkömmlichen Unterrichtsräumen stark unterscheidet.[543] In Allein- oder Gruppenarbeit, versuchen die Schüler berufspraktische Aufgaben zu lösen. In diesem Großraumbüro befinden sich zwischen 12 und 30 Schülerarbeitsplätze. Eine Anordnung von Gruppenarbeitstischen, Einzelschreibtischen sowie Winkelkombinationen zur Unterbringung von PC und Peripheriegeräten ist vorzufinden.[544]

Die technische Ausstattung eines derartigen Büros entspricht dabei weitestgehend der Wirtschaftspraxis.[545] Dies bedeutet, dass ein ausgebautes Formularwesen, Registratursysteme, Karteisysteme usw. ebenso vorhanden sind wie Informations- und Kommunikationsgeräte.[546] Dazu gehören beispielsweise Telefone, Telefax-Geräte, Diktiergeräte und Vervielfältigungssysteme, wie Kopierer oder Drucker.

> „Die schulische Übungsfirma ist also ein Übungsunternehmen, in dem alle bei der Verwaltung des Einzel- und Großhandels-, Dienstleistungs- oder Industriebetriebs anfallenden Tätigkeiten büromäßig abgewickelt werden können. Alles ist echt, nur Ware und Geld existieren ausschließlich auf dem Papier."[547]

Analog zum argumentativen Vorgehen des Kapitels zum Lernbüro, soll nun untersucht werden, inwiefern das Lernen und Handeln der Teilnehmenden in einer Übungsfirma beurteilt werden kann.

---

[541] Aus diesem Grund soll dieser Abschnitt nur in Kürze ergänzend zu Punkt 4.1.6.4 einen Einblick in ein Übungsfirmenbüro geben, damit der Leser einen Überblick über die Ausstattung und deren Handhabung erhalten kann.
[542] Vgl. Linnekohl/Ziermann (1987, S. 78).
[543] Vgl. Frowein (1992, S. 408).
[544] Vgl. Frowein (1992, S. 409).
[545] Siehe hierzu auch Käfer (1992, S. 88), die fordert, dass die Übungsfirma Sachbearbeiter in die Lage versetzen muss, komplexe DV-Programme zu bedienen. Besonders bedeutsam sei dabei, den Teilnehmer anzuleiten, ursprüngliche Betriebsabläufe sowie neue Technologien miteinander zu verbinden.
[546] Vgl. Frowein (1992, S. 409).
[547] Frowein (1992, S. 409).

4.3.4.3.5 Zur formativen Lehr-/Lernzielkontrolle in der Übungsfirma

Klassenarbeiten und Tests können die Leistung der Lernenden in der Übungsfirma nicht valide messen. Die Übungsfirmenarbeit selbst bietet allerdings Ansatzpunkte für aussagekräftige Lernerfolgskontrollen.[548] Als Beispiele sollen hier

> „- Arbeitsproben (ausgehender Schriftverkehr)
> - Erstellung oder Verbesserung von Arbeitsablaufbeschreibungen
> - Einhaltung von Terminen
> - Gewissenhaftigkeit und Ausdauer bei der Arbeitserledigung, insbesondere auch bei Routinetätigkeiten
> - Fähigkeit und Bereitschaft zu Kooperation und Kommunikation“[549]

dienen. Im Wesentlichen unterscheidet sich daher die Leistungsbewertung in der Übungsfirma nicht von der des Lernbüros.[550]

Hiermit wird nun die Untersuchung der mikrodidaktischen Faktorenkomplexe der Übungsfirma abgeschlossen. Das nächste Kapitel beschäftigt sich der Vollständigkeit halber und aufgrund der stark eingeschränkt vorfindbaren Literatur in zusammengefasster Form mit den makrodidaktischen Elementar-Strukturen der Übungsfirma.

4.3.5 Zu den makrodidaktischen Elementar-Strukturen einer Übungsfirma

Der Dozent der Übungsfirma ist ähnlich dem Lernbüro ein Mitarbeiter mit Führungsfunktion. Ausgewählte Aufgaben der Geschäftsleitung sollten durch ihn übernommen werden, ohne dass er dabei eine Unternehmerrolle erhält bzw. einnimmt.[551] Zudem sollte er situationsbezogen Hilfestellung geben und gegebenenfalls in das Lern- und

---

548 Vgl. Linnekohl/Ziermann (1984, S. 82).

549 Linnekohl/Ziermann (1984, S. 82).

550 Vgl. Frowein (1992, S. 411-412), der hierzu Folgendes ausführt: „Arbeitsergebnisse können z.B. als Arbeitsproben (z.B. erstellte Schriftstücke, vorgenommene Ablage, angefertigte Buchhaltungsunterlagen, verarbeitete Daten im Computer usw.) oder als fachliche Arbeit (z.B. Abschluß und Erfüllung von Kaufverträgen oder Durchführung des außergerichtlichen und gerichtlichen Mahnverfahrens) erhoben werden. Es ist auch möglich, praktische und mündliche Leistungsnachweise miteinander zu kombinieren. So kann beispielsweise eine vom Schüler gefertigte Lohn- oder Gehaltsabrechnung am Arbeitsplatz ausgewertet und der Schüler durch zusätzliche mündliche Fragen darauf geprüft werden, inwieweit er das notwendige Verständnis bzw. Hintergrundwissen hat. Siehe hierzu auch Kapitel 4.2.4.3.5.

551 Vgl. Linnekohl/Ziermann (1984, S. 80).

Arbeitsgeschehen steuernd eingreifen und dosierend einwirken.[552] Didaktische Reduktionen sind dabei vom Lehrenden bewusst vorzunehmen, denn der Lernprozess sollte den Arbeitsprozess dominieren.[553] Das bedeutet, dass die Übungsfirmenarbeit sich nicht von betrieblichen und außerbetrieblichen Sachzwängen leiten lassen darf. Die Lehrkraft sollte dies berücksichtigen und dabei unter anderem ihre Fachkompetenz unter Beweis stellen.[554] Zudem ist es notwendig, dass der Dozent die Fähigkeit besitzt, Netzwerke aufzubauen und zu pflegen. Der Kontakt zu realen Wirtschaftsunternehmen, die als Partnerunternehmen der Übungsfirma auftreten könnten, spielt hierbei eine bedeutsame Rolle.

Gewährleistet sein sollte zudem eine Doppelbesetzung von Lehrpersonen während der Unterrichtszeit. Diese Regelung sollte konstitutiven Charakter haben. Die Möglichkeit des 'Team-Teachings' könnte nämlich unter anderem fachliche Synergieeffekte und vor allem eine Teilung der Arbeitsbelastung mitsichbringen. Sinnvoll wäre es, in diesem Zusammenhang Lehrkräfte einzusetzen, die eine hohe Stundenanzahl in der Übungsfirma unterrichten können.[555] Somit wäre ein kontinuierlicher Einblick in das Betriebsgeschehen gewährleistet.

Diese unternehmerischen Prozesse finden, wie im Kapitel 4.3.4.3.4 beschrieben wurde, in einem Großraumbüro statt.

---

552 Vgl. Linnekohl/Ziermann (1984, S. 80).

553 Vgl. Linnekohl/Ziermann (1984, S. 80).

554 Vgl. des Weiteren Käfer (1992, S. 88), die aufzeigt, dass Lehrkräfte im privaten Bildungssektor im Rahmen von Umschulungen Arbeitsloser bzw. –suchender einen weitaus höheren Betreuungsgrad gerecht werden müssen, als es im öffentlichen Bildungsbereich der Fall ist. Die Betreuung der Teilnehmer bei privaten Problemen oder Abwicklungen mit Ämtern bzw. Institutionen wird zumeist von Sozialpädagogen übernommen. Individuelle Ursachen der Arbeitslosigkeit können auch durch vielfältige Gespräche hilfreich aufgedeckt werden. In diesem Zusammenhang werden an die Übungsfirmenleitungen und die einzelnen Ausbilder hohe Anforderungen gestellt. Das Spektrum erstreckt sich vom Vermitteln kaufmännischer Kenntnisse und Fähigkeiten am einzelnen Arbeitsplatz und im Rahmen der Übungsfirma über das Formulieren von Aufgabenstellungen und Abstimmen auf den einzelnen Teilnehmer (Individualisieren von Lernprozessen), bis hin zur Planung, Organisation und Administration eines kaufmännischen Unternehmens mit hoher Fluktuationsrate sowie zu allgemeinen sozialen Hilfestellungen, vgl. Käfer (1992, S. 88). Begleitend findet eine kontinuierliche Aufbereitung der Lernunterlagen und der Unterrichtsgestaltung statt. Durch die Einbettung der Übungsfirma in den Übungsfirmenmarkt ist es notwendig, in einem entsprechenden Rahmen Öffentlichkeitsarbeit, beispielsweise zur Bekanntmachung der Unternehmung, in der Übungsfirmenvolkswirtschaft bzw. für den Auftritt bei Übungsfirmenmessen zu betreiben, vgl. Käfer (1992, S. 88). Der Lehrkraft kommt in solchen Fällen die Aufgabe der Koordinierung diesbezüglicher Tätigkeiten zu, vgl. Käfer (1992, S. 88).

555 Vgl. Linnekohl/Ziermann (1984, S. 80).

> „Die räumliche Nähe zu anderen fachpraktischen Räumen, wie z. B. Bürowirtschafts- und EDV-Räume sowie Druckerei, kann besonders dann hilfreich sein, wenn die einzelne Übungsfirma nicht über eine komplett ausgestattete apparative Einrichtung verfügt, so daß die Büromaschinen und -geräte dieser Fachräume von den Übungsfirmen mitgenutzt werden können.“[556]

Die Übungsfirma sollte daher logistisch sinnvoll in den übergeordneten Lernort eingebettet sein.[557]
Die Aufenthaltsdauer der Lernenden in den jeweiligen Übungsfirmen kann unterschiedlich sein. Sie „liegt zwischen 6 und 24 Monaten bei einer wöchentlichen Arbeitszeit zwischen 5 und 40 Stunden.“[558] Um eine sinnvolle Mitarbeit im Übungsfirmenring gewährleisten zu können, sollten bei der Teilnahme der Übungsfirma folgende zeitliche Richtwerte berücksichtigt werden:

> „a) Der Aufenthalt von Schülern in einer Übungsfirma muß mindestens ein Jahr dauern.
> b) Die wöchentliche Arbeitszeit in der Übungsfirma sollte mindestens sechs bis sieben Unterrichtsstunden (einen Schultag) betragen.
> c) Als Untergrenze für die tägliche Arbeitszeit ist von vier aufeinander folgenden Unterrichtsstunden auszugehen.“[559]

Am Ende jeder Maßnahme sollte im Vordergrund der Leistungsbeurteilung weniger ein in Noten ausgedrücktes Urteil, „sondern ein qualifiziertes (Lern-/Arbeits-)-Zeugnis stehen.“[560] Daher stellen beispielsweise private Bildungsträger, nach Abschluss einer Umschulungsmaßnahme, den Teilnehmenden ausschließlich über ihre Leistung in der Übungsfirma ein detailliertes Zeugnis aus.[561] Dieses ist für den (Wieder-)Einstieg

---

[556] Linnekohl/Ziermann (1984, S. 78).
[557] Vgl. Linnekohl/Ziermann (1984, S. 78). Siehe ergänzend auch die Darstellung des makrodidaktischen Faktorenkomplexes Ort im Kapitel 4.2.5 für das Lernbüro.
[558] Linnekohl/Ziermann (1984, S. 79).
[559] Linnekohl/Ziermann (1984, S. 79). Sie ergänzen hierzu Folgendes (1984, S. 79-80): „Die Erfahrung zeigt, daß bei der Übungsfirmenarbeit meist der Reiz-Reaktions-Mechanismus in Verbindung mit der Schulglocke versagt. Häufig sind die Beteiligten derart in Sachverhalte vertieft, daß man auf Pausen verzichtet und freiwillige Überstunden geleistet werden. Stehen Monate- bzw. Jahresabschlußarbeiten, andere Terminarbeiten oder außerplanmäßige Aktivitäten, z. B. Katalogdruck, an, so wird nicht selten die Arbeitszeit auf den Nachmittag ausgedehnt.“
[560] Linnekohl/Ziermann (1984, S. 82).
[561] Vgl. Käfer (1992, S. 88), die expliziert: „Im Anschluß an die Arbeiten in jeder Abteilung wird eine Lernkontrolle in Form einer hausinternen Prüfung durchgeführt. Die Ergebnisse werden am Ende der Maßnahme durch ein Zeugnis bescheinigt.“

in den Arbeitsmarkt bedeutsam. Potenzielle Arbeitgeber können damit einen Eindruck von den erworbenen Kompetenzen des Bewerbers erhalten.
Dem Kompetenzerwerb in Form des handlungsorientierten Lernens sind allerdings auch Grenzen auferlegt. Aus diesem Grund wird von Vertretern der wirtschaftspädagogischen Disziplin Kritik zum Einsatz der Übungsfirma geäußert. Diese soll im Folgenden vorgestellt werden und damit die Untersuchung der Methodischen Großform Übungsfirma abschließen.

4.3.6 Kritische Anmerkungen zum handlungsorientierten Ansatz der Übungsfirma

Auf eine Beschreibung des handlungsorientierten Ansatzes wurde aufgrund der hohen Ähnlichkeiten zum Lernbüro verzichtet. Es erscheint in diesem Zusammenhang bedeutsamer, kritische Anmerkungen, die hauptsächlich die Übungsfirmenarbeit betreffen, aufzuzeigen.
Durch die kritischen Hinweise zur Übungsfirmenarbeit soll präventiv eine Fehlervermeidung bei der Konzeption der angestrebten universitären Gründungsqualifizierung unterstützt werden.

> „Die mangelnde ökonomische Validität der Übungsfirmen und der sie umgebenden Märkte wurde bereits in den 80er Jahren von Tramm auf Grund seiner Beobachtungen in deutschen Übungsfirmen beklagt."[562]

So stellt er laut Neuweg fest, dass die Verfolgung von Formalzielen, wie Gewinn- bzw. Kostenkriterien, kaum Beachtung findet.[563] Vielmehr stehen fehlerfrei zu bearbeitende und eng gefasste Aufgaben im Mittelpunkt des Übungsfirmengesche-

562 Neuweg (2001, S. 241), vgl. auch Benteler/Kaiser/Korbmacher (1987, S. 136).
563 Ergänzend hierzu sei erwähnt, dass diese Problematik auch bei österreichischen Übungsfirmen vorhanden ist. Folgende Feststellungen von Neuweg (2001, S. 241-242) sollen als Beispiel dienen: So besitzen fast alle Übungsfirmen, als wäre dies der wichtigste Funktionsbereich eines Unternehmens, ein Sekretariat. Knapp 40% besitzen jedoch keine Geschäftsleitung. Ca. 60% der Übungsfirmen haben nach einem abgeschlossenen Jahr nicht bilanziert. Darüber hinaus wird die unternehmerische Leistungserstellung ohne Rücksicht darauf gewählt, ob Abnehmer oder Lieferanten und wie viele Konkurrenzanbieter auf dem Übungsfirmenmarkt vorhanden sind. Zudem fehlt es an rational agierenden Konsumenten, denn Pflicht-belegschaftseinkäufe und Rahmenverträge, in denen sich Übungsfirmen zu Gegenseitigkeitsgesellschaften verpflichten, bestimmen das Tagesgeschäft. Auch Freise (1993, S. 45) meint hierzu, dass die Teilnehmenden leider keine echten Kunden zu Gesicht bekommen. Sie agieren nur und müssen nicht spontan reagieren, wie in der Praxis.

hens. Neuweg beschreibt, dass Tramm daraufhin unter anderem die Abteilung Einkauf in einer Übungsfirma analysierte.[564]
Tramms Beobachtungen zeigen nach Neuweg, dass immer wieder mehr oder weniger regelmäßig wiederkehrende Aufgaben, wie die Bearbeitung von Auftragsbestätigungen oder das Prüfen von Rechnungen, ungefähr 80% der Arbeitsaufgaben betragen. Die klar definierten Abläufe hatten nur einen geringen Komplexitätsgrad.
Ein anderes Beispiel zeigt, dass in vielen Übungsfirmen große Zeitbudgets für die Erstellung von Werbekatalogen und die grafische Gestaltung von Aussendungen aufgewendet wird.[565] Die üblichen wertschöpfenden Abteilungen, wie Einkauf und Verkauf, würden nur selten mit ähnlich hohem Zeitaufwand betrieben.[566]
Des Weiteren konnte zwar durch Lehrkräfte bestätigt werden, dass die Schüler Lernerfolge beispielsweise im Umgang mit modernen Büro- und Kommunikationstechnologien und im sozialen Verhalten (Arbeit im Team, Umgang mit Konflikten) zu verzeichnen hätten, jedoch würde die Übersicht über betriebliche Strukturen und Abläufe, die Fähigkeiten, im Unterricht Gelerntes auf die Übungsfirma zu transferieren und auftauchende Probleme selbstständig zu lösen, deutlich zurückbleiben.[567]
Tramm konnte daher als Befund festhalten, dass für die Teilnehmenden im Rahmen dominierender Routinearbeiten wenig Handlungs- und Entscheidungsspielraum und Möglichkeiten, betriebliche Zusammenhänge zu überschauen, zur Verfügung stünden.[568] Dort, wo sie noch vorhanden sein könnten, werden die Freiheiten durch generelle Anweisungen ersetzt oder nehmen überproportional im Verhältnis zur Wertschöpfung Zeit in Anspruch.[569]
Die Übungsfirmenarbeit gilt daher in verschiedenen Punkten als verbesserungswürdig. Trotzdem hat sich die Übungsfirma als Methodische Großform zur Simulation betrieblicher Praxis vielerorts aufgrund ihres weitestgehend überzeugenden handlungsorientierten Ansatzes und didaktischen Konzeptes durchgesetzt. Abschließend sollen ihre sie auszeichnenden und im Verlauf des Kapitels 4.3 vorgestellten mikro-

564 Vgl. Neuweg (2001, S. 242).
565 Vgl. Neuweg (2001, S. 242).
566 Hierzu meint Neuweg (2001, S. 242) ergänzend, dass in diesem Lichte der Befund geradezu fatal sei, dass etwa 75% der befragten Teilnehmer der Aussage, in ihrer Übungsfirma würde wie in einem richtigen Unternehmen gehandelt, gänzlich oder zumindest teilweise zustimmen.
567 Vgl. Neuweg (2001, S. 241).
568 Vgl. Tramm (1984, S. 364), vgl. Neuweg (2001, S. 242).
569 Vgl. Neuweg (2001, S. 242).

und makrodidaktischen Struktur-Elemente nochmals zusammengefasst dargestellt werden.

4.3.7 Synoptische Darstellung

Abbildung 4.10 stellt zusammenfassend die herausgearbeiteten didaktischen Elementar-Strukturen der Methodischen Großform Übungsfirma in synoptischer Form dar. Im Anschluss daran wird die Methodische Großform Juniorenfirma untersucht und beschrieben.

Abb. 4.10: Formal konstante, inhaltlich variable Elementar-Strukturen zur Konzeption einer schulischen Übungsfirma

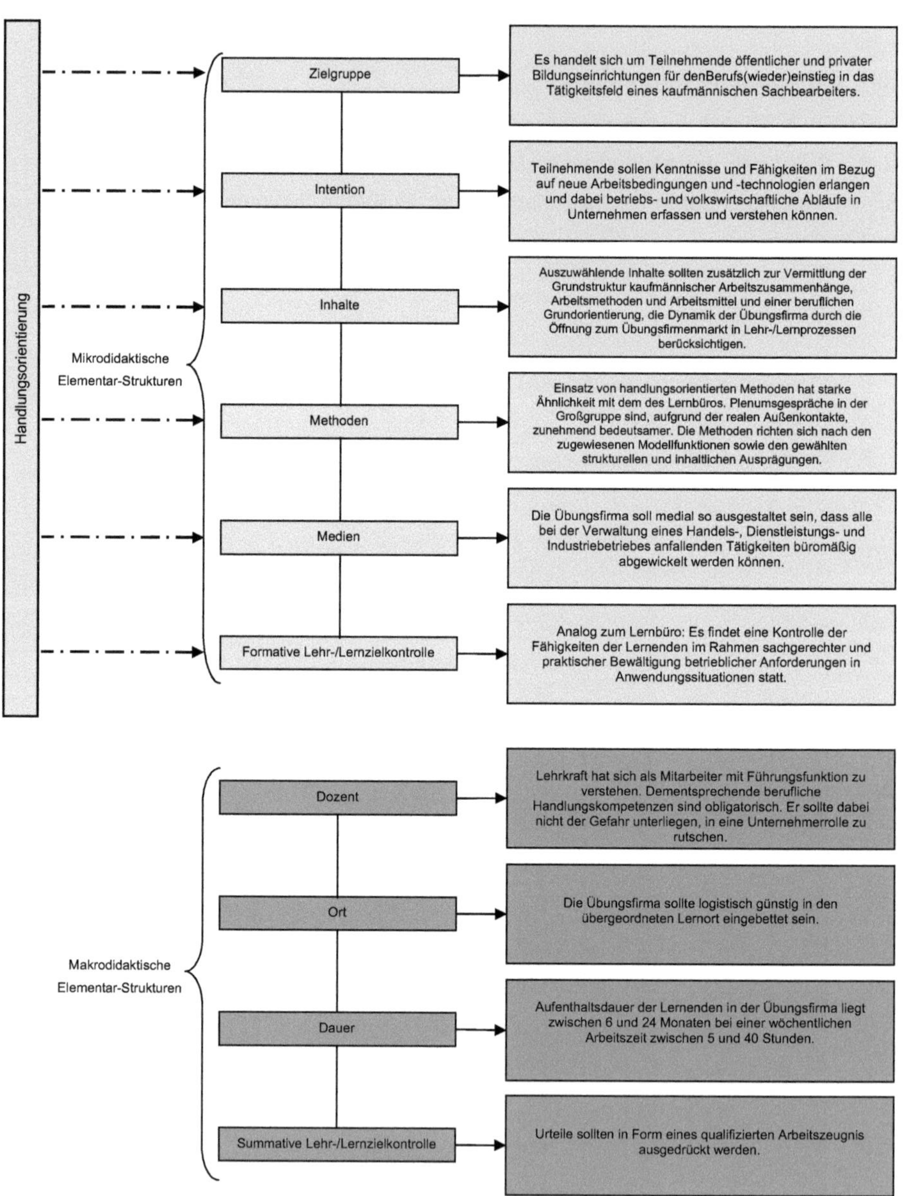

4.4 Zur Juniorenfirma

Im Folgenden soll die letzte der drei Methodischen Großformen im Rahmen der Simulation unternehmerischen Geschehens beschrieben werden. Die detaillierte Darstellung des Lernbüros und der Übungsfirma sowie die bestehenden Strukturidentitäten dieser drei Großformen erfordern nur noch eine kurze Vorstellung der Juniorenfirma. Zunächst soll der Einsatz der Juniorenfirma als Lehr-/Lernmethode begründet werden. Daran schließt sich eine Darstellung verschiedener Ausprägungsformen der Methodischen Großform an. Bevor die mikro- und makrodidaktischen Elementar-Strukturen im Juniorenfirmenkontext beschrieben werden, sollen Formen des rechtlichen Schutzraums dieser Methode vorgestellt werden. Dies scheint aufgrund der realen Aktivitäten der Juniorenfirmen am Markt im Gegensatz zum Lernbüro und zur Übungsfirma ein bedeutsamer Aspekt für ihren reibungslosen Einsatz in einem Lehr-/Lerngeschehen zu sein.

Zur Einführung in die Methodische Großform Juniorenfirma sei erwähnt, dass mit der Juniorenfirma vergleichbare Ausbildungskonzepte schon um 1919 beispielsweise in den USA im Rahmen der 'Junior Achievement companies' entwickelt wurden.[570] In Großbritannien wurde diese Lehrform 'Young Enterprises' genannt und in Frankreich fungierte die Methode unter dem Namen 'Jeunes Entreprises'.[571] Seit einigen Jahren kommen auch in Schweden sogenannte 'Ung Företagsamhet' zur Anwendung. Ähnliche Bewegungen gibt es auch in Australien, Mittelamerika, Kanada, Japan sowie in Südafrika.[572] Als Vorläufer der Juniorenfirma ist im deutschsprachigen Raum vor allem die im Kapitel 4.3 vorgestellte Übungsfirma bekannt. Die erste deutsche Juniorenfirma existiert seit 1975 bei der Zahnradfabrik Friedrichshafen AG.[573] Durch diese methodische Maßnahme konnte der innerbetriebliche Unterricht für Auszubildende des Ausbildungsganges Industriekaufmann/-kauffrau abgelöst werden.[574] Aufgrund

---

[570] Vgl. Albers (1990, S. 565).

[571] Vgl. Albers (1990, S. 565).

[572] Vgl. Albers (1990, S. 565). Eine Beschreibung zu den ausländischen Juniorenfirmen-Konzepten findet sich auch bei Fix (1984, S. 205-211).

[573] Vgl. Miller (1990, S. 247), vgl. Romer (1987, S. 288).

[574] Kaiser (1988, S. 125) führte hierzu näher aus: Große Unternehmen wie Nixdorf, Siemens, das Kaufhaus Horten und andere bauten sogenannte Juniorenfirmen auf, „in denen ganzheitliche Lern- und Arbeitszusammenhänge für die Auszubildenden geschaffen wurden. Bemerkenswert an dieser Entwicklung ist, daß diese Unternehmen bei der Suche nach einer Verbesserung der betrieblichen Ausbildung bewußt auf historische Muster zurückgreifen, die auch im schulischen Bereich seit dem 18. Jahrhundert unter Stichworten wie z.B. Kontorübungen, Schulungsbüro, Übungsfirma, Simulationsbüro und Scheinfirma praktiziert wurden."

des erfolgreichen Einsatzes der Juniorenfirmen zur handlungsorientierten Unterstützung der kaufmännischen Lehr-/Lernprozesse führten weitere Unternehmen diese Methode in ihre betriebsinterne Ausbildung ein, wodurch diese zunehmend anerkannt wurde.[575]

„Die erste *schulische Juniorenfirma* in Deutschland wurde 1987 an *der Constantin-Vanotti-Schule* in Überlingen eingerichtet".[576] Sicherlich gab es an Schulen zuvor schon ähnliche Projekte, beispielsweise in Form eines Schülerzeitungsverkaufs oder der Führung eines Schulkiosks, jedoch mangelte es hierbei an der mit der Gründung eines Unternehmens verbundenen notwendigen Durchdringung von kaufmännischen Tätigkeiten wie Kalkulation, Buchhaltung, Erstellung einer Bilanz usw..[577] Eine Identifikation mit der Gründung eines realen Wirtschaftsunternehmens schlug daher fehl.[578] Dieses Defizit kann durch den Einsatz der Methodischen Großform Juniorenfirma behoben werden.[579] Doch was ist genau unter einer Juniorenfirma zu verstehen?

4.4.1 Zur Definition des Begriffs Juniorenfirma

Miller bezeichnet Juniorenfirmen als 'Reale Übungsfirmen', die real am Markt operieren. Sie arbeiten mit echten Produkten und echtem Kapital.

> „Diese Form des gegenständlichen Lernens bietet eine außerordentlich hohe Motivationsquelle, die nicht zuletzt im gemeinsamen Handeln und Lösen von Problemen begründet liegt." [580]

Kutt erweitert diese Beschreibung einer Juniorenfirma mit der Definition, dass sie eine ergänzende Ausbildungsmethode ist, „die innerhalb der betrieblichen, schulischen oder außerbetrieblichen Ausbildung mit einem Zeitanteil von max. 10 % eingesetzt wird. Sie wird von Auszubildenden oder Schülern in Abgrenzung von der Übungsfirma und dem Lernbüro eigenverantwortlich und selbständig als reale 'Mini-

575 Vgl. Miller (1990, S. 247), vgl. Romer (1987, S. 288), vgl. Löscher (1985, S. 121).
576 Kutt (1996, S. 87).
577 Vgl. Kutt (1996, S. 88).
578 Vgl. Kutt (1996, S. 88).
579 Mathes (1991b, S. 404) verweist diesbezüglich auf Dewey, auf den die Idee des 'Learning by doing' zurückzuführen ist. Die Juniorenfirmenarbeit wird von Geyer/Henze/Strauß (1998, S. 423) explizit als Methode für 'learning by doing' bezeichnet.
580 Miller (1990, S. 247), vgl. Hilt (1996, S. 86), vgl. Becker/Seibel (1997, S. 116).

aturfirma' mit realem Geschäftsbetrieb, Waren oder Dienstleistungen, Geld, Organisation, Kostenrechnung, Verhandlungen usw. geführt.“[581]
Diese Definitionen stellen nach Auffassung der Verfasserin die in der Literatur vorfindbaren prägnantesten Beschreibungen der Juniorenfirma dar. Auf eine eigene Definition soll verzichtet werden, da die weiteren Ausführungen die Juniorenfirma umfassend beschreiben werden.

4.4.2 Zur Legitimation der Einrichtung von Juniorenfirmen

Bisher konnte verdeutlicht werden, dass die Lernenden in der Juniorenfirma im Gegensatz zum Lernbüro und zur Übungsfirma dazu angehalten sind, reale Geschäftsbeziehungen zu pflegen. Damit wird vor allem die Förderung einer 'Kultur der Selbstständigkeit' und darin eingeschlossen eine Auseinandersetzung mit dem Thema der 'beruflichen Selbstständigkeit' bei Auszubildenden und Schülern beabsichtigt. Es darf allerdings damit nicht beabsichtigt werden, dass Betriebe und Schulen eine neue Aufgabe im gesellschaftlichen Krisenmanagement übernehmen und durch die Förderung der 'Kultur der Selbstständigkeit' die Bereitschaft zu unternehmerischen Aktivitäten bei Auszubildenden und Schülern nähren und damit den Arbeitsmarkt entlasten.[582]
Daher stellen sich Fragen: Ist der Einsatz der Methode Juniorenfirma in Betrieben und an Schulen rechtfertigbar? Und inwiefern birgt die Methode Juniorenfirma das Potenzial für Lernchancen?
Weber, so dokumentieren die neueren Veröffentlichungen, beantwortet diese Fragen, indem sie die Juniorenfirma als Fördermaßnahme der 'Kultur der Selbstständigkeit' zwar kritisch betrachtet, in ihr aber auch in Bezug auf innovative Bildungspro-

---

581 Kutt (1999, S. 240).
582 Vgl. Weber (2001, S. 1), die ausführt: „Die Förderung einer 'Kultur der Selbstständigkeit' wird in der Regel begründet durch eine im internationalen Vergleich zu geringe Bereitschaft zu unternehmerischen Aktivitäten. Dies gilt als eine Ursache für die zu geringe Nachfrage nach Arbeitskräften. Für die mangelnde Bereitschaft zu unternehmerischen Tätigkeiten wird neben Kostenbelastungen und bürokratischen Hemmnissen ein unternehmerischen Tätigkeiten wenig aufgeschlossenes und mangelndes fehlertolerantes Klima verantwortlich gemacht, wenn nicht gar ein schlechtes Unternehmerimage apostrophiert wird.“ Siehe zur Grundlegung einer Kultur unternehmerischer Selbstständigkeit in der Berufsbildung auch Bader/Schulz/Unger (2001, S. 78-79).

zesse einen Hoffnungsträger sieht.[583] Dieser Auffassung möchte sich die Verfasserin dieser Arbeit anschließen. Weber stellt des Weiteren fest:

> „Der Trend zur Höherqualifizierung und der Übernahme von Eigenverantwortung auch in der 'traditionellen' Arbeitsgesellschaft verlangt selbstständige ökonomische Kenntnisse, Entscheidungen und Handlungen in vielfältigen Arbeitsfeldern."[584]

Unternehmen und Schulen können dazu dann einen Beitrag leisten, wenn sie Lernende auf eine selbstbestimmte, verantwortliche Bewältigung und Gestaltung von Lebenssituationen vorbereiten.[585] Dabei sollen Auszubildende und Schüler parallel die Option der beruflichen Selbstständigkeit im Blick halten können.[586]
Die Juniorenfirmen der Betriebe und Schulen können dabei unterschiedliche konzeptionelle Ausprägungsformen haben, die im Weiteren vorgestellt werden sollen.

4.4.3 Zu den Ausprägungsformen von Juniorenfirmen

Juniorenfirmenkonzepte werden in unterschiedlichen Ausprägungsformen angeboten. Diese können sich beispielsweise von einer Juniorenfirma, integriert in ein reales Unternehmen, über Miniunternehmen an Schulen bis hin zur mit Partnerschulen aus dem Ausland kooperierenden Juniorenfirmen erstrecken.[587] Die Möglichkeiten der Gründung einer Juniorenfirma sind vielfältig.
Die folgende Abbildung veranschaulicht die typisch vorfindbaren Ausprägungsformen einer Juniorenfirma:

---

583 Vgl. Weber (2001, S. 2).
584 Weber (2001, S. 2), siehe hierzu auch Weber (2000, S. 4).
585 Vgl. Weber (2001, S. 2). Sie expliziert weiter: „Angesichts der Entwicklung im Sozialstaat mögen 'unternehmerische' Entscheidungen als Investition in die Zukunft eine höhere Bedeutung einnehmen als bislang. Eine Kultur der Selbstständigkeit verlangt somit eine Einbeziehung künftiger individuell bedeutsamer Lebenssituationen, ökonomische verantwortlichen Konsequenzen bewussten Denkens, aber auch die Auseinandersetzung mit gesellschaftlichen Schlüsselproblemen. Dabei ermöglicht sie im Rahmen fächerübergreifender Lernprozesse größere Chancen für ökonomisch relevantes Lernen, als in Richtlinien und Stundentafeln explizit vorgesehen ist."
586 Pech/Reuter-Kaminski (2000, S. 28-51) beschreiben beispielsweise in ausführlicher Form eine Unterrichtsreihe zum Thema 'Existenzgründung' für eine Klasse 10 einer Gesamtschule.
587 Vgl. Landesarbeitsgemeinschaft Schule Wirtschaft Thüringen (2000, S. 12).

Abb. 4.11: Erkennbare Ausprägungsformen der Juniorenfirma

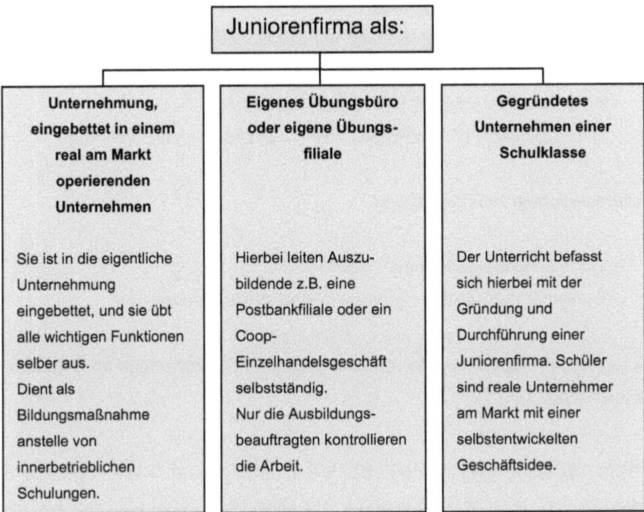

Der weitere Argumentationsverlauf wird sich ausschließlich auf der schulischen Juniorenfirma beschränken, da dieser Ausprägungsform eine Neugründung einer Juniorenfirma zu Grunde liegt und somit einen Gründungsprozess durchläuft. Es wird nicht, wie bei den anderen Ausprägungsvarianten, von vorhandenen Strukturen eines bestehenden realen Unternehmens beeinflusst. Dieses Konzept erscheint vor dem Hintergrund des Erkenntnisinteresses dieser Arbeit, ein methodisch innovatives gründungsspezifisches Qualifizierungsangebot zur Simulation von Unternehmensgründungen zu entwickeln, als didaktische Strukturierungshilfe nützlich.

Für die Umsetzung einer Juniorenfirma an Schulen bestehen bundesweit unterschiedliche regionale und überregionale Programme.

Zu den bekanntesten zählen:

„- 'Junior' (ein Projekt des Instituts der deutschen Wirtschaft)
- 'Schülerunternehmen' (Förderprogramm der Deutschen Kinder- und Jugendstiftung - DKJS)
- 'Trans-Job' (Projekt der Stiftung der Deutschen Wirtschaft)
- 'Get up' (Initiative 'Exist' des BMB+F)
- 'Achievers international' (Achievers International)
- 'Business@school' (ein Projekt von The Boston Consulting Group)

als überregionale Initiativen sowie

- 'Go to school' in Nordrhein-Westfalen und
- 'Schülerfirmen' (BLK Programm) in Baden-Württemberg

als regionale Programme [Hervorhebungen und Formatierungen im Original wurden nicht berücksichtigt; I.E.]“[588].

Diese Konzepte, unabhängig davon, ob sie überregional oder regional angeboten werden, verfolgen alle das Ziel, Schülern die Möglichkeit zu geben, auf spielerische Weise unternehmerisch tätig zu sein. Sie sollen damit erste Einblicke in wirtschaftliche Zusammenhänge erhalten. [589]

Die folgende Tabelle wird diese Programme mit den spezifischen Aspekten ihrer jeweiligen Konzepte nochmals unterscheidend darstellen.

---

588 Landesarbeitsgemeinschaft Schule Wirtschaft Thüringen (2000, S. 12).

589 Vgl. Landesarbeitsgemeinschaft Schule Wirtschaft Thüringen (2000, S. 12). Siehe nähere Beschreibungen zum Projekt 'Go to school' bei Müller/Schulz/Linder/Wischinski (2000, S. 55).

Tab. 4.7: Überblick über Projekte und Programme zu Juniorenfirmen[590]

	Junior	Trans-Job	Schülerfirmen DKJS	Achievers	Get up	Business@school	Go to school	Schülerfirmen BLK
Besonderes Merkmal	umfassendes Konzept mit breitem Angebot für Schüler & Lehrer	Kooperation von Schule und Unternehmen	kein Rechtsstatus, durch Schulleitung als Schulprojekt anerkannt	Produktexport zu Partnerfirma im Ausland	für Gymnasiasten, mit Schülerfirmenwettbewerb	Präsentation des Businessplans vor Jury, Internetwettbewerb	durch Info-Center breites Angebot an Infos für Lehrer & Schüler	Themen der Schülerfirmen rund um Nachhaltigkeitsgedanke
Laufzeit	1 Schuljahr	4 Jahre	mind. 3 Jahre	1 Jahr	1 Schuljahr	1 Schuljahr	bis Oktober 2001	1 Jahr, länger möglich
Zielgruppe	ab Klasse 9	Sekundarstufe I & II	ab Klasse 7	ab 13 Jahre	16-18 Jahre	Klassen 11-13	ab Klasse 7	ab Klasse 10
Anzahl Schüler	10 bis 15	10 bis 20	5 bis 10	8 bis 15	6 bis 8	4 bis 6		mind. 3
Verbreitung	deutschlandweit	deutschlandweit	deutschlandweit	deutschlandweit mit weltweiten Partnerunternehmen	nur in Thüringen	deutschlandweit	nur in Nordrhein-Westfalen	nur in Baden-Württemberg
Kosten/ Finanzierung	Kapital selbst durch Aktien beschaffen	1.250 € Förderung im Jahr	Anschubfinanzierung (keine Rückzahlung)	Kosten 100 Pfund z.B. durch Aktien	keine finanzielle Förderung, Kosten sind selbst zu decken	die Kosten werden durch „The Boston Consulting Group" getragen	keine	Unterstützung bei Grundausstattung, andere Kosten selbst decken (z.B. Sponsor)
Voraussetzung	keine	Zusammenarbeit mit Partnerunternehmen, Betreuung durch Lehrkraft	beratender Lehrer, Anerkennung als Schulprojekt, Schulförderverein hat steuerrechtliche Verantwortung	Zusammenarbeit mit Unternehmer E-Mail, Fax, Telefon	Startkapital nicht mehr als 250 €, Lehrer, Berater aus Wirtschaft	Interesse an Projektarbeit, Möglichkeiten der Recherche im Internet	keine	Aufsicht/ Beratung durch Lehrer, Projekt als schulische Veranstaltung

Da es sich in allen Fällen, im Gegensatz zum Lernbüro und der Übungsfirma, um real am Markt operierende Schülerfirmen handelt, stellt sich die Frage, wie die schulischen Miniunternehmen rechtlich geschützt sind. Darauf soll in den weiteren Ausführungen geantwortet werden.

[590] Vgl. Landesarbeitsgemeinschaft Schule Wirtschaft Thüringen (2000, S. 46-47).

4.4.4 Zur Klärung der Rechtssituation von Juniorenfirmen im Schulkontext

Die vielfältige, ideenreiche und daher inhomogene Projektpraxis der Juniorenfirmen gestaltet eine generelle Klärung der Rechtssituation eher schwierig.[591]
Aufschluss über rechtliche Fragen kann deshalb nicht im Allgemeinen, sondern immer nur über das jeweilige pädagogische Projektkonzept gegeben werden. Demzufolge können verschiedene Konzepte und ihre Zielsetzungen sehr unterschiedliche rechtliche Grenzen und Möglichkeiten haben.[592]
Folgende ausgewählte Zielsetzungen durch den Einsatz der Methodischen Großform werden in der Juniorenfirmenpraxis verfolgt[593]:

- handlungsorientierte Vorbereitung der Schüler auf berufliche Ausbildung,
- Steigerung der ökonomischen Bildung in der Schule,
- Erwerb von Schlüsselqualifikationen wie Eigeninitiative, Teamfähigkeit, Selbstständigkeit, Verantwortungsbewußtsein,
- Sensibilisierung der Schüler für eine spätere selbstständige Tätigkeit,
- Eigenmittelerwirtschaftung für die Schule.

In der gegenwärtigen Juniorenfirmenpraxis lassen sich diesbezüglich vier Möglichkeiten zusammenfassen, den Rechtsstatus der Methodischen Großform zu regeln:

„ 1. [Juniorenfirmen; I.E.] als Schulprojekt ohne eigenen Rechtsstatus,
2. [Juniorenfirmen; I.E.]unter dem Dach des Schulfördervereins,
3. [Juniorenfirmen; I.E.] in Zusammenarbeit mit einer Institution, die den rechtlichen Status sichert,
4. [Juniorenfirmen; I.E.] als Wirtschaftsunternehmen (reale Firmen).[594]“

Eine Entscheidung darüber, welcher Rechtsstatus für das jeweils verfolgte Projekt und seine Ziele gewählt wird, sollte von den Schulen und dem Juniorenfirmenteam entsprechend gefällt werden. Dabei müssen bestimmte Bedingungen für das jewei-

591 Vgl. Finke (2000, S. 51).
592 Vgl. Finke (2000, S. 51).
593 Vgl. Finke (2000, S. 52).
594 Vgl. Finke (2000, S. 52).

lige Konzept erfüllt werden, die im Folgenden in zusammengefasster Form in einer entsprechenden Formatierung aufgeführt werden:

Zu Juniorenfirmen als Schulprojekt ohne eigenen Rechtsstatus[595]

- Keine reale Firma, sondern Schulprojekt mit pädagogischer Zielsetzung,
- Juniorenfirma ist einer realen Firma ähnlich strukturiert,
- Orientierung an realen Rechtsformen, Erarbeitung einer Satzung, Organisation der Arbeit in Abteilungen,
- Schule bietet rechtlichen Schutzraum, wenn
  - Schulleitung Juniorenfirma als Schulveranstaltung anerkennt,
  - Geringfügigkeitsgrenze für Umsatz und Gewinn eingehalten wird, (Jahresumsatz max. 30.000 €, Jahresgewinn max. 3.750 €),
- rechtliche Stellung wie Arbeitsgemeinschaften an Schulen (Aufsichtspflicht),
- keine Anmeldung beim Gewerbeaufsichtsamt,
- keine Abführung von Körperschaftssteuer,
- falls mehrere Juniorenfirmen an einer Schule gegründet werden sollen, muss die gesamte Summe der Umsätze und Gewinne unterhalb der Geringfügigkeitsgrenze bleiben.

Zu Juniorenfirmen unter dem Dach des Schulfördervereins[596]

- Schulförderverein wurde auf Wunsch von Lehrern und Eltern gegründet, um zusätzlich Geldmittel für die Schule zu beschaffen, und das Geld unkompliziert verwalten und verwenden zu können,
- Mittel können aus Fördermaßnahmen, Spenden oder Erwirtschaftung durch die Juniorenfirma stammen,
- Juniorenfirma ist Projekt unter dem Dach des Schulfördervereins ohne eigenen Rechtsstatus,
- versicherungsrechtliche Fragen entsprechen rechtlicher Stellung von Arbeitsgemeinschaften (siehe vorheriges Konzept),
- aus steuerrechtlicher Sicht gilt das Vereinsrecht,
- Geringfügigkeitsgrenze (siehe vorheriges Konzept),[597]
- wird die Summe der Geringfügigkeitsgrenze übertroffen, ist die Bedingung für Steuerbefreiung, dass mit dem Gewinn gemeinnützige Zwecke finanziert werden,
- Zuordnung zu realen Rechtszusammenhängen wird Schülern erschwert, da die Juniorenfirma Bestandteil eines komplexen Gebildes des Fördervereins, der mehrere Einnahmequellen haben kann, ist,
- Entscheidungs- und Verantwortungsspielraum der Schüler sind durch übergeordnete Interessen eingeschränkt.

Zu Juniorenfirmen in Zusammenarbeit mit einer Institution, die den rechtlichen Status sichert[598]

- Eine Institution ist beispielsweise das in Köln ansässige Institut der deutschen Wirtschaft mit dem Projekt 'Junge Unternehmer initiieren, organisieren und realisieren' ('JUNIOR'),
- Juniorenfirma produziert eigene Güter und/oder handelt mit ihnen bzw. bietet eine eigene Dienstleistung an,
- Schüler gründen eigenes Unternehmen und lernen wirtschaftliche Zusammenhänge sowie unternehmerisches Denken und Handeln kennen,
- Miniunternehmen wird im Rahmen von 'JUNIOR' ein Jahr geführt, nach Beendigung des Jahres wird die Arbeit in der Juniorenfirma mit dem 'Institut der Deutschen Wirtschaft' abgerechnet,

---

595 Vgl. Finke (2000, S. 53-54).
596 Vgl. Finke (2000, S. 54-55).
597 Siehe hierzu auch Osburg (2002, S. 321).
598 Vgl. Finke (2000, S. 55-56).

- Teilnahme an 'JUNIOR' findet unter Einhaltung seiner Vorgabe und Regelungen statt,
- rechtliche Fragen werden mit dem Institut vertraglich geregelt,
- Juniorenfirmen nehmen am realen Wirtschaftsverkehr teil,
- eine Dokumentation des Projektverlaufs findet sich ausführlich in einem eigens dafür hergestellten Handbuch,
- werden die dort aufgeführten Bestimmungen nicht eingehalten, trägt 'JUNIOR' keine Verantwortung,
- die Rechtssicherheit durch die Teilnahme an 'JUNIOR' besteht während der gesamten einjährigen Juniorenfirmenarbeit.

Zu Juniorenfirmen als Wirtschaftsunternehmen (reale Firmen)[599]

- Juniorenfirma soll absoluten Ernstcharakter haben,
- größtmögliche Selbstständigkeit von zumeist volljährigen Jugendlichen wird angestrebt,
- dieses Konzept bietet die Möglichkeit, die Arbeit einer Juniorenfirma eigenständig zu überschauen, umzusetzen und zu verantworten,
- Orientierung auf berufliche Selbstständigkeit,
- reale Rechtsstatuswahl, beispielsweise (GbR), ist möglich und bietet damit vollständige Eigenständigkeit,
- Schule fungiert nicht mehr als rechtlicher Schutzraum, kann aber trotzdem beispielsweise durch Bereitstellung von Räumlichkeiten unterstützend wirken,
- Regelungen des Handelsgesetzbuches (HGB) sind in vollem Umfang für die Juniorenfirma verbindlich,
- Juniorenfirma nimmt am realen Markt mit allen Risiken teil, sollte Gewinne erzielen und sich im Wettbewerb behaupten,
- pädagogische Absichten, wie Fehler machen zu dürfen oder auch weniger leistungsstarken Schülern langfristige Entwicklungsmöglichkeiten zu gewähren, treten deutlich in den Hintergrund.

Die Entscheidung für eine dieser Möglichkeiten, eine Juniorenfirma rechtlich zu schützen, sollte möglichst gemeinsam und schriftlich durch Projektverantwortliche und -beteiligte geregelt werden.[600]

Es darf zusammenfassend konstatiert werden, dass die Juniorenfirma auf der einen Seite ein pädagogischer Schutzraum sein sollte, sie sollte jedoch auch auf der anderen Seite einen möglichst hohen Grad an Realitätsnähe aufweisen, damit Schüler reale Rechtszusammenhänge nachvollziehen können. Ihnen sollte innerhalb möglichst klarer Grenzen ein großer Spielraum für selbstständige Entscheidungen eingeräumt und das Tragen eigener Verantwortung auferlegt werden.

In der folgenden Darstellung in Anlehnung an Gerbershagen werden nochmals die rechtlichen als auch steuerrechtlichen Bedingungen für die Juniorenfirma in manchen Punkten um die bisherigen Ausführungen ergänzt.

---

[599] Vgl. Finke (2000, S. 56-57).
[600] Vgl. Finke (2000, S. 57).

Abb. 4.12: Ergänzende Informationen zu rechtlichen und steuerlichen Fragestellungen in Bezug auf eine Juniorenfirma[601]

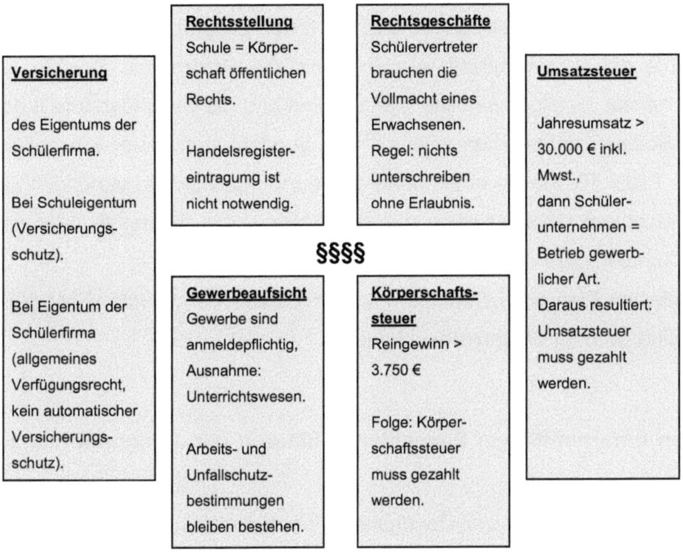

Versicherung
des Eigentums der Schülerfirma.
Bei Schuleigentum (Versicherungsschutz).
Bei Eigentum der Schülerfirma (allgemeines Verfügungsrecht, kein automatischer Versicherungsschutz).

Rechtsstellung
Schule = Körperschaft öffentlichen Rechts.
Handelsregistereintragumg ist nicht notwendig.

Rechtsgeschäfte
Schülervertreter brauchen die Vollmacht eines Erwachsenen.
Regel: nichts unterschreiben ohne Erlaubnis.

§§§§

Gewerbeaufsicht
Gewerbe sind anmeldepflichtig, Ausnahme: Unterrichtswesen.
Arbeits- und Unfallschutzbestimmungen bleiben bestehen.

Körperschaftssteuer
Reingewinn > 3.750 €
Folge: Körperschaftssteuer muss gezahlt werden.

Umsatzsteuer
Jahresumsatz > 30.000 € inkl. Mwst., dann Schülerunternehmen = Betrieb gewerblicher Art.
Daraus resultiert: Umsatzsteuer muss gezahlt werden.

Im Weiteren werden, ähnlich dem Vorgehen für das Lernbüro und die Übungsfirma, die mikro- und makrodidaktischen Elementar-Strukturen einer schulischen Juniorenfirma untersucht und dargestellt.

4.4.5 Zu den mikrodidaktischen Elementar-Strukturen der Juniorenfirma

Aufgrund bestehender Strukturidentitäten zwischen dem Lernbüro, der Übungsfirma und der Juniorenfirma werden die Ausführungen der unterrichtlichen Elementar-Strukturen relativ komprimiert ausfallen. Zunächst soll die Zielgruppe der schulischen Juniorenfirmenarbeit und dann ihre entsprechenden unterrichtlichen Entscheidungsfelder beschrieben werden. Es schließt hieran die Darstellung der formativen Lehr-/Lernzielkontrolle in der Juniorenfirma an.

---

[601] In Anlehnung an Gerbershagen (2001, S. 8).

4.4.5.1 Zur Zielgruppenanalyse der schulischen Juniorenfirma

An dieser Stelle soll auf das Kapitel 4.4.3 verwiesen werden. Dort wurde in der Tabelle 4.7 eine Übersicht von verschiedenen Initiativen zur schulischen Juniorenfirmenarbeit gegeben. Unter anderem wurde dort auch das Zielgruppenspektrum vorgestellt. Es konnte dabei verdeutlicht werden, dass die Programme Schüler ab Klasse 7 bis zur Klasse 13 allgemeinbildender Schulen und die Sekundarstufe II der berufsbildenden Schulen ansprechen wollen.[602] Es versteht sich dabei von selbst, dass Schüler der 7. bis 10. Klasse einen höheren Betreuungsaufwand benötigen als dies bei älteren Schülern beispielsweise aus der gymnasialen Oberstufe oder der berufsbildenden Schulen der Fall ist.[603]
Wie die unterrichtlichen Elementar-Strukturen für den Einsatz der Juniorenfirma hierbei zu gestalten sind, wird im Weiteren beschrieben.

4.4.5.2 Zur den unterrichtlichen Elementar-Strukturen der Juniorenfirmenarbeit

Im Gegensatz zum Lernbüro und zur Übungsfirma werden die unterrichtsbedingenden Entscheidungsfelder für die Juniorenfirma nicht mehr einzeln sondern insofern zusammengefasst vorgestellt, als dass der intentionale und inhaltliche Faktorenkomplex sowie der methodische und mediale Faktorenkomplex gekoppelt werden. Aufgrund der unter den drei Methodischen Großformen bestehenden Strukturidentitäten würde eine detaillierte Darstellung hauptsächlich zu hohen Überschneidungen mit den bisherigen Ausführungen zum Lernbüro und zur Übungsfirma führen, die durch das folgende komprimierte Vorgehen vermieden werden können.

4.4.5.2.1 Zur intentionalen und inhaltlichen Ausgestaltung der Juniorenfirma

Eine aktive und kreative Lernform, wie die der schulischen Juniorenfirma, kann die Entwicklung verschiedener Schlüsselqualifikationen bei den Schülern fördern. Diese kommen dabei dem Allgemeinbildungsideal recht nahe. Selbstständiges, kreatives und eigenverantwortliches Handeln ermöglicht die Fähigkeitsentfaltung der Schü-

---

[602] Vgl. Institut der deutschen Wirtschaft (1997, S. 8).
[603] Vgl. Hüchtermann/Kenter (1996, S. 10).

ler.[604] Die große Stärke der Juniorenfirmen besteht sicher darin, dass Intentionen wie die Förderung von Sozialkompetenz sowie die Entwicklung von beruflichen Wertesystemen in einem realitätsnahen und handlungsorientierten Kontext umgesetzt werden können.[605] Fix hat diesbezüglich schon Mitte der 80er Jahre verschiedene spezifische Teilkompetenzen bzw. Schlüsselqualifikationen der beruflichen Handlungskompetenz, die insbesondere durch den Einsatz einer Juniorenfirma gefördert werden können, zusammengestellt. Diese werden im Folgenden in zusammengefasster Form veranschaulicht[606]:

Fachkompetenz

- Einsicht in unternehmerische Gesamtzusammenhänge gewinnen,
- Verständnis für das Zusammenwirken der Güter- und Geldkreisläufe im Unternehmen erhalten,
- Fähigkeit, kaufmännische Arbeitsaufgaben bewältigen zu können,
- Selbstständiges Entscheiden, Planen, Durchführen und Kontrollieren strategischer und unternehmerischer Vorgänge in der Juniorenfirma anwenden können.

Methodenkompetenz

- Entwicklung und Bewertung von Lösungsstrategien zur Bewältigung von auftretenden unternehmerischen Problemen durchführen können,
- Entscheidungen und Zielvereinbarungen im Team treffen können,
- Handlungsabläufe selbstständig planen und entwickeln können.

Sozialkompetenz

- Kooperatives Verhalten entwickeln und anwenden können,
- Sachliche Streitkultur entwickeln können,
- Fähigkeit, Kritik konstruktiv anwenden und verarbeiten zu können,
- Fähigkeit, Mitschüler motivieren zu können,
- Teamarbeit umsetzen können,
- Unternehmerisches Verantwortungsbewußtsein entwickeln können,
- Argumentations- und Verhandlungsgeschick kultivieren können.

---

604 Vgl. Weber (2001, S. 1-2).
605 Vgl. Boerger (2002, S. 295).
606 Vgl. Fix (1985, S. 13), vgl. Fix (1988, S. 140-141), vgl. Fix (1989, S. 18-19), vgl. Sommer/Fix (1989, S. 183-184)), vgl. Bauer/Stexkes (1986, S. 373), vgl. Zedler (1986, S. 88), vgl. Kutt (1987, S. 163-164), vgl. Richter (1999, S. 13), vgl. Romer (1985, S. 111), vgl. Odrich-Liebthal (1985, S. 123), vgl. Hilt (1994, S. 117-118), vgl. Mathes (1991a, S. 85).

Das Ziel, diese Kompetenzen bei den Schülern im Rahmen der Juniorenfirmenarbeit zu fördern, ist interdependent zur Inhaltsauswahl des handlungsorientierten Lehr-/Lernprozesses. Wirtschaftliche, unternehmerische Vorgänge müssen vom Schüler selbstständig durchschaut werden. Das Interesse, ein Grundverständnis über die betrieblichen Zusammenhänge sowie unternehmerisches Denken und Handeln zu erwerben, sollte beim Schüler entwickelt werden. Ökonomische Bildung greift hierbei aber noch weiter: Es kann als bedeutsam erachtet werden, dass Schüler ihr Leben beispielsweise als Konsument, als mündiger Bürger und als Berufssuchender unter Berücksichtigung von ökonomischen Gesichtspunkten reflektieren können.[607]

Osburg hat diesbezüglich aktuelle Inhalte für die Juniorenfirmenarbeit offen gelegt, indem er „ökonomische Inhaltsfelder und Unterrichtseinheiten im Fach Wirtschaft (Privater Haushalt, Betrieb, Wirtschaftsordnung, Staat und Internationale Wirtschaftsbeziehungen)"[608] untersucht hat.

Die folgende Tabelle soll die dabei verfolgten inhaltlichen Bezugsmöglichkeiten in einer Juniorenfirma exemplarisch verdeutlichen:

[607] Vgl. Osburg (2001, S. 14).
[608] Osburg (2001, S. 15).

Tab. 4.8: In der Schülerfirma offen gelegte Inhalte[609]

Offenlegung von	In der Schülerfirma offen gelegt durch:	Unternehmens-abteilung
1. ... wirtschaftlichen Zusammenhängen		
Ziel-Mittel-Knappheiten	Beeinflussung der Produktionshöhe durch eingeschränkte Personal- und Zeitressourcen in der Schule.	Produktion
Nutzen-Kosten-Überlegung	Einfluss der kosten- und zeitintensiven Werbung auf den Umsatz.	Leitung Absatz
Wirkungszusammenhänge im Wirtschaftskreislauf	Das Schülerunternehmen im Wirtschaftskreislauf; Rolle und Funktion der Unternehmen im Wirtschaftskreislauf.	Externe Faktoren
Ursachen gesamtwirtschafltlicher Instabilität	Arbeitslosigkeit als Wirkung gesamtwirtschaftlicher Instabilität und ihre Minderung durch Existenzgründungen.	Externe Faktoren
Risiko	Das finanzielle Risiko einer Geschäftsidee der Schülerfirma abschätzen.	Leitung Controlling
Mögliche Zielkonflikte	In der Schülerfirma auftretende ökonomische Probleme ökologischen Wirtschaftens durch schlechte Absatzmärkte.	Absatz
2. ... Grundsätzen der Wirtschaftsordnung		
Marktmechanismus	Preisbildung in der Schülerfirma	Controlling Planung
Wettbewerb	Das Schülerunternehmen im Wettbewerb mit ortsansässigen Unternehmen.	Absatz
Staatliche Wirtschaftspolitik in der sozialen Marktwirtschaft	Regelungen der staatlichen Wirtschaftspolitik ermitteln, die in der Schülerfirma nicht greifen, aber auf andere Unternehmen zutreffen.	Externe Faktoren
3. ... politischen Zusammenhängen		
Interessen	Motive potentieller Sponsoren	Leitung Marketing
Macht	Wirkung der Fürsprache des Rektors, Bürgermeisters etc.	Marketing Absatz
Konflikt	Schwierigkeiten der Demokratie in der Schülerfirma	Leitung Personal
Recht (Wirtschaftsverfassung)	Rechtsform der Schülerfirma	Hauptversammlung
4. ... ethischen Grundfragen der Gesellschafts- und Wirtschaftsordnung		
Freiheit	Die Freiheit des Einzelnen und die Regeln zur Zusammenarbeit in der Schülerfirma.	Hauptversammlung
Gerechtigkeit	Harmonisierungsnotwendigkeit von Leistung und Lohn in der Schülerfirma?	
Sicherheit	Unternehmertätigkeit und Daseinsvorsorge	
Erhaltung der Natur	Nutzen ökologischer Produkte/Spannungsfeld zwischen ökonomisch effizientem und ökologisch-ethischem Wirtschaften.	

Abschließend soll festgehalten werden, dass für die Vorbereitung der Schüler auf eine Berufsorientierung bzw. spätere berufliche Selbstständigkeit relevant ist, in der Juniorenfirmenarbeit eine vertiefte inhaltliche Auseinandersetzung mit den betrieblichen Entscheidungs- und Handlungsfeldern stattfinden zu lassen, so dass bei den Schülern eine ökonomische Grundbildung gefördert werden kann.[610] Dadurch erhalten sie eine handlungsorientiert vermittelte, breite und gleichzeitig vertiefte Fachkompetenz. Welche methodische und mediale Gestaltung für den schüleraktivierenden Lernprozess in der Juniorenfirma notwendig ist, soll im Weiteren erörtert werden.

[609] In Anlehnung an Osburg (2001, S. 15-16).
[610] Vgl. Osburg (2001, S. 16).

4.4.5.2.2 Zur methodischen und medialen Konzeptionierung der Juniorenfirma

Die Juniorenfirma weist in ihrer methodischen Gestaltung Strukturidentitäten zum Lernbüro und zur Übungsfirma auf. Schriefer bestätigt dies wie folgt:

> „Betrachtet man die methodischen Aspekte, so
> - stellt die gestaltungsorientierte Unterrichtsform das Fundament dar,
> - müssen die Zusammenhänge der Strukturen verdeutlicht werden,
> - kann auf einen Methodenwechsel nicht verzichtet werden,
> - muss man sich den Organisationsformen der Praxis anpassen,
> - sollten Freiräume für individuelle Problemlösungen vorhanden sein,
> - ist flexibler Medieneinsatz unumgänglich."[611]

Eine ausdifferenzierte Darstellung des Methodeneinsatzes findet in Veröffentlichungen zur Juniorenfirmenarbeit nur mit Einschränkung statt. Ein Grund erscheint die spezifische Ausrichtung des Lehr-/Lerngeschehens dieser Methodischen Großform zu sein, die darauf abzielt, den Lernenden selbstständig und weitestgehend ohne Anleitung eigene Strukturen und Gestaltungsparameter für die Juniorenfirma, im Sinne des 'learning by doing', entwickeln zu lassen.[612] Der eigendynamische Gründungsprozess des Juniorenfirmenprojektes erhält dabei zunehmend komplexere Ausmaße, in denen die methodische Gestaltung des Unterrichts von der Lehrperson[613] nicht mehr im Detail geplant werden kann. Durch die Eigendynamik und die zunehmende Komplexität der Juniorenfirmenarbeit kann deshalb eher von einem Automatismus des methodischen Handelns bei den Lernenden gesprochen werden.
Mit dem Fortschreiten ihres Gründungsvorhabens und dem anschließenden Eintritt am Markt sind sie zu dem mehr und mehr aufgefordert, Ergebnisse ihres Arbeitsprozesses, beispielsweise in Form einer Gewinn- und Verlustrechnung, zu präsentieren. Hierzu können unterschiedliche Präsentationstechniken eingesetzt und erprobt werden. Die Anwendung dieser Techniken kann auch dann nützlich sein, wenn beispielsweise das Juniorenfirmenprojekt in Rahmen von Projektwochen an den Schu-

---

611 Schriefer (2001, S. 407).

612 In diesem Zusammenhang ist zu erwähnen, dass Simulationsmethoden wie das Rollenspiel und Planspiel im Rahmen der Juniorenfirmenarbeit weniger bedeutsam sind.

613 Die Lehrperson agiert, genau wie im Lernbüro und in der Übungsfirma, im Hintergrund des Lehr-/Lerngeschehens.

len oder auf Prämierungsveranstaltungen für Juniorenfirmen (z.B. 'JUNIOR')[614] vorgestellt werden soll. Hierzu sind entsprechende Präsentationsmedien und technische Geräte bereit zu stellen, die von den Schülern eigenständig bedient werden sollten.[615]

Die Lernenden sind zudem bei all ihren Arbeitsprozessen dazu aufgefordert, ihr Unternehmen gemeinschaftlich zu leiten. Ein reibungsloser Kommunikationsfluss ist an dieser Stelle bedeutsam. Daher sollte die Lerngruppe Methoden der Gesprächsführung entwickeln, um Diskussionen selbstständig und ohne Leitung der Lehrperson, führen zu können. Unterstützend können hierfür verschiedene Moderations- und Diskussionstechniken angewandt werden, in die die Schüler dementsprechend einzuweisen sind.

Inwiefern das eigenständige Handeln der Schüler im Juniorenfirmenprojekt kontrolliert bzw. bewertet werden kann, wird im folgenden Kapitel beschrieben.[616]

4.4.5.2.3 Zu den Möglichkeiten der formativen Lehr-/Lernzielkontrolle

Die handlungsorientierte Juniorenfirmenarbeit verlangt, ähnlich dem Lernbüro und der Übungsfirma, nach anderen Formen der Lehr-/Lernzielkontrolle, als sie für einen tradierten Unterricht bekannt sind. Dadurch, dass auf der einen Seite die Juniorenfirma im hohen Maße von den Lernenden selbstständig organisiert und gestaltet werden soll, die Juniorenfirmenarbeit auf der anderen Seite allerdings oftmals zu den ersten Erfahrungen gehört, die Schüler mit eigenverantwortlicher Projektarbeit machen, treten Unsicherheiten in Bezug auf die Bewertung des eigenen Handelns auf. Dieses Dilemma löst sich zumeist schon nach wenigen Sitzungen auf, da sich die Schüler relativ schnell an das eigenständige Handeln gewöhnen.[617] Sie ergänzen sich in ihren Stärken und Schwächen und können voneinander lernen.[618] Mögliches fehlerhaftes Arbeiten oder auch Mißerfolge spornen zu höheren Leistungen an.[619]

---

614 Vgl. Hüchtermann/Kenter (1996, S. 26-28).
615 Zudem können Medien wie Arbeitsblätter, Formularwesen etc. die Juniorenfirmenarbeit unterstützen.
616 Vgl. Schriefer (2001, S. 407).
617 Vgl. Hüchtermann/Kenter (1996, S. 25), vgl. hierzu auch den Prozess der Selbstüberprüfung des Handlungserfolges bei Bunk (1985, S. 26-27).
618 Vgl. Schriefer (2001, S. 407).
619 Vgl. Schriefer (2001, S. 407).

Aus dieser intrinsischen Motivation[620] heraus findet weitestgehend eine eigene Kontrolle der Leistung statt. Die Lernerfolgskontrolle durch den Lehrenden kann dabei beispielsweise durch individuelle Gespräche erfolgen, in denen über Aufgabenfelder in der Juniorenfirma und ihre Relevanz für das Unternehmen seitens des Lernenden reflektiert wird.[621] Transferleistungen der Schüler durch Übertragung eigener in der Juniorenfirma gemachter Erfahrungen auf andere praxisrelevante Situationen sowie persönliche Entscheidungsfindungen werden beispielsweise durch schriftliche Bearbeitung von Fallstudien erbracht.[622] Der Lehrende sollte die Erkenntnisse der dargestellten Lehr-/Lernkontrollen mit den gewonnenen Eindrücken über das Arbeitsverhalten der einzelnen Schüler ergänzen, um einen Gesamteindruck über den Lehr-/Lernerfolg zu erhalten.

Ähnlich des Argumentationsganges für das Lernbüro und die Übungsfirma folgend, werden im Weiteren die makrodidaktischen Implikationen der Juniorenfirma untersucht.

4.4.6 Zu den makrodidaktischen Elementar-Strukturen der Juniorenfirma

Der Lehrende in der Juniorenfirma übernimmt im höheren Maße als es bei dem Lernbüro und der Übungsfirma der Fall ist, die Rolle des Moderators. Hierdurch tritt der Lehrende in den Hintergrund des komplexen Lehr-/Lerngeschehens, für das daher der Einsatz des 'Team-Teachings', ähnlich der ersten beiden dargestellten Methodischen Großformen, aufgrund der dadurch gewährleisteten Kontrolle der im Laufe des Prozesses zunehmenden Eigendynamik einer Juniorenfirma, als sinnvoll erachtet wird. Die Lehrenden sollen sich dabei gegenseitig im Rahmen fach- und verhaltensbezogener Kompetenzen ergänzen.

---

620 Vgl. Heckhausen (1989, S. 465). Prenzel (1988, S. 58) beschreibt, dass intrinsische Motivation auch mit dem Begriff Interesse in Verbindung gebracht wird.
621 Vgl. Hüchtermann/Kenter (1996, S. 24).
622 Vgl. Hüchtermann/Kenter (1996, S. 24).

> „Sie müssen neben der Fachkompetenz in zunehmendem Maße auch über Methodenkompetenzen verfügen. Als wesentlich sollen an dieser Stelle Leistungs-, Beratungs-, Medien-, Diagnose- und Kompetenz [sic! I.E.] der Unterrichtsmethodik erwähnt werden. Aber auch die Sozialkompetenz sowie die Eigenkompetenz dürfen nicht unterschätzt werden, da sie wesentlich zum Gelingen einer gestaltungsorientierten Unterrichtseinheit [...] beitragen."[623]

Der Lehrer tritt nunmehr als Pate der Juniorenfirma gegenüber den Unterstützern, Kunden und Lieferanten auf.[624] Er übernimmt die Funktion des Schirmherrn, der lenkende Impulse gibt. In Ausnahmefällen übernimmt er auch in Theoriephasen, beispielsweise bei der Vermittlung einer Bilanzerstellung sowie einer Gewinn- und Verlustrechnung, den dominanten Part.[625]

Das Projektteam arbeitet zumeist in den Räumlichkeiten der Schule.[626] Je nach Ausstattung der Schule steht ihm dabei ein breites Medienequipment zur Verfügung. In manchen Fällen werden die Juniorenfirmenprojekte auch im Klassenzimmer eher spartanisch durchgeführt, wobei dann für die Gruppenarbeit die Sitzordnung kurzfristig verändert wird.

Das Unterrichtsgeschehen sollte grundsätzlich zeitlich flexibel gestaltet werden. Abweichungen vom regelmäßigen Stundenrhythmus sollten möglich sein.[627] Je nach unternehmerischen Belangen reicht eine Unterrichtssequenz nicht aus. Vorteilhaft kann es weiterhin sein, wenn die Juniorenfirmenarbeit am Ende eines Schultages stattfindet. Für die persönliche Kontaktaufnahme seitens der Schüler mit Geschäftspartnern kann die Schule gegebenenfalls verlassen werden, ohne dass die Teilnahme an anderen Unterrichtsfächern gefährdet ist.

Unabhängig davon verlangt dieses zeitlich variable Vorgehen auch ein geschlossenes Verhalten im Team.[628] Hierdurch kann ein gemeinsames, erfolgreiches Arbeiten gewährleistet werden.

Am Ende eines jeden Schulhalbjahres erhalten die Schüler für die erbrachten Leistungen in der Juniorenfirma eine Gesamtnote auf ihrem Zeugnis. Für welches Fach

---

623 Schriefer (2001, S. 408).

624 Vgl. Hüchtermann/Kenter (1996, S. 14). Hirschberger (1985, S. 94) weist darauf hin, dass der Ausbilder, darauf achten sollte, sich nicht vom Berater zum Unternehmer zu entwickeln.

625 Vgl. Hüchtermann/Kenter (1996, S. 25).

626 Anmerkung der Verfasserin: Die Beschreibung des Faktorenkomplexes Ort erschloss sich die Autorin aus logischen Zusammenhängen.

627 Vgl. Schriefer (2001, S. 407), vgl. Egelhofer (1995, S. 411).

628 Vgl. Schriefer (2001, S. 407).

diese Bewertung durchgeführt wird, hängt je nach Bundesland von der Schulform und der Altersstruktur der Schüler ab.[629] Als (Wahlpflicht-)Kurs oder Arbeitsgemeinschaften finden diese Projekte beispielsweise im Wirtschafts- und Sozialkundeunterricht statt.[630] Aber auch in den Fächern Geographie, Englisch oder Informatik wird die Methodische Großform Juniorenfirma eingesetzt.

Trotz der anscheinend großen Beliebtheit, die der Einsatz der Juniorenfirmenarbeit genießt, gibt es verschiedene kritisch anzumerkende Punkte, die im Weiteren Berücksichtigung finden sollen. Damit wird nun die Untersuchung des makrodidaktischen Implikationsfeldes der Juniorenfirma verlassen.

4.4.7 Kritische Anmerkungen zur Juniorenfirma

Gerade die Anfangsphase der Juniorenfirmenarbeit stellt sich oftmals als 'Lehrphase' heraus. Der Anlauf des Arbeitsprozesses ist zäh, da die 'Suche' nach Kunden nach Hüchtermann/Kenter das größte Problem darstellt.[631] Dadurch können keine unternehmerischen Vorgänge ausgelöst werden. Sichtbare Erfolge, die durch die Geschäftstätigkeit erzielt werden könnten, bleiben zunächst aus. Lernerfolge im Rahmen unternehmerischen Denkens und Handelns sind somit nicht zu verzeichnen. Zwar erwerben die Schüler in dieser Zeit ein gewisses Maß an Frustrationstoleranz, diese wird allerdings zu diesem Zeitpunkt gar nicht intendiert.

Weiterhin ist zu kritisieren, dass die in manchen Fällen auftretende mangelnde Koordination der Arbeitsfelder sowie die Abgrenzung der Kompetenzen zu ineffektivem Arbeiten führen kann.[632] Zwar ist es gerade für das Lernen von Konfliktbewältigung in der Juniorenfirma notwendig, dass diese Probleme auftreten und anschließend selbstständig gelöst werden müssen, jedoch darf sich die Arbeit nicht ausschließlich mit der Selbstorganisation der eigenen Arbeitsprozesse beschäftigen.[633] Diese Gefahr besteht vor allem dann, wenn keine Vertretungskompetenzen bestehen bzw.

---

[629] Vgl. Hüchtermann/Kenter (1996, S. 24).

[630] Vgl. Hüchtermann/Kenter (1996, S. 24).

[631] Vgl. Hüchtermann/Kenter (1996, S. 33).

[632] Darüber hinaus kommt es nicht zuletzt auch zu starken Belastungen seitens der Schüler, zusätzlich zu ihrem Schulalltag, wie Arndt/Petersen/Sasse/Wegener (2000, S. 54) beschreiben. Vgl. des Weiteren Hüchtermann/Kenter (1996, S. 33).

[633] Braun/Gomaa/Lorenz (1997, S. 188-189) beschreiben in Bezug auf ein Juniorenfirmenprojekt, dass Organisationsinstrumente, wie standardisierte Bestellformulare zumeist erst im Arbeitsprozess vermisst und aufgrund ihrer Notwendigkeit für ein effizienteres Arbeiten im Nachhinein erstellt werden.

Vertretungen nicht im Voraus bedacht bzw. geregelt werden. Es können Unterbrechungen bei den unternehmerischen Abläufen entstehen. [634] Hinzu kommt, dass in manchen Fällen ein vorhandenes Freundschaftsverhältnis unter den Schülern zu Problemen bei der Koordination von Arbeitsaufgaben führen kann.[635] Die Ernsthaftigkeit der Situation kann dabei heruntergespielt werden und entsprechende Aufforderungen, dies zu unterlassen, oder Sanktionen seitens der Mitschüler werden oftmals vermieden und allenfalls zögerlich erteilt. Die Ambiguität der Rollen führt zu Verwirrungen und muss daher seitens der Schüler im Prozess zunehmend toleriert werden. Ansonsten entwickelt sich die Arbeit in der Juniorenfirma zu einer Selbstbeschäftigung, die nur unzureichend zu Lernerfolgen im Rahmen des unternehmerischen Denkens und Handelns führen wird.

Analog des Vorgehens beim Lernbüro und bei der Übungsfirma werden nun die untersuchten mikro- und makrodidaktischen Elementar-Strukturen abschließend zusammengefasst.

4.4.8 Synoptische Zusammenfassung

Eine Übersicht über die beschriebenen Faktorenkomplexe der didaktischen Struktur der Juniorenfirma gibt die folgende Abbildung.

---

[634] Vgl. Hüchtermann/Kenter (1996, S. 34).

[635] Vgl. hierzu auch die Ausführungen bei Schwitters/Baritsch/Dieter (1996, o.S.), vgl. Hüchtermann/Kenter (1996, S. 34), Goosen/Lungershausen (1998, S. 268) weisen auch darauf hin, dass im Gegensatz zu den freundschaftlichen Verhältnissen vor allem vorhandene Spannungen in der Klasse in die Juniorenfirma hineingetragen werden können, die sich ebenfalls negativ auswirken können.

Abb. 4.13: Formal konstante, inhaltlich variable Elementar-Strukturen zur Konzeption einer schulischen Juniorenfirma

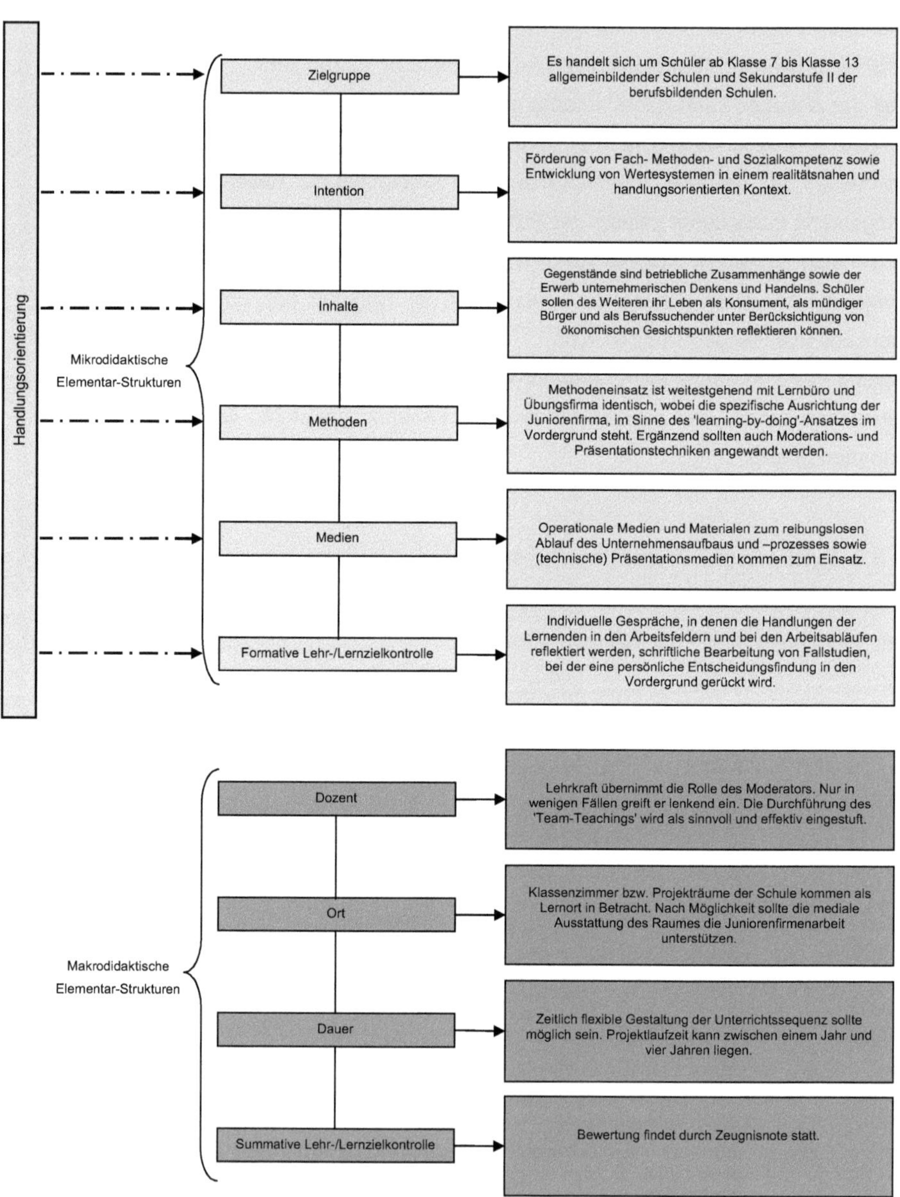

Durch die Darstellung der drei Methodischen Großformen in den letzten Kapiteln konnte eine Analyse ihrer jeweiligen didaktischen Konzeption vorgenommen werden. Im nächsten Abschnitt sollen diese Konturen zusammengefasst gezeichnet sowie Gemeinsamkeiten und Unterschiede der drei Methoden zueinander aufgezeigt werden.

4.5 Zusammenfassung der drei Methodischen Großformen und Hinführung zum integrierenden schulischen 'Dreischritt'

Die zuvor durchgeführte Aufdeckung der inhaltlichen Ausgestaltung der mikro- und makrodidaktischen Elementar-Strukturen für die drei Methodischen Großformen Lernbüro, Übungsfirma und Juniorenfirma dient zur Analyse ihrer jeweiligen didaktischen Struktur. Die Bestimmung der einzelnen Faktorenkomplexe nach der in der Arbeit vorgenommenen Systematisierung fand in den vorgefundenen Publikationen zu den drei Methodenformen bislang noch nicht statt.
Es soll in diesem Zusammenhang allerdings darauf hingewiesen werden, dass sich ein Ansatz einer systematischen Unterscheidung der drei Methodischen Großformen in Bezug auf destillierte Merkmalsausprägungen bei Tramm vorfinden lässt. Dieser führt für die Abgrenzung der drei Methoden zwei Merkmale an.[636] Einerseits rekurriert er auf den Modus der Abbildung von Geld- und Güterströmen und andererseits auf die Art, in der die Marktkontakte der Methodischen Großformen stattfinden.[637] Eine Darstellung der von Tramm angeführten Unterscheidungsmerkmale soll nach Tramm/Gramlinger im Rahmen der folgenden Abbildung stattfinden.

[636] Vgl. Tramm/Gramlinger (2002, S. 3).
[637] Vgl. Tramm/Gramlinger (2002, S. 3).

Abb. 4.14: Vergleich von Lernbüro, Übungsfirma und Juniorenfirma[638]

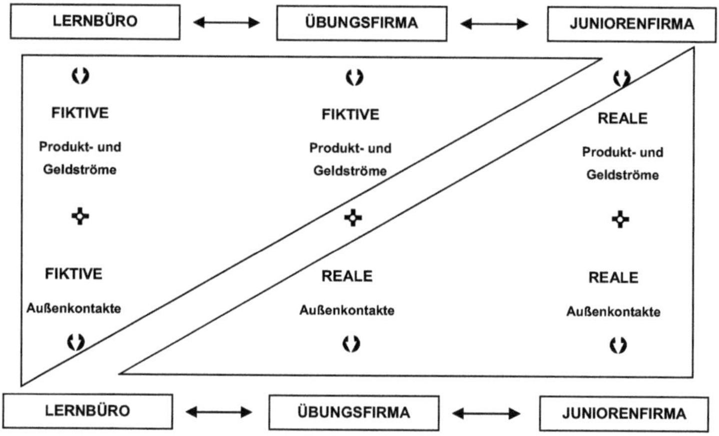

LERNBÜRO ↔ ÜBUNGSFIRMA ↔ JUNIORENFIRMA

FIKTIVE Produkt- und Geldströme + FIKTIVE Außenkontakte

FIKTIVE Produkt- und Geldströme + REALE Außenkontakte

REALE Produkt- und Geldströme + REALE Außenkontakte

LERNBÜRO ↔ ÜBUNGSFIRMA ↔ JUNIORENFIRMA

Die im Rahmen von Kapitel 4 ausgewertete Literatur kann die vorgenommene Abgrenzung sowie die aufgezeigten Identitäten weitestgehend bestätigen. Allerdings konnte durch die Analyse in den vorangegangenen Kapiteln gezeigt werden, dass sich über die unterscheidenden und identischen Merkmale von Tramm hinaus noch weitere möglicherweise anders akzentuierte Merkmalsausprägungen identifizieren lassen und berücksichtigt werden müssen. Diese Merkmale sind deckungsgleich mit von Braukmann im Rahmen eines eigenen Ansatzes konturierten Merkmalen.[639] Die identifizierten weiteren Merkmale werden im Folgenden erläutert, ausdifferenziert und abschließend mit Hilfe des Konzepts von Braukmann zusammengeführt.

Es konnte im Kapitel 4.2 verdeutlicht werden, dass die Arbeitsabläufe im Lernbüro mit fiktiven Geld- und Güterströmen von der Lerngruppe in einem geschlossenen Modell simuliert werden. Das Lernbüro ist im Gegensatz zu den anderen beiden Methoden eine reine Simulation, die zu keiner Zeit und in keiner Situation eine Anbindung an das reale Marktgeschehen vorsieht.[640] Hieraus kann geschlossen werden, dass der **Grad der Realitätsnähe**, als Bezeichnung für die erste Merkmalsausprägung, im Gegensatz zu den anderen beiden Methoden als gering einzuschätzen

638 Gramlinger (2000, S. 19), vgl. Tramm/Gramlinger (2002, S. 3) und Tramm (2002, Folie 6).
639 Vgl. Braukmann (2000a, S. 35-36).
640 Vgl. hierzu die Ausführungen unter Kapitel 4.2.4.3.2.

ist. Die Abläufe im Lernbüro werden zudem in der Regel durch die Lehrperson initiiert.[641] Daher ist unter anderem der **Grad der Komplexität** - dieser kann als weiteres destilliertes Merkmal gelten - bei der Methodischen Großform Lernbüro im Vergleich zu den anderen beiden Lehr-/Lernarrangements ebenfalls am geringsten.[642] Durch diesen Umstand müssen die Lernenden darüber hinaus zu keinem Zeitpunkt die Befürchtung haben, dass fehlerhaftes Verhalten mit tatsächlichen Risiken für das Simulationsunternehmen und ihre eigene Person behaftet sein könnte. Damit ist auch der **Grad der Ernsthaftigkeit** unternehmerischer Abläufe, der letzte zu identifizierende Merkmalsunterschied, am geringsten.

Die drei zuvor aufgedeckten Merkmalsausprägungen sollen nun auch für die beiden anderen Methodischen Großformen beschrieben werden. Im Kapitel 4.3 konnte diesbezüglich aufgezeigt werden, dass die Übungsfirmenarbeit durch Umfang und Intensität der realen Außenkontakte geprägt ist. Aktionen und Reaktionen in Verbindung mit anderen Übungsfirmen bedingen sich in einem wechselwirkenden Prozess gegenseitig.[643] Die Zentralstelle des Übungsfirmenringes übernimmt, wie im Kapitel 4.3.1 ausgeführt werden konnte, alle weiteren Funktionen der Institutionen bzw. Außenstellen wie Post, Bank, Versicherungen etc.. Folglich gewährleistet diese Methode eine **höhere Realitätsnähe** als das Lernbüro. Durch die Kontakte zu anderen Übungsfirmen erhalten die Teilnehmer einen größeren Spielraum für ihre Handlungen als bei dem Simulationsverfahren im Lernbüro. Hier tritt die Lehrperson stärker als im Lernbüro in den Hintergrund.[644] Die Übungsfirma besitzt daher, wie im Kapitel 4.3.4.3.2 beschrieben werden konnte, einen höheren **Komplexitätsgrad** als das Lernbüro. Bezüglich der Geld- und Güterströme, die in der Übungsfirma simuliert werden, unterscheidet sich diese Methode nicht vom Lernbüro. Durch die realen Außenkontakte nimmt allerdings der **Grad der Ernsthaftigkeit** des Betriebsgeschehens im Gegensatz zum Lernbüro zu. Die Übungsfirma ist nun nicht mehr allein für den reibungslosen Ablauf ihrer unternehmerischen Prozesse zuständig, sie hat auch Verantwortung gegenüber ihren real existierenden Geschäftspartnern. Die Mitglieder der Übungsfirma haben bei Fehlverhalten mit Sanktionen am Übungsfirmenmarkt zu

---

641 Siehe hierzu ebenfalls die Beschreibungen unter Kapitel 4.2.4.3.2.
642 Siehe hierzu die Ausführungen zum Lernbüro im Kapitel 4.2.4.3.3.
643 Vgl. Linnekohl (1984, S. 359).
644 Vgl. Linnekohl/Ziermann (1987, S. 80).

rechnen. Eine Blamage gegenüber den anderen Übungsfirmen soll zudem vermieden werden.
Von den beiden zuvor genannten Methodischen Großformen unterscheidet sich die Juniorenfirma, wie im Kapitel 4.4.1 beschrieben wurde, grundlegend dadurch, dass reale Ware gegen reales Geld erzeugt und gehandelt wird. Der **Grad der Realitätsnähe** nimmt hier, unabhängig von der Ausprägungsform dieser Methode, die höchste Stufe ein. Schüler, die beispielsweise am Projekt 'JUNIOR' teilnehmen, haben die Möglichkeit, selbstständig eine eigene Existenzgründungsidee zu verwirklichen.[645] Die Lehrperson soll nur noch, wie im Kapitel 4.4.6 verdeutlicht werden konnte, bei der Bewältigung besonderer Problemsituationen unterstützend wirken. Die Kontaktierung von potenziellen Kunden und Lieferanten findet seitens der Schüler selbstständig am realen Markt statt. Ein geringerer Grad der Realitätsnähe herrscht in Bezug auf rechtliche und finanzielle Fragen, da die Juniorenfirmen beispielsweise durch das Institut der Deutschen Wirtschaft geschützt werden.[646]
Auszubildende in betrieblich organisierten Juniorenfirmen agieren ebenfalls hochgradig selbstständig am realen Markt. Hier ist allerdings festzustellen, dass die Auszubildenden keine eigene Geschäftsidee und -strategie entwickeln können, da betrieblich vorgegebene Strukturen vorhanden sind.
Die **Juniorenfirma** besitzt zudem nach den Aufdeckungen ihrer Faktorenkomplexe den höchsten **Grad der Komplexität**. Im Gegensatz zum Lernbüro und zur Übungsfirma hat die Juniorenfirma alle Bereiche des Unternehmensprozesses, wie im Kapitel 4.4.1 beschrieben wurde, real zu gestalten. Dadurch besitzt sie auch den höchsten **Grad der Ernsthaftigkeit**. Treten Schwierigkeiten in den unternehmerischen Abläufen der Juniorenfirma auf, so spüren die Teilnehmenden die Auswirkungen im ganzen Ausmaß, da reale Geld- und Güterströme davon betroffen sind. Die Verantwortung gegenüber ihren Marktpartnern ist damit auch höher als bei der Übungsfirma, da bei realen Geschäftsabwicklungen die Solvenz der Juniorenfirma vorausgesetzt und ein geschäftliches Vertrauensverhältnis aufgebaut wird.
Die zusammenfassende Beschreibung der abgrenzbaren und sich teilweise miteinander verschränkenden Merkmale **Grad der Realitätsnähe, Grad der Komplexität** und **Grad der Ernsthaftigkeit** konnten für die drei Methodischen Großformen Kontu-

---

645 Vgl. Tabelle 4.7 im Kapitel 4.4.3.
646 Vgl. hierzu die Ausführungen unter Kapitel 4.4.4 zu 'Juniorenfirmen in Zusammenarbeit mit einer Institution, die den rechtlichen Status sichert'.

ren für ihre didaktische Struktur zeichnen und voneinander trennen bzw. überschneidende Merkmale aufzeigen.
Hierdurch wird das im Rahmen der Literaturauswertung der drei Methodischen Großformen im Kapitel 4.1 beschriebene Theoriedefizit - vorhandene didaktische Strukturverschränkungen werden nicht aufgedeckt und damit definitorisch nicht abgegrenzt, sowie zumeist unreflektiert für eine der drei Methodischen Großformen übernommen - behoben.
Tramm bemerkt ebenfalls, dass derzeit hinsichtlich der drei Methodischen Großformen „die einschlägige Fachdiskussion und die wissenschaftliche Auseinandersetzung [...] ohne gegenseitige Bezugnahme“[647] abliefe.

> „[Dies; I.E.] verhindert einen unvoreingenommenen Erfahrungsaustausch und [...] eine grenzüberschreitende Optimierung durch die Kombination einzelner Elemente.“[648]

Als einen ersten Ansatz einer solchen Kombination einzelner Elemente lässt sich die Konzeption Braukmanns interpretieren. Er geht hier davon aus, dass die drei oben aufgezeigten, abgrenzbaren und sich überschneidenden Merkmalsausprägungen durch ihre konstruktive Kombination durchaus zu verbindenden Elementen gewendet werden können.[649] Die Erkenntnis hierüber führte Braukmann zu der Entwicklung eines sogenannten methodischen 'Dreischritts', bei dem die Methodenarrangements in der Reihenfolge 'Lernbüro, Übungsfirma und Juniorenfirma' aufeinander aufbauen.[650] Der Lernende kann durch das systematische Durchlaufen der Lehr-/Lernprozesse in den drei Methodischen Großformen durch Zunahme der Realitätsnähe, Komplexität und Ernsthaftigkeit auf jeder Ebene schrittweise an die unternehmerische Realität herangeführt werden. Der Schüler hat dadurch die Möglichkeit, sich an die Komplexität realer unternehmerischer Abläufe und an die eigenen erweiterten Handlungsspielräume auf jeder Ebene zu gewöhnen. Die folgende Abbildung soll diesen Ansatz von Braukmann verdeutlichen.

---

647 Tramm/Gramlinger (2002, S. 5).
648 Tramm/Gramlinger (2002, S. 5).
649 Vgl. Braukmann (2000a, S. 33-36).
650 Vgl. Braukmann (2000a, S. 36).

Abb. 4.15: Stufung des Lernbüros, der Übungsfirma und der Juniorenfirma nach den Graden der Realitätsnähe, Ernsthaftigkeit und Komplexität[651]

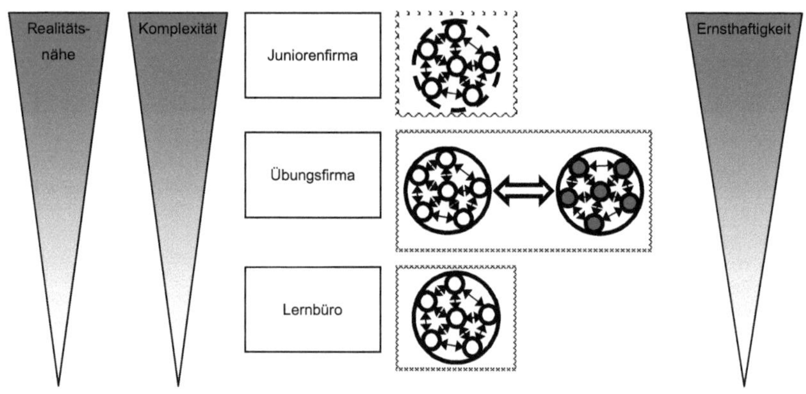

Der innovative Ansatz des methodischen 'Dreischritts' nach Braukmann kann durch die konstruktive Wendung der abgrenzbaren Kriterien zu verbindenden Elementen als Vorschlag für eine neuartige, alternative Qualifizierungsform in wirtschaftsberuflichen Bildungsgängen dienen.

Es ist daher durchaus nachvollziehbar, dass die Idee des methodischen 'Dreischritts' im Rahmen der Forschungsarbeiten des Teilprojekts II im bizeps-Projekt auch hinsichtlich ihrer Anwendung für eine universitäre Gründungsqualifizierung untersucht werden sollte. Mit diesem im Kapitel 5 zu entwickelnden Ansatz wird angestrebt, Studierenden eine schrittweise Qualifizierung in einem Lernbüro, einer Übungsfirma und einer Juniorenfirma im universitären Gründungskontext zu ermöglichen, um sie sukzessive an die gründungsbezogene unternehmerische Realität anzunähern und eine Erweiterung der gründungsrelevanten Erfahrungs- und Handlungsspielräume bzw. -kompetenzen zu ermöglichen.[652]

---

651 In Anlehnung an Braukmann (2000a, S. 36).
652 Vgl. Braukmann (2000a, S. 35).

5 'Auf dem Weg zur unternehmerischen Selbstständigkeit durch wirtschaftsdidaktisch gestützte Simulation' in Theorie und Praxis

5.1 Zur methodischen Innovation im Gründungskontext

Im Folgenden sollen die mikro- und makrodidaktischen Faktorenkomplexe für eine methodische Innovation im universitären Gründungskontext untersucht und inhaltlich ausgestaltet werden. Die analysierte didaktische Struktur der zuvor im Kapitel 4 vorgestellten Methodischen Großformen wird für diese methodische Innovation zu Grunde gelegt.

Hierzu soll im Kapitel 5.1.1 eine Beschreibung der Vorgehensweise bei der Entwicklung der universitären Gründungsqualifizierung vorangestellt werden. Für diese Entwicklung des Lehrangebots werden schwerpunktmäßig Bezüge aus der Wissenschafts-Praxis-Kommunikation[653] (WPK) des Teilprojekts II im bizeps-Projekt, der didaktischen Struktur der drei schulischen Methodischen Großformen und der Wuppertaler Gründungsdidaktik hergestellt. Die aus ihnen jeweils gewonnenen Hypothesen bzw. entwickelten Theorieansätze zur universitären Gründungsqualifizierung sollen der inhaltlichen Ausgestaltung eines Lernbüros, einer Übungsfirma und einer Juniorenfirma im universitären Gründungskontext dienen. Diese Ausgestaltung kann als Vorschlag für eine Konzipierung eines innovativen, handlungsorientierten, gründungsbezogenen Lehrangebotes gelten. Aus den entwickelten konzeptionellen Ergebnissen wird abschließend im Kapitel 5.1.5, ähnlich wie im Kapitel 4.4.8 für den Schulkontext, ein 'Dreischritt' im universitären Gründungskontext konturiert. Eine konkrete Veranschaulichung der Umsetzung soll im Kapitel 5.2 anhand der Schilderung erster Erfahrungen bei der Anwendung des Konzepts im Praxisfeld erfolgen.

5.1.1 Vorüberlegungen zur Entwicklung der methodischen Innovation

Der im Kapitel 4.5 beschriebene 'Dreischritt', der sich der Reihenfolge nach aus den Methodischen Großformen Lernbüro, Übungsfirma und Juniorenfirma zusammen-

[653] Nähere Ausführungen zum Ansatz der Wissenschafts-Praxis-Kommunikation sind Braukmann (1993, S. 28-48) zu entnehmen. Vgl. Sloane/Twardy/Buschfeld (1998, S. 308).

setzt, soll nun hinsichtlich einer möglichen Anwendung im Rahmen eines hochschuldidaktisch-innovativen, gründungsspezifisch zu entwickelnden Lehrangebots inhaltlich konzipiert werden. Im Rahmen des Durchlaufens jeder Methodischen Großform soll eine sukzessive Heranführung der Studierenden an das Thema 'berufliche Selbstständigkeit' ermöglicht werden.[654] Dabei wird mit jeder Ebene des 'Dreischritts' eine didaktisch geleitete und dosierte Steigerung des Komplexitäts-, Realitäts- und Ernsthaftigkeitsgrades im Rahmen der Simulation eines Unternehmens in Gründung ermöglicht.[655] Der Studierende könnte sich dabei der jeweiligen komplexer werdenden, gründungsspezifischen Situation anpassen und den Spielraum des unternehmerischen Denkens und Handelns auf der jeweils höheren Ebene erfahren und ausweiten.[656]

Intention ist es, einen Beitrag zur (Weiter-)Entwicklung der beruflichen Handlungskompetenz 'unternehmerische Selbstständigkeit' bei dem Studierenden leisten zu können.[657] Der universitäre 'Dreischritt' zielt darauf ab, als attraktive Alternativveranstaltung und Innovation ergänzend zu schon bestehenden gründungsbezogenen Lehrangeboten, die zumeist durch darbietende Aktionsformen und Anwendung von Frontalunterricht geprägt sind, eingesetzt zu werden. Es bestehen durchaus auch schon Lehrangebote zur Gründungssimulation in Form von computergestützten Unternehmensplanspielen. Doch zielen diese Planspiele darauf ab, determinierte Daten geliefert zu bekommen, um dann einen konkreten Gründungsakt durchspielen bzw. operationalisieren zu können. Das Planspiel erweist sich daher für die vom 'Dreischritt' verfolgte Intention, die Studierenden langfristig und nachhaltig an das Thema 'berufliche Selbstständigkeit' heranzuführen, als ineffizient. Aufgrund ihrer programmierten Gestaltung fehlt ihnen die Flexibilität, sich den jeweiligen, im Rahmen der schrittweisen Annäherung an die Realität notwendigen spezifischen Lehr-/Lernprozessen im zu simulierenden Gründungsgeschehen anzupassen. Zudem liegen ihre Grenzen in der möglichen Entwicklung der Sozialkompetenz des Lernenden. Eine 'face-to-face-Qualifizierung', wie sie die drei Methodenarrangements offerieren, kann durch den Einsatz von Computerplanspielen weitestgehend nicht gebo-

---

654 Vgl. Braukmann (2000a, S. 34). Anmerkung der Verfasserin: Das Durchlaufen jeder Ebene ist nicht als obligatorisch zu verstehen. Ein Quereinstieg auf der zweiten bzw. dritten Stufe sollte je nach Einschätzung der eigenen Befähigung seitens der Studierenden und nach einem Beratungsgespräch mit dem Dozenten möglich sein.

655 Vgl. Braukmann (2000a, S. 34).

656 Vgl. Braukmann (2000a, S. 35).

657 Vgl. Braukmann (2002, S. 79).

ten werden und legitimiert darüber hinaus die Notwendigkeit der Anwendung der Methodischen Großformen.
Daher werden diese nun binnendifferenziert ihren mikro- und makrodidaktischen Elementar-Strukturen entsprechend für den universitären Gründungskontext entwickelt. Für diese Entwicklung ist zu beachten, wie auch schon im Kapitel 2.3 aufgezeigt werden konnte, dass zwischen den Elementar-Strukturen allgemein ein interdependenter Zusammenhang besteht. Diese Interdependenz bewirkt, dass eine inhaltlich variable Entscheidung zu einem Faktorenkomplex auf alle anderen Elementar-Strukturen Einfluss haben kann.[658] Hierzu präzisiert Braukmann:

> „Da dementsprechend die konkrete Ausprägung eines Faktors erst durch ihre Relationen zu den Eigenschaften bzw. Teilelementen anderer Faktoren ihre modul- bzw. lernzielrelevante Qualität erhält [...], darf [...] ein unaufhebbarer Applikationszusammenhang [...] zwischen der Qualität der Faktorenausprägung und den Relationen angenommen werden".[659]

In Form einer Matrix veranschaulicht Braukmann die Konkretisierung und Systematisierung dieser Relationen, wie folgendes Schaubild verdeutlichen soll.

---

[658] Vgl. hierzu die Ausführungen zum Berliner Didaktik-Modell nach Heimann im Kapitel 2.3.
[659] Braukmann (1993, S. 285).

Abb. 5.1: Systematisierung der intramodularen Relationen nach Braukmann[660]

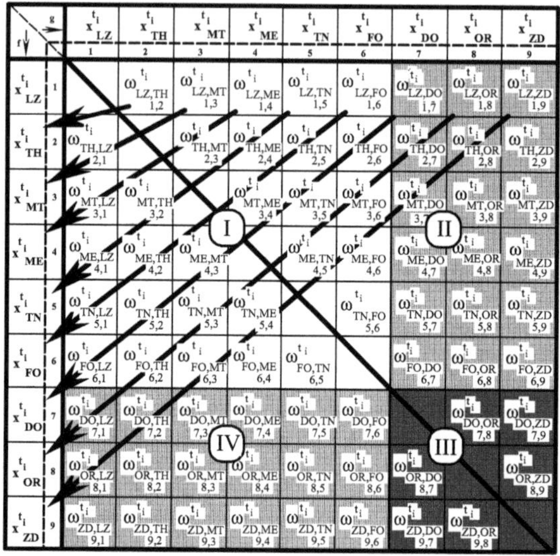

Braukmann nennt die Elementar-Strukturen auch Qualitätskonstituenten und verdeutlicht weiter, dass bei der Entwicklung von Qualifizierungen alle Qualitätskonstituenten[661] miteinander in Relation gebracht und diese Relationen in Bezug auf ihre jeweiligen unterrichtlichen Entscheidungen ermittelt und beschrieben werden müssen.[662] Mittels der Abbildung einer modularen Querschnittsperspektive zeigt Braukmann diese Relationen, wie das nächste Schaubild verdeutlicht, exemplarisch auf:

660 Braukmann (1993, S. 286). Die Abkürzungen innerhalb des Schaubildes bedeuten im Einzelnen: LZ = Lernziele, TH = Thema, MT = Methode, ME = Medien, TN = Teilnehmer, FO = Formative Lehr-/Lernzielkontrolle, DO = Dozent, OR = Ort/Raum, ZD = Zeit/Dauer.

661 In den zwei folgenden Schaubildern wird die formative und summative Lehr-/Lernzielkontrolle mit fo. und su. Lehr-/Lernzielkontrolle abgekürzt.

662 Vgl. Braukmann (1993, S. 284-285).

Abb. 5.2: Exemplarische Darstellung der Relationen von konkretisierten Qualitätskonstituenten in Anlehnung an Braukmann[663]

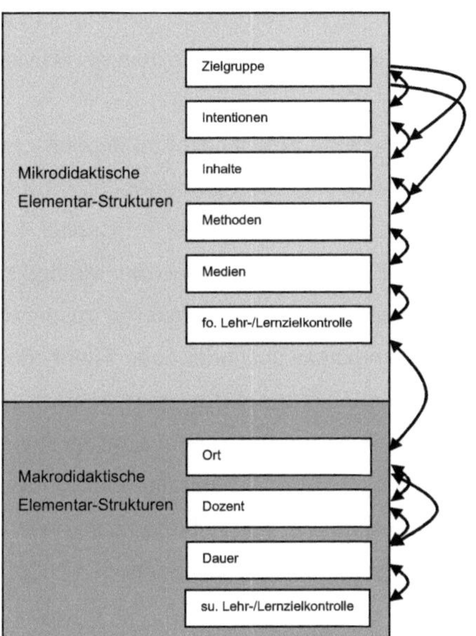

Die im Kapitel 4 dargestellten Qualitätskonstituenten der schulischen Methodischen Großformen verdeutlichen ebenfalls die Applikationszusammenhänge ihrer jeweiligen Faktorenkomplexe. Diese formal konstanten Elementar-Strukturen werden nun, wie im Kapitel 5.1 beschrieben wurde, als konzeptionelle Strukturierungshilfe zur didaktischen Neukomposition der Gründungsqualifizierung an Hochschulen dienen. Diese Neukomposition ist notwendig, da wie in der obigen Abbildung exemplarisch dargestellt werden konnte, eine inhaltlich variable Entscheidung zu einer Elementar-Struktur Einfluss auf alle weiteren Faktorenkomplexe haben kann. Im Falle der universitären Gründungsqualifizierung müssen beispielsweise die interdependenten Faktorenkomplexe Zielgruppe, Intentionen und Inhalte für die drei Methodischen Großformen im Rahmen ihres Einsatzes im Universitätskontext inhaltlich bestimmt

663 Vgl. Braukmann (1993, S. 281).

werden. Damit geht auch eine inhaltliche Gestaltung der weiteren interdependenten Elementar-Strukturen einher. Die *schulischen Methodischen Großformen* können dabei in ihrer einzigartigen, spezifischen Anwendung vor allem im Methoden- und Medienbereich unterstützend bei der universitären Lehrangebotskonzeption wirken. Auch die sie auszeichnende handlungsorientierte Didaktik verspricht eine konzeptionelle Unterstützung bei der Gestaltung von teilnehmeraktivierenden Lehr-/Lernprozessen.

Des Weiteren unterstützen Theoriebezüge aus der im Kapitel 2 beschriebenen *Wuppertaler Gründungsdidaktik* die Entwicklung des Lehrangebots. Ihr theoretischer Referenzrahmen hat maßgeblich zu der Destillierung der im Kapitel 4 beschriebenen unterrichtlichen Bedingungs- und Entscheidungsfelder der Methodischen Großformen beigetragen. Er dominiert daher auch die im Weiteren zu entwickelnde Gründungsqualifizierung. Die in Ansätzen schon beschriebenen Intentionen der Wuppertaler Gründungsdidaktik[664] werden im Rahmen der in den nächsten Kapiteln folgenden Lehrangebotsentwicklung für jede Methodische Großform konkretisiert. Ebenfalls werden diesbezügliche Entscheidungen über die Inhalte im Rahmen der Erfordernisse einer Gründungsdidaktik beschrieben. Auch ihre ersten Ansätze zum Faktorenkomplex Zielgruppe, zum Konzept des handlungsorientierten Unterrichts sowie zu makrodidaktischen Faktorenkomplexen stützen ebenfalls die Entwicklung der methodischen Innovation.

Darüber hinaus und ergänzend können heuristische Erkenntnisse, die aus den ersten explorativen Erprobungen, Anwendungen und Reflexionen der Qualifizierungskonzepte im Rahmen der *WPK* im Teilprojekt II des bizeps-Projekts in Bezug auf die universitäre Zielgruppe, die formative Lehr-/Lernzielkontrolle und den makrodidaktischen Elementar-Strukturen gewonnen werden konnten, dem Konzeptionierungsvorschlag zu einer Gründungsqualifizierung dienen.[665]

Die Zusammenführung der WPK, der didaktischen Struktur der drei Methodischen Großformen und der Wuppertaler Gründungsdidaktik kann als Basiskonzept für das Vorgehen bei der Gestaltung des gründungsbezogenen Lehrangebotes verstanden werden. Es kann als ein erster konstruktiver Vorschlag gelten und auch in anderen Anwendungskontexten aufgegriffen werden. Dieses Vorgehen ist keinesfalls als ein

---

[664] Siehe hierzu Kapitel 2.1.
[665] Siehe hierzu Kapitel 5.1.2.1.1.

dogmatischer Ansatz zu verstehen, vielmehr möchte es auch für mögliche andere, noch nicht destillierte, zugrunde liegende Theorien offen bleiben.

Die folgende Abbildung wird nun das gewählte Vorgehen für die weitere akzentuierte Untersuchung der Elementar-Strukturen zur Entwicklung der methodischen Innovation zusammenfassend darstellen.

Abb. 5.3: Explorativer Entwurf für das Vorgehen bei der inhaltlichen Ausgestaltung der Elementar-Strukturen der methodischen Großformen an der Hochschule im Gründungskontext für das Konzept einer methodischen Innovation

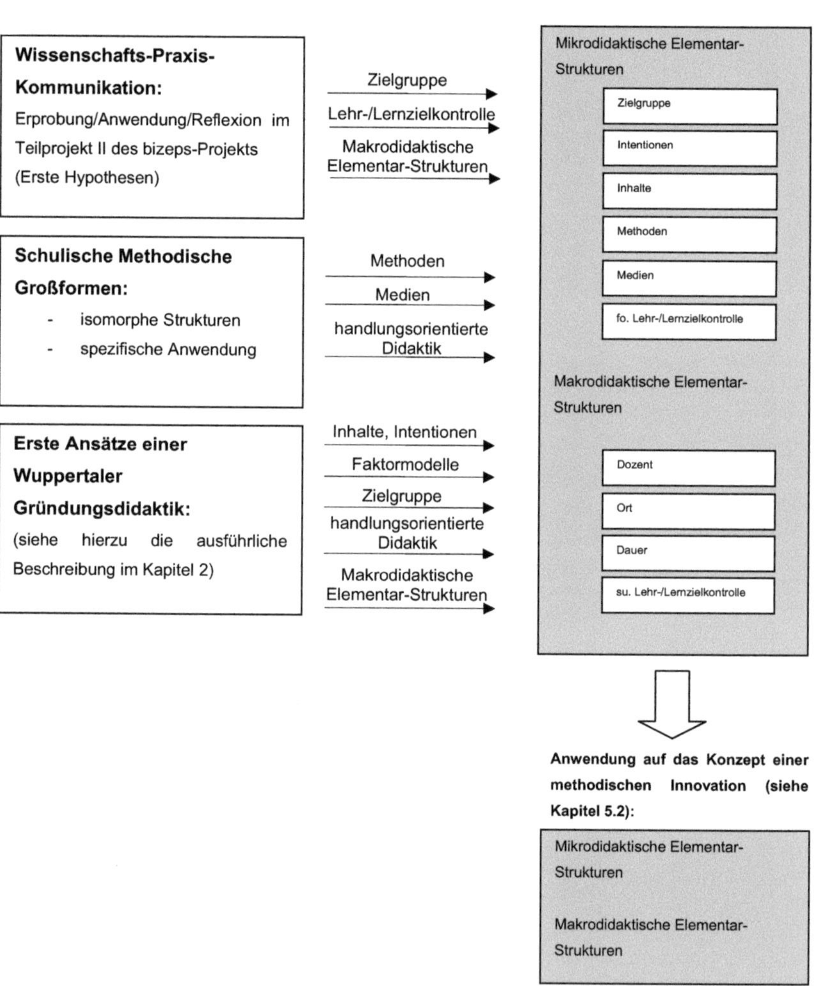

Die inhaltliche Ausgestaltung der Elementar-Strukturen der Methodischen Großformen im Gründungskontext an Hochschulen soll nun in den nächsten Kapiteln erfolgen.

5.1.2 Zum universitären Lernbüro

Die konzeptionelle und inhaltliche Ausgestaltung der didaktischen Faktorenkomplexe eines universitären Lernbüros bzw. der ersten Ebene des zu entwickelnden hochschulischen 'Dreischritts' findet sowohl für die mikrodidaktischen als auch für die makrodidaktischen Faktorenkomplexe statt.
Dabei werden einige Elementar-Strukturen gekoppelt und weniger ausdifferenziert vorgestellt, als dies für die schulischen Methodischen Großformen im Kapitel 4 der Fall ist. Die dortige detaillierte Beschreibung zum schulischen Lernbüro und der daraus resultierenden Übersicht über die Zusammenhänge der einzelnen Qualitätskonstituenten erleichtert es im Weiteren, eine komprimierte Darstellung der Faktorenkomplexe vorzunehmen, ohne auf die Vollständigkeit verzichten zu müssen.

5.1.2.1 Zu den mikrodidaktischen Elementar-Strukturen

Zunächst soll die Zielgruppe als Bedingungsfeld im universitären Lernbüro beschrieben werden. Dieser Faktorenkomplex hat einen hohen Einfluss auf die unterrichtlichen Entscheidungsfelder des zu entwickelnden Lehr-/Lernprozesses. Zu prüfen sind in diesem Zusammenhang intentionale und inhaltliche sowie methodische und mediale Implikationen eines universitären Lernbüros. Abschließend erfolgt eine Untersuchung der formativen Lehr-/Lernzielkontrolle für die erste Ebene des universitären 'Dreischritts'.

5.1.2.1.1 Zur Zielgruppe

Adressaten für ein universitäres Lernbüro, das zur ersten Auseinandersetzung mit dem Thema der 'beruflichen Selbstständigkeit' dient, können insbesondere Studierende sein, die für die Gründungsthematik sensibilisiert werden sollen.[666] Auf der ersten Ebene des universitären 'Dreischritts' kann Studierenden ein Einblick in ein Gründungsgeschehen spielerisch gewährt werden. Damit soll eine optionale Selbst-

[666] Vgl. die Ausführungen bei Braukmann (2003, S. 190) zur Zielgruppe I.

ständigenperspektive möglichst frühzeitig[667], vorzugsweise schon während des Grundstudiums, in das Wahrnehmungsfeld der Studierenden gerückt werden.[668]

Wie schon erwähnt wurde, sind bislang Simulationen von Gründungsprozessen an Universitäten vor allem in Form des computergestützten Planspiels bekannt.[669] Dieses Angebot richtet sich primär an Studierende der Wirtschaftswissenschaft, die nach Klandt als Unternehmerpersönlichkeit beschrieben werden und als selbstständige Jungunternehmer ausgebildet werden sollen.[670] Deshalb ist anzunehmen, dass es sich bei dieser Zielgruppe um potenziell Gründungswillige handelt. Es darf in diesem Zusammenhang die Behauptung aufgestellt werden, dass diese Form des Planspiels bei noch für die Gründungsthematik zu erschließenden Studierenden wenig ausrichten wird. Eine behutsame Hinführung zur Komplexität eines Gründungsgeschehens, wie sie bei einem universitären Lernbüro erfolgen soll, kann bei einem computergestützten Planspiel weitestgehend ausgeschlossen werden. Im Gegensatz dazu kann ein universitäres Lernbüro die Gewinnung von Studierenden für eine Auseinandersetzung mit der 'beruflichen Selbstständigkeit' aufgrund der ständigen persönlichen Interaktion in der Simulation situationsbedingt steuern und kontrollieren. Im Rahmen der WPK im Teilprojekt II konnte diesbezüglich festgestellt werden, dass eine handlungsorientierte 'face-to-face-Qualifizierung' effizienter, insbesondere im Rahmen des Sensibilisierungsprozesses gegenüber dem computergestützten Planspiels sein kann. In diesem Zusammenhang kann zudem antizipiert werden, dass etablierte Sozialformen universitärer Lehrveranstaltungen wie der Frontalunterricht die Effektivität des kontinuierlich persönlich-interaktiven und individuell abgestimmten Qualifizierungsansatzes eines universitären Lernbüros ebenfalls nicht in diesem Umfang erreichen werden. Dies erscheint vor allem vor dem Hintergrund, dass sich zu der für das Thema 'berufliche Selbstständigkeit' zu erschließenden Adressaten-Gruppe eine hohe Anzahl von Studierenden zählen lassen kann, besonders bedeut-

---

667 Vgl. hierzu Mink (1998, S. 27), der dazu ausführt: „Die Förderung von Selbstständigkeit und unternehmerischem Denken ist eine Sozialisationsaufgabe, die nicht erst nach dem Ende der akademischen Erstausbildung angesiedelt werden darf."

668 Im Gegensatz zu diesem neuen Forschungsfeld ist für das schulische Lernbüro die Identifizierung und konkrete Beschreibung der Zielgruppe aus wissenschaftlicher Perspektive weitestgehend abgeschlossen. Im Gegensatz zum universitären Lernbüro, das sich an Studierende richtet, nehmen bei der schulischen Methodischen Großform primär Schüler wirtschaftsberuflicher Bildungsgänge und vollzeitschulischer Ausbildungsgänge teil, die die Fähigkeiten für das Tätigkeitsfeld eines kaufmännischen Sachbearbeiters erwerben sollen. Vgl. die synoptische Zusammenfassung im Kapitel 4.2.7.

669 Vgl. Klandt (1998, S. 206-215).

670 Vgl. Klandt (1998, S. 198, 206).

sam.[671] Dieses Ergebnis darf aus wirtschaftspädagogischer Sicht nicht verwundern, unterscheidet sich damit die geringe, gedankliche Auseinandersetzung der Studierenden mit dem Thema 'beruflichen Selbstständigkeit' nicht signifikant zum Allgemeinbild der Deutschen.[672] Es darf in diesem Zusammenhang angenommen werden, dass die familiäre und berufliche Sozialisation der Studierenden sicherlich einen hohen Einfluss auf ihr Wertesystem in Bezug auf die Bereitschaft zur beruflichen Selbstständigkeit hat.[673] Darüber hinaus ergaben Recherchen des Teilprojekts II, dass die Wahl des Studienfaches sowohl auf die Einstellung zur unternehmerischen Selbstständigkeit als auch zur abhängigen Beschäftigung schließen lassen kann.[674] Dabei ist zu berücksichtigen, dass auch potenziell Gründungsinteressierte, beispielsweise Studierende der Ingenieurwissenschaften, bestenfalls eine ungefähre Vorstellung von einer unternehmerischen, gründungsbezogenen Tätigkeit bzw. von betriebswirtschaftlichen Aufgaben haben dürften. Auch hier möchte der Erschlie-

---

671 Vgl. auch Braukmann (2002, S. 64), der beschreibt: „Da wir [...] nur wenige Studierende in Wuppertal antrafen, die sich explizit, systematisch und nachhaltig mit persönlichen Selbstständigkeitsüberlegungen auseinandersetzten, war zu konzedieren, dass ein sehr großer Teil der Studierenden noch eigens für die Gründungsthematik zu erschließen ist [...].“ Braukmann (2002, S. 63) stellt zudem fest: „Schließlich erscheint uns die Anzahl von Gründungsentschiedenen eher gering zu sein [...].“ Diese Aussage kann durch Görisch (2002, S. 17) wie folgt untermauert werden: „Das **Gründungspotenzial** kann nun nach folgenden Bedingungen bestimmt werden. Alle Befragten, die sich eine Selbstständigkeit direkt oder fünf Jahre nach dem Abschluss vorstellen können, stellen **Gründungsinteressierte im weiteren Sinne** dar. Von diesen haben sich allerdings erst wenige bereits intensiv oder regelmäßig mit dem Thema Gründung auseinander gesetzt bzw. sind schon während des Studiums selbstständig. Diese Gruppe wird nochmals herausgehoben und im Folgenden als **'potenzielle Gründer'** bezeichnet, da sie auf dem Weg zu einer tatsächlichen Gründung am weitesten fortgeschritten sind.“ Görisch (2002, S. 18) wertet die Untersuchung folgendermaßen aus:
„- **Gründungsinteressierte**: Von den 5.324 Befragten können sich knapp 40% vorstellen, selbstständig tätig zu werden. Diese Gruppe sind Gründungsinteressierte im weiteren Sinne. Weiter differenziert nach Intensität der Auseinandersetzung mit dem Thema Selbstständigkeit lassen sich potenzielle Gründer identifizieren:
- **Potenzielle Gründer**: Dies sind knapp 9% aller Befragten. Potenzielle Gründer können sich eine Sebstständigkeit direkt oder fünf Jahre nach dem Studium vorstellen *und* befassen sich regelmäßig oder intensiv mit dem Thema Gründung oder sind bereits neben dem Studium selbstständig. Die neben dem Studium bereits selbstständigen Studierenden unter den potenziellen Gründern stellen 2,5% des Gesamtsamples[...].“

672 Siehe hierzu Kapitel 1.

673 Nach einer Studie von Mink (1998, S. 10, S. 22) zum Potenzial für Selbstständigkeit unter Hochschulabsolventen ist festzustellen, dass die berufliche Stellung der Eltern einen Einfluss auf die Entscheidung zur beruflichen Selbstständigkeit hat. So können die Studierenden Gewinn aus den Erfahrungen unternehmerischer oder freiberuflicher Eltern ziehen. Interessant erscheint in diesem Zusammenhang, dass, laut Mink (1998, S. 12), der prozentuale Anteil der Berufserfahrungen bei den Gründungsinteressierten unter dem der Studierenden liegt, die abhängig beschäftigt sein möchten (28% versus 34%). Vgl. Braukmann (2002, S. 63-64).

674 Vgl. Braukmann (2002, S. 64), der ausführt: „So liegt an der Wuppertaler Universität gemäß einer Studie der Transferstelle der Anteil der Selbstständigen der Absolventen (der Jahrgänge 1989-1995) z.B. im Fach Kommunikationsdesign bei 67,2% oder im Fach Architektur bei 39,8%. Hingegen lag der Anteil im Fach Physik bei 2,8% und in der Chemie bei lediglich 0,8%.“

ßungsprozess des universitären Lernbüros ansetzen, denn die Qualifizierung durch das Lernbüro stellt sowohl fachbezogene wirtschaftswissenschaftliche als auch verhaltensbezogene Inhalte gleichwertig in den Mittelpunkt. Vorkenntnisse zum Thema 'berufliche Selbstständigkeit' sind daher keinesfalls notwendig. Es darf in diesem Zusammenhang angenommen werden, dass Studierende durch eine Teilnahme an dem Lernbüro im Gründungskontext einen Qualifikationszuwachs erwarten werden, der ihr persönliches und akademisches Kompetenzprofil ergänzen und ihre Fähigkeit in Bezug auf das eigenständige, selbstgesteuerte Lernen erweitern kann.[675] Dabei sollte der Nutzen aus der freiwilligen Teilnahme der Studierenden in einer für sie vertretbaren Relation zu den entstehenden Kosten, beispielsweise die Einbuße von Freizeit, stehen. Soll ein hoher Anteil von Studierenden gewonnen werden, muss der Nutzen in ihrer Wahrnehmung hoch sein. Dieser Tatbestand ist für die Entwicklung der innovativen Gründungsqualifizierung konstitutiv.

Erkenntnisse im Rahmen der WPK ergaben des Weiteren, dass eine heterogene hochschulische Zielgruppe zum einen aufgrund der dem Erwachsenenalter[676] der Studierenden entsprechenden beruflichen[677] und familiären[678] Sozialisation und Erfahrung zu erwarten ist. Zum anderen spielt auch die unterschiedliche Fachbereichszugehörigkeit eine bedeutsame Rolle. Beide Bedingungen sollten unter anderem bei der Konzeption der Gründungsausbildung Berücksichtigung finden. Hetero-

---

[675] In diesem Zusammenhang sei auf die schon erwähnte Studie von Mink verwiesen (1998, S. 16), der ausführt, dass eine dementsprechende Qualifikation seitens der Studierenden vermisst wird: „Defizite der Hochschulausbildung im Spiegel der beruflichen Anforderungen der Absolventinnen und –absolventen [sic! I.E.] werden eher selten im *fachdisziplinären Spezialwissen* gesehen, sondern vielmehr in der Vermittlung von Einübung sog. *integrativer Kompetenzen*. Das sind Qualifikationsmerkmale wie Praxiserfahrung und fächerübergreifendes Denken, die Hochschulabsolventinnen und- absolventen in die Lage versetzen, disziplinäres Wissen in den Gesamtkontext verschiedener Systeme (Wirtschaft, Sozialsystem, Kultur, Ökologie, Rechtssystem usw.) einzubinden." Gerade der Aspekt der Kommunikations- und Teamfähigkeit wird von den Studierenden der meisten Studiengänge, so Mink (1998, S. 16), kritisch beurteilt.

[676] Laut einer Studie von Schnitzer/Isserstedt/Middendorf/Schreiber (2000, S. 2) zur wirtschaftlichen und sozialen Lage der Studierenden in der Bundesrepublik Deutschland im Jahr 2000 sind Studierende zu Beginn eines Erststudiums im Schnitt 24,7 Jahre alt und Studierende zu Beginn eines Zweitstudiums 32,0 Jahre alt.

[677] Zur beruflichen Sozialisation können beispielsweise Praktika, Berufsausbildung, praktische Berufserfahrungen etc. der Studierenden zählen, vgl. Braukmann (2002, S. 68). Nach der Studie von Schnitzer/Isserstedt/Middendorf/Schreiber (2000, S. 7) kann für das Jahr 2000 festgehalten werden, dass knapp zweidrittel der Studierenden zur Bestreitung ihrer Lebenshaltungskosten mit beisteuern. Knapp 3% sind zu diesem Zeitpunkt selbstständig, wobei die völlige und überwiegende Fachentsprechung der beruflichen Selbstständigkeit in Prozent ausgedrückt bei 46% liegt.

[678] Nach Schnitzer/Isserstedt/Middendorf/Schreiber (2000, S. 3) lebten im Jahre 2000 57% der Studierenden in einer festen Beziehung. 7% aller Studierenden hatten zu diesem Zeitpunkt eigene Kinder. Des Weiteren stammen, laut Schnitzer/Isserstedt/Middendorf/Schreiber (2000, S. 4), 59% aus gehobenen Herkunftsgruppen und dementsprechend 41% aus unteren Herkunftsgruppen.

gene Vorkenntnisse und Berufserfahrungen der Studierenden können dem Vorsatz des Lehrenden, seine unterrichtlichen Planungen im entsprechenden Umfang an den Studierenden zu orientieren, vor Probleme, wie einerseits das Entstehen von Langeweile und anderseits das Erzeugen von Überforderungen, stellen. Der handlungsorientierte Unterrichtsansatz des universitären Lernbüros kann diesen Schwierigkeiten entgegenwirken. Braukmann stellt in diesem Zusammenhang Folgendes fest:

> „Da handlungsorientierte Unterrichtskonzeptionen aufgrund ihres Menschenbildes die Individualität eines jeden Teilnehmers anerkennen und gleichzeitig den Weiterbildungsteilnehmer in den Mittelpunkt des Unterrichts rücken, sind insbesondere handlungsorientierte Ansätze dadurch gekennzeichnet, eben nicht durch die Wahl des Frontalunterrichts oder der Alleinarbeit - als konsequentester Form der Individualisierung[...] mit ihrer Negativwirkung (...) als extremster, desintegrativer Sozialform[...] -, auf eine angetroffene Heterogenität zu reagieren, sondern durch lernorganisatorische Maßnahmen mittels derer 'die an unterschiedlichen Lernorten und in unterschiedlichen Lernsituationen erworbenen individuellen Fertigkeiten und Kenntnisse der Teilnehmer in möglichst vielfältiger Weise in das Lehrgangsgeschehen integriert werden'[...].“[679]

Die Studierenden benötigen in Bezug auf den handlungsorientierten Unterrichtsprozess im Lernbüro keine Vorkenntnisse. Es darf schon jetzt angenommen werden, dass nach einer kurzen Eingewöhnungsphase die Zusammenarbeit der Studierenden im universitären Lernbüro Synergien für kreatives, unternehmerisches Denken und Handeln sowie weitere entsprechende Kompetenzentwicklungen offerieren kann.[680] Diesbezüglich soll weiterhin auf Braukmann verwiesen werden, der feststellt:

> „Zudem birgt die Heterogenität einer Lerngruppe sicherlich zahlreiche aus unterschiedlichen Interessen resultierende Konflikte in sich, deren Thematisierung zugleich auch zahlreiche Chancen, z.B. des Erwerbs sozial-kommunikativer Kompetenzen bzw. die 'Entwicklung sozialer und humaner Kompetenzen wie etwa Akzeptanz, Toleranz und Rücksichtsnahme'[...] bietet.“[681]

---

679 Braukmann (1993, S. 401-402).
680 Siehe hierzu auch Kapitel 2.4.1.
681 Braukmann (1993, S. 402-403).

Die ersten Ergebnisse zur Zielgruppe des universitären Lernbüros, die daher keinesfalls vollständig und abschließend aufgeführt werden können, sollen nun in der folgenden Tabelle nochmals zusammengefasst dargestellt werden:

Tab. 5.1: Zur Zielgruppe des universitären Lernbüros

Aspekte	Zielgruppe im universitären Lernbürokontext
Formale Lernvoraussetzungen	- Teilnehmende an dem universitären Lernbüro sind Studierende. - Studierenden sind im Erwachsenenalter[682]. - Studierende befinden sich vorzugsweise noch im Grundstudium. - Teilnehmende stammen aus unterschiedlichen Fachbereichen sowie verschiedenen familiären und beruflichen Sozialisationen, daher sind sie bzgl. ihrer Merkmalsausprägungen als heterogene Zielgruppe zu bezeichnen.
Motivationale Lernvoraussetzungen	Es besteht eine intrinsische Motivation seitens der Studierenden, da sie freiwillig am universitären Lernbüro teilnehmen und dabei Opportunitätskosten in Kauf nehmen.
Methodische Lernvoraussetzungen	- Teilnehmende sind bereits für eigenständiges Lernen sozialisiert. - Sie sind zum selbstgesteuerten Lernen befähigt.[683]
Inhaltliche Lernvoraussetzungen	Kenntnisse zum Thema 'berufliche Selbstständigkeit' sind nicht erforderlich.
Unterrichtsmethodische Lernvoraussetzungen	- Lernbürospezifische Erfahrungen sind seitens der Studierenden nicht notwendig und keine Voraussetzung für die Teilnahme an der Veranstaltung. - Erfahrungen mit dem handlungsorientierten Unterrichtskonzept generell sind ebenfalls nicht notwendig.

Im Weiteren sind interdependente, unterrichtliche Entscheidungsfelder für die Qualifizierung der vorgestellten Zielgruppe für die erste Ebene des universitären 'Dreischritts' zu untersuchen und inhaltlich auszugestalten.

5.1.2.1.2 Zu den intentionalen und inhaltlichen Elementar-Strukturen

Intention der ersten Stufe des universitären 'Dreischritts', so kann den ersten Erkenntnisansätzen der Wuppertaler Gründungsdidaktik entnommen werden, soll ins-

---

682 Vgl. Gudjons (1997b, S. 132).

683 Siehe hierzu auch das Lernstrategienmodell nach Metzger bei Nüesch (2001, S. 23). Dubs (1998, S. 224) führt hierzu aus, dass Nenninger/Straka (1998) die Bedingungen für die Motivation zum selbstgesteuerten Lernen in treffender Weise darstellen, „indem sie feststellen, daß motiviertes selbstgesteuertes Lernen nicht automatisch durch Reduktion des fremdgesteuerten Lernens eintritt, sondern es bedarf einer sorgfältigen Anleitung und Begleitung; es setzt ein gutes Strukturwissen, sprachliche Kompetenz sowie die Fähigkeit zum Erkennen von Lernbedarf voraus, und die Lernenden müssen eine angemessene Unterstützung erfahren. Mit den komplexen Lehr-Lern-Arrangements werden dazu gute Voraussetzungen geschaffen. Sie tragen auch der Forderung nach bedürfnisspezifischen Erlebnisqualitäten, welche die Interessenslage nachhaltig beeinflusst, Rechnung [...].“

besondere die Entwicklung der Bereitschaft seitens der Studierenden für eine erste systematische und nachhaltige Auseinandersetzung mit der Existenzgründung sein, die nach Braukmann als Gründungssensibilisierung[684] bezeichnet werden kann.[685] Dabei soll die höchste Stufe der Taxonomie der kognitiven Lernzieldimension, die Reflexions- bzw. die Evaluationsebene, für „die Einschätzung der eigenen Befähigung und des eigenen Wollens bzgl. einer weiteren Investition in den Bildungskanon einer Gründungsqualifizierung“[686] erreicht werden. Studierende können auf diesem Weg eine Entscheidungsbefähigung dahingehend erwerben, entweder in weiteren Schritten das Wagnis der 'Unternehmensgründung' zu verfolgen oder davon fern zu bleiben.[687] Diese Zuweisung der Zielkategorie 'Gründungssensibilisierung' zu der ersten Stufe des universitären 'Dreischritts' soll keine Verabsolutierung intendieren. Eine Verschränkung mit weiteren Lernzielkategorien, wie beispielsweise die der 'Gründungsmündigkeit', die im Kapitel 5.1.3.1 noch vorgestellt wird, ist möglich und durchaus als wünschenswert zu erachten. Im Folgenden lassen sich Intentionen und Inhalte nicht immer eindeutig von dem Faktorenkomplex Methode trennen. Dies ist an dieser Stelle auch nicht notwendig, da der explizite Ausweis der Intentionen und Inhalte auf der ersten Ebene des methodischen 'Dreischritts' betrachtet werden soll. Damit findet eine gewünschte Ausrichtung an die methodische Konzeption statt.

Der Einsatz eines universitären Lernbüros ermöglicht durch die Simulation eines Gründungsvorhabens den Überblick über Fach-, Methoden- und Sozialkompetenzen[688] im Gründungskontext.[689] Hierbei gewinnen Studierende erste Einsichten in die Vorgänge eines Gründungsgeschehens. Auf diesem Weg können sie ihre Selbstorganisations-, Problem- und Konfliktlösungsfähigkeit kultivieren. Aufgrund weiterer erster explorativer Erkenntnisse im Teilprojekt II kann zudem die Behauptung aufgestellt werden, dass im Zuge des zu simulierenden Gründungsprozesses im universi-

---

684 Vgl. die Ausführungen zur Gründungssensibilisierung bei Braukmann (2002, S. 67-69).

685 Die übergreifende Intention des schulischen Lernbüros ist es, Schüler zum selbstständigen und eigenverantwortlichen Handeln im kaufmännischen Arbeitsfeld eines Sachbearbeiters zu befähigen. Die Lernziele sind dementsprechend im schulischen Lernbüro auf das Tätigkeitsfeld des kaufmännischen Sachbearbeiters abgestimmt, so dass für den intentionalen Faktorkomplex des universitären Lernbüros neue Lernziele formuliert werden müssen.

686 Braukmann (2002, S. 69).

687 Vgl. Braukmann (2002, S. 69).

688 Siehe hierzu auch die näheren Ausführungen im Kapitel 2.4.2.1. Vgl. Weitz (1997, S. 33).

689 In einem Expertengespräch mit Kutt vom 04.02.2002 in Wuppertal, erläuterte er, dass der tatsächliche Gründungsakt gar nicht so sehr von Nöten sei. Der gründungsspezifische Qualifizierungsprozess ermöglicht einen Kompetenzerwerb beim Studierenden, der für seine zukünftige Vita allgemein nützlich sein kann.

tären Lernbüro den Studierenden die Verantwortung der eigenen Person gegenüber im Gründungskontext verdeutlicht wird. Durch zu simulierende gründungsspezifische Handlungen werden Chancen, Gefahren und Risiken einer Gründung erfahrbar gemacht. Hierdurch können Studierende zunehmend für die Perspektive der 'beruflichen Selbstständigkeit' sensibilisiert werden.

Diesem Anspruch können die schon im letzten Kapitel erwähnten konventionellen, computergestützten Planspiele im Allgemeinen nicht gerecht werden. Im Rahmen der gründungsbezogenen Computersimulation werden zumeist keine Vorgründungsprozesse nachvollzogen. Es handelt sich vielmehr um Gründungsvorhaben, die kurz vor dem Markteintritt stehen.[690] Bei der Lernbürokonzeption soll gerade die Vorgründungsphase im Mittelpunkt der Simulation stehen. Notwendige Planungen und Diskussionen, beispielsweise im Rahmen der Rechtswahlform oder der Ausgestaltung der Produktpalette, werden ausgeklammert. Dies liegt vermutlich an den Grenzen eines determinierten Computerprogramms, das vornehmlich mit Zahlen und Werten operieren kann. Die Möglichkeit, gründungsspezifische Handlungsfelder[691] ganzheitlich simulieren zu können, kann vielmehr, nach ersten Erfahrungen im Teilprojekt II, durch die flexible Anpassung an das situations- und zielgruppenbedingte Lehr-/Lerngeschehen des hier vorgeschlagenen Lernbürokonzepts vermittelt werden.

Die soeben beschriebenen ersten Erkenntnisse über die Bestimmung von Intentionen innerhalb einer gründungsbezogenen Qualifizierung auf der ersten Stufe des universitären 'Dreischritts' werden nun in tabellarischer Form zusammengefasst. Dabei wird deutlich, dass die Formulierung von Feinlernzielen für den Lehr-/Lernprozess, wie sie in der Regel insbesondere im Rahmen des kognitiven Lernens für konventionelles universitäres Unterrichtsgeschehen stattfindet, weniger bedeutsam ist. Strukturell würde dies mit dem handlungsorientierten Didaktikansatz der hochschuldidaktischen Innovation konfligieren, bei dem die Entwicklung von ganzheitlich, umfänglichen Handlungskompetenzen bei den Studierenden im Vordergrund stehen soll.[692]

---

690 Vgl. Liebig (1998, S. 15).

691 Der Begriff Handlungsfeld ist in dieser Arbeit als ein zu simulierender Aufgabenkomplex zu verstehen, in dem der Studierende durch selbstständige Aktivität gründungsbezogene Inhalte erlernen kann.

692 Diesbezüglich kann auf Braukmann (1993, S. 322) verwiesen werden, der hierzu allgemein ausführt: „Da mit der für handlungsorientierte Didaktikkonzeptionen typischen Forderung nach einer Ansprache aller Verhaltensdimensionen einhergeht, daß nicht allein 'kognitives Lernen' im Sinne eines Ausbaus von 'Wissensstrukturen', sondern 'das Lernen von planvollem Handeln und

Tab. 5.2: Zu den Intentionen des universitären Lernbüros

Aspekte	Intentionen im universitären Lernbürokontext
Spektrum des Kompetenzerwerbs	- Bereiterklärung zu einer ersten systematischen und nachhaltigen Auseinandersetzung mit der Existenzgründungsthematik - Gründungssensibilisierung. - Entscheidung darüber, entweder das Thema 'Unternehmensgründung' weiterhin bewusst zu verfolgen oder davon Abstand zunehmen. - Überblick über gründungsrelevante Fach-, Methoden- und Sozialkompetenzen erhalten. - Einsichten in die Vorgänge des Gründungsgeschehens gewinnen. - Befähigung zur Selbstorganisation entwickeln. - Problem- und Konfliktlösungsfähigkeit kultivieren. - Verantwortungsbewusstsein gegenüber der eigenen Person im Gründungsprozess entwickeln. - Handlungen im Gründungsprozess nachvollziehen, erkennen und bewältigen können.
Taxonomische Einordnung	Komplexitätsgrad der kognitiven Lernzieldimension soll die Reflexions- bzw. die Evaluationsebene zu ersten „Einschätzungen der eigenen Befähigung und des eigenen Wollens bzgl. einer weiteren Investition in den Bildungskanon einer Gründungsqualifizierung“[693] erreichen.

Intentionen eines Lehr-/Lernprozesses stehen in einem engen Zusammenhang mit den Lehr-/Lerninhalten. Deshalb sind die Themen des universitären Lernbüros nach den zuvor formulierten Lernzielen auszurichten. Dieser Implikationszusammenhang wird in den weiteren Ausführungen zur Entwicklung eines universitären Lernbüros, das als Alternativvorschlag und Ergänzung zum tradierten, universitären Methodeneinsatz in gründungsbezogenen Lehrveranstaltungen gelten soll, dargestellt.

Die Inhalte des universitären Lernbüros, die den zuvor genannten zu erreichenden Intentionen des zu simulierenden Gründungsprozesses angepasst werden sollen, können aus typischen Praxissituationen eines Gründers abgeleitet werden.[694] Die

das Lernen der Fähigkeit, Probleme lösen zu können, im Mittelpunkt'[...] handlungsorientierten Lehrens und Lernens stehen soll, ist die generelle [...] Fixierung beruflich kompetenten Handelns auf höherwertige (anspruchvollere, komplexere) Fähigkeiten als 'ein zusätzliches Kriterium für die Formulierung von Lehrgangszielen'[...] zu berücksichtigen. Somit sollten die höchsten Lernzielniveaus (Beurteilen, Internalisieren, Automatisieren und Solidarität[...]) angestrebt werden, was allein in bezug auf die kognitive Dimension ein Verlassen der reinen Kenntnisebene zugunsten höherer lernzieltaxonomischer Verhaltensniveaus, z.B. anwendungsbezogenen beurteilenden Verhaltensstufen, bedeutet.“

693 Braukmann (2002, S. 69).

694 Die Schüler eines schulischen Lernbüros erhalten hingegen inhaltlich Einblicke in die Grundstruktur kaufmännischer Arbeitszusammenhänge, -methoden und -mittel. Auf diesem Weg simulieren sie operative Tätigkeiten auf der Sachbearbeiterebene, so dass sie eine erste berufliche Grundorientierung erhalten.
Siehe in Bezug auf die Darstellung typischer Praxissituationen eines Gründers auch Collrepp, von (1999), vgl. auch Klandt/Finke-Schürmann (1998).

entsprechenden fachwissenschaftlichen Bezüge sollen beispielsweise betriebswirtschaftlichen Theorien mit besonderer Berücksichtigung des Themenbereiches Unternehmensgründung[695], volkswirtschaftliche Theorien und auch Theorien der Soziologie entspringen. Beide Bereiche, sowohl die Praxissituationen als auch die Theorie, werden dann in eine wechselseitige, integrative Beziehung zueinander gestellt, um gründungsrelevante Handlungsfelder gestalten zu können. Damit werden beide Bereiche in dem konstruierten Handlungsfeld repräsentiert.[696] Diese Verknüpfung erinnert an die der Modellbildung eines schulischen Lernbüros.[697] Dort wird die Komplexität büroorganisatorischer Abläufe eines Unternehmens akzentuiert abgebildet und in den Mittelpunkt der Lernbüroarbeit gestellt. Die spezifisch auszugestaltenden gründungsbezogenen Aufgabenfelder des universitären Lernbüros können ähnlich diesem Vorgang ebenfalls didaktisch transformiert, reduziert und akzentuiert werden. Diese didaktisch inhaltliche Reduktion eines modellierten Gründungsgeschehens ist notwendig, damit Studierende, komplexe Inhalte gründungsbezogener inner- sowie außerunternehmerischer Abläufe, die von ihnen nicht unmittelbar antizipiert werden können, simulieren und durch eigene Handlungen erfahren, nachvollziehen und verarbeiten können. Durch die Simulation dieser Handlungsfelder können Studierende eine erste Grundorientierung über eine unternehmerische Selbstständigkeit erhalten.

Die folgende Abbildung beschreibt exemplarisch den Ausgestaltungsprozess der für die universitäre Qualifizierung benötigten und zu konzipierenden Handlungsfelder.

---

695 Vgl. Klandt (1999, S. 60).

696 Wie im Kapitel 4.2.6 beschrieben werden konnte, kritisierte Hentke am schulischen Lernbüro, dass hier theoretische Grundlagen aus Handlungen erlangt würden. Durch die theoretische Untermauerung der Handlungsfelder im universitären Lernbüro, mit der auch kurzfristige Theoriephasen und Einblicke in entsprechende Theorien seitens der Studierenden einhergehen sollen, wird die Kritik Hentkes aufgenommen, inwiefern sie im Rahmen eines schulischen Lernbüros auch immer haltbar sein mag, bleibe dahin gestellt.

697 Mit Bezug auf Kapitel 4.2.4.1 darf in diesem Zusammenhang auf die Modellkonstruktion nach Reetz verwiesen werden. Darüber hinaus sollte es sich mit Bezug auf Bentelers Modellierungsansatz um ein Modell handeln, das als Vorbild möglicher Originale fungiert. Kaisers Modellkategorisierung entsprechend sollte das universitäre Lernbüro dabei als 'Modell eines neu aufzubauenden Unternehmens' verstanden werden.

Abb. 5.4: Ausgestaltungsprozess von gründungsspezifischen Handlungsfeldern

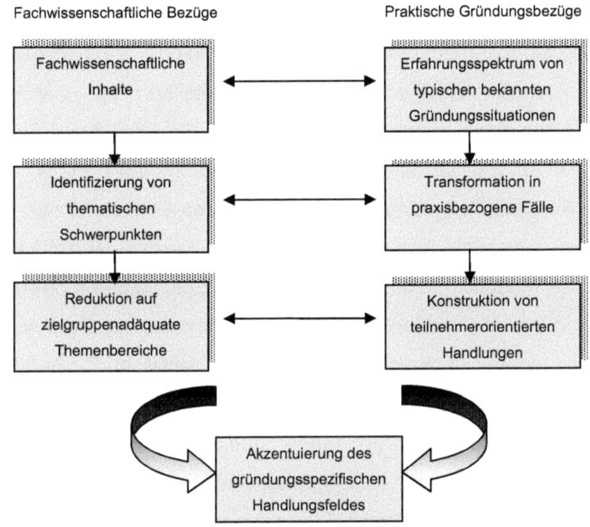

Als wissenschaftliche Grundausrichtungen bzw. Basiskonzepte für die modellierten Aufgabenfelder können die system-[698] und entscheidungsorientierte[699] Betriebswirtschaftslehre als weitere Bezugsdisziplinen, vergleichbar mit dem schulischen Lernbüro, herangezogen werden.[700]

In Bezug auf die systemorientierte Betriebswirtschaftslehre darf angenommen werden, dass das gründungsspezifische Simulationsmodell aus zwei Systemen beste-

---

698 Hopfenbeck (1998, S. 51) konkretisiert: „Betriebswirtschaftliche Probleme und ihre Lösungen kommen isoliert nicht vor, sondern immer im Verbund mit Problemen der **Unternehmensführung**. [...] Die Allgemeine Systemtheorie geht davon aus, 'dass es Prinzipien gebe, die sich allgemein auf Ganzheiten (Systeme) anwenden lassen, unabhängig davon, welcher Art die Elemente, Beziehungen und Kräfte zwischen Ihnen sind'."

699 Hopfenbeck (1998, S. 40) ist zu entnehmen, dass „ [...] entscheidungsorientierte Betriebswirtschaftslehre - als Konkretisierung des sozialwissenschaftlichen Basiskonzepts der Betriebswirtschaftslehre - den Themenbereich 'Führung' aus einem veränderten Blickwinkel, der wesentlich zur Entwicklung der Betriebswirtschaftslehre in Richtung auf eine '**Unternehmensführungslehre**' hin beitrug [, betrachtet; (I.E.)] [...]."

700 Beim schulischen Lernbüro entspringen Inhalte der Theorie der betrieblichen Auf- und Ablauforganisation, die die Analyse und Synthese der einzelnen betrieblichen Arbeitsaufgaben bzw. -inhalte, auch im Verhältnis zueinander, für die Praxis beschreibt. Die dabei zu erlernenden Inhalte bauen zumeist auf eine system- und entscheidungsorientierte Betriebswirtschaftslehre, die als Bezugsdisziplinen gelten, auf.

hen kann – zum einen aus dem zu gründenden Unternehmen und zum anderen aus der mit ihm in Beziehung stehenden Umwelt.[701] Die zu simulierende Umwelt ist genau wie im schulischen Lernbüro weniger von Bedeutung, so dass dies sich auch in der Abbildung 5.5 widerspiegelt. Das erste System, das Simulationsunternehmen, baut im Rahmen des Simulationsprozesses nach und nach kleine Subsysteme[702] auf, die in diesem Fall die Aufgabenfelder eines Gründers darstellen sollen. Die Aufgabenfelder werden vom Lehrenden impuls-gebend in den Lehr-/Lernprozess hineingegeben. Diese ermöglichen erst die Simulation des Gründungsgeschehens. Für seine konkrete inhaltliche Ausgestaltung sind von den Lernenden Entscheidungen[703] zu treffen. Der Zeitpunkt, zu denen die Entscheidungen gefällt werden, ist abhängig von der Prozessdynamik des Modells, die einerseits durch die Entscheidung der Lernenden und andererseits durch die Initiierung von unternehmerischen Prozessen seitens des Dozenten in einem wechselseitigen Rahmen entsteht.[704] Werden Entscheidungen getroffen, so zieht dies das Fällen anderer Entscheidungen nach sich. Ihre Implikation bzw. Verknüpfung untereinander bedingt erst, dass sich ein Gründungsvorhaben weiterentwickelt und weitestgehend abgeschlossen werden kann. An dieser Stelle soll kein konkreter Vorschlag zur inhaltlichen Ausgestaltung der Handlungsfelder unterbreitet werden. Durch die Komplexität der Methodischen Großform Lernbüro sind die Möglichkeiten der Aufbereitung geradezu unbegrenzt. Dieser große Spielraum offeriert dem Lehrenden im Rahmen der didaktischen Reduktion eine individuelle Akzentuierung der Inhalte, die den Merkmalsausprägungen des Simulationsmodells entsprechend ausgestaltet sein sollten. Die in der folgenden Abbildung vorgeschlagenen, inhaltlich heuristisch benannten Handlungsfelder sind daher ausschließlich als Beispiele zu verstehen.

---

701 Die Unternehmung muss sich den veränderbaren Umweltbedingungen anpassen und ist damit andauernd zu Entwicklungen herausgefordert, vgl. Hopfenbeck (1998, S. 53).

702 Hopfenbeck (1998, S. 53) ist zu entnehmen: „Die Unternehmung als Ganzes lässt sich als ein solches System bezeichnen, das sich aus verschiedenen Subsystemen zusammensetzt […]".

703 Hopfenbeck (1998, S. 41) verdeutlicht: „Entscheidungen 'als mentale Informationsverarbeitungsprozesse zur Vorbereitung des realen Gestaltens' stellen die zentralen Aktivitäten betriebswirtschaftlichen Handelns dar. Eine zielorientierte Unternehmensführung setzt bei der Gestaltung der inhaltlichen Elemente betriebswirtschaftlicher Entscheidungen an, dies sind z.B. Entscheidungsziel, -alternativen, -regeln, -restriktionen, -interdependenzen, -träger."

704 Im Gegensatz dazu werden die betrieblichen Prozesse des schulischen Lernbüros hauptsächlich vom Lehrenden provoziert und gelenkt.

Abb. 5.5: Beispiel für ein System eines Unternehmens in Gründung und seine Entscheidungsprozesse[705]

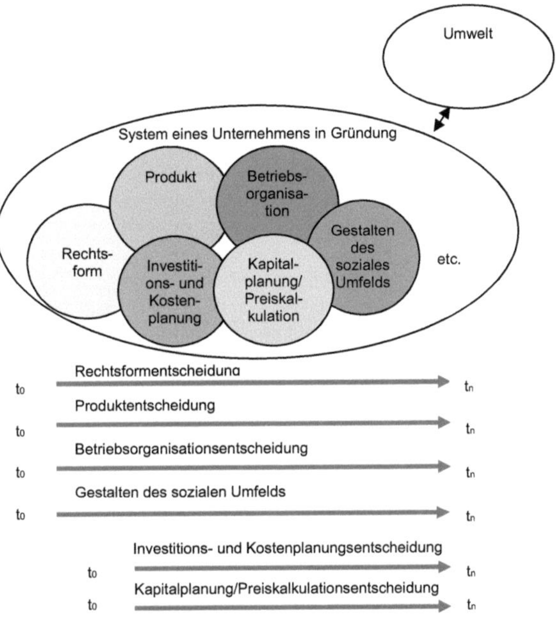

Im Rahmen der vorherigen Ausführungen konnte aufgezeigt werden, dass die Modellbildung des hochschulischen Lernbüros sowie seine Orientierung an die system- und entscheidungsorientierte Betriebswirtschaftslehre als seine Bezugsdisziplinen von dem schulischen Lernbüro übernommen werden können.

Die folgende Tabelle stellt den Vorschlag zur inhaltlichen Ausgestaltung des zu entwickelnden universitären Lernbüros zusammenfassend dar.

[705] Die Bezeichnung 'to' meint hier Anfangszeitpunkt und 'tn' den Endzeitpunkt.

Tab. 5.3: Zu den Inhalten des universitären Lernbüros

Aspekte	Inhalte im universitären Lernbürokontext
Inhaltliche Schwerpunkte	- Gegenstand ist die Grundorientierung über das Thema 'unternehmerische Selbstständigkeit', unter anderem auch über fachorientierte Kategorien wie Rechtsformen, Ausgestaltung der Produktpalette und Betriebsorganisation etc. sowie verhaltensorientierte Kategorien wie Selbstorganisation, Problemlösungen und Entscheidungen. - Inhalte beziehen sich dabei auf ausgewählte Gegenstände typischer Problem- und Handlungsfelder von Unternehmen in Gründung, insbesondere gründungsspezifischer Handlungen eines Unternehmensgründers und den entsprechenden fachwissenschaftlichen Bezügen. - Zu erlernende Inhalte können auf eine system- und entscheidungsorientierte Betriebswirtschaftslehre als Basiskonzepte aufbauen.
Modellierung der Inhalte	Die gründungsspezifischen Handlungen sind dem gewählten Simulationsmodell entsprechend inhaltlich zu transformieren, zu reduzieren und zu akzentuieren, damit komplexe Inhalte der gründungsbezogenen Abläufe von den Studierenden nachvollzogen und verarbeitet werden können, hierzu gehört auch die Simulation von 'Außenkontakten'.

Aus den vorangegangenen Ausführungen kann folgendes Fazit gezogen werden. Da es sich bei dem universitären Lernbüro um die erste Stufe des methodischen 'Dreischritts' handelt, konnte im Rahmen der ersten Erfahrungen im Teilprojekt II festgestellt werden, dass aufgrund der geringen Komplexität, Realitätsnähe und Ernsthaftigkeit die Intentionen und Inhalte des Lehr-/Lerngeschehens eher breit und flächendeckend als tiefgehend auszugestalten sind. Vollständiges Fachwissen tritt bei dem Qualifizierungsprozess im universitären Lernbüro entgegen den etablierten Vorlesungsangeboten in den Hintergrund. Die Lernbüroarbeit stellt das eigenständige Handeln und Ausprobieren der Lernenden in gründungsrelevanten Situationen in den Vordergrund. Der Mut zur fachwissenschaftlichen Lücke ist sogar gewollt, um den Studierenden einen kreativen Spielraum im Rahmen der Gründungssimulation zu eröffnen, selbstverständlich ohne dabei zuzulassen, dass Studierende sich Fachwissen fehlerhaft aneignen.[706]

Im Weiteren sind die unterrichtlichen Entscheidungsfelder Methoden und Medien für die gründungsbezogene Qualifizierung auf der ersten Stufe des zu entwickelnden universitären 'Dreischritts' zu untersuchen. Es stellt sich die Frage, wie diese Ele-

[706] Blindes 'Versuchs-Irrtums-Lernen' und ständig wiederkehrende Routinearbeiten, dies sind Kritikpunkte von Hentke in Bezug auf das schulische Lernbüro, werden damit ausgeschlossen.

mentar-Strukturen mit Bezug auf die in diesem Kapitel vorgestellten interdependenten Faktorenkomplexe auszugestalten sind.

5.1.2.1.3 Zu den methodischen und medialen Elementar-Strukturen

Für die methodische Ausgestaltung des universitären Lernbüros ist es, im Gegensatz zu tradierten, universitären Veranstaltungen notwendig, verschiedene handlungsorientierte Methoden, die das Denken und Handeln in vollständigen, gründungsbezogenen Handlungsvollzügen ermöglichen, zum Einsatz kommen zu lassen. Im Mittelpunkt des methodischen Vorgehens steht hierbei die kontinuierlich auf die Unternehmerpraxis bezogene authentische Aktivität der Studierenden. Ähnlich wie im schulischen Modellunternehmen sollte sich die Methodenauswahl dabei nach der zugewiesenen Modellfunktion des zu gründenden Unternehmens, den gewählten Lehr-/Lerninhalten[707] und den zu erreichenden Lernzielen ausrichten.

Der Lehrende sollte dabei möglichst wenig in das Lehr-/Lerngeschehen eingreifen. Er agiert vielmehr im Hintergrund des Simulationsprozesses, indem er gründungsbezogene Situationsdynamiken initiiert. Er übernimmt dabei bestenfalls die Rolle des 'Moderators', wie es im schulischen Lernbüro auch der Fall ist. Diese Situationsdynamiken könnten, so konnten Ergebnisse aus der WPK belegen, durch situationsleitende 'Episoden' bzw. Handlungsfelder des Gründungsgeschehens eingebracht werden. Die 'Episoden' wiederholen sich nicht auf gleiche Weise. Sie müssen den jeweiligen Modellprozessen, die durch das eigenständige Handeln der Lernenden beeinflusst werden, entsprechend vom Lehrenden immer wieder neu entwickelt und umgestaltet werden. Den Studierenden wird dadurch Raum für entdecken-lassendes Lernen gegeben.

Die Bildung von selbstständigen, eigenverantwortlichen Arbeitsgruppen[708] sollte für die Bearbeitung der 'Episoden' im universitären Lernbüro obligatorisch sein. Dem Motto 'small is beautiful' entsprechend können handlungsorientierte Lehr-/Lernprozesse durch Kleingruppenarbeit effizient gestaltet werden. Vor allem mehrdimensionale, ganzheitliche Methoden wie Fallstudien, Rollen- und Planspiele können in diesem Rahmen sinnvoll eingesetzt werden. Ergänzend sollten auch weitere

---

707 Vgl. hierzu auch die Ausführungen zur Interdependenz zwischen Inhalt und Methode bei Terhart (1997, S. 44-47).

708 Vgl. Kapitel 4.2.4.3.3.

Lehr-/Lernarrangements gewählt werden, die der Unternehmeraufgabe zusätzlich zuträglich sein dürften. Dazu können Präsentationen[709] und Moderationstechniken zählen, genauso wie eigenständige Lehrvorträge oder auch Plenumsgespräche, in denen beispielsweise eigene Meinungen bzw. Visionen in Bezug auf das zu verfolgende Gründungsprojekt vertreten werden sollten. Diese verhaltensfördernden Methoden könnten zusammen mit einem eher kognitiv ausgerichteten, gründungsbezogenen Lehrprogramm eine Sensibilisierung für das Thema 'berufliche Selbstständigkeit' bei den Studierenden entwickeln.[710]

Die Reihung der erwähnten Methoden in Interdependenz mit den gründungsspezifischen Inhalten und Intentionen sollte in der Makrosequenzierung des Lehr-/Lerngeschehens, ähnlich der unternehmerischen Abläufe im schulischen Lernbüro, einen systematischen Aufbau des zu simulierenden Unternehmens in Gründung ermöglichen.[711] In der Mikrosequenzierung[712] findet zunächst eine Konfrontation mit dem gründungsbezogenen Aufgabenfeld statt, in dem die Studierenden während der Veranstaltung in simulierter Form handeln.[713] Dabei kann das Unternehmen mit zunehmender Aufgabenkomplexität beispielsweise eine Teamgründung verfolgen, weitere Mitarbeiter akquirieren oder auch seine Produktpalette erweitern bzw. verändern. Zum Schluss jeder Veranstaltung sollte es als notwendig erachtet werden, eine Arbeitsrückschau bzw. Reflexion des Lehr-/Lernprozesses stattfinden zu lassen.[714] Dadurch könnte gewährleistet werden, dass offene Fragen beantwortet, eigenes Handeln in bestimmten Situationen rückblickend nachvollzogen und bewertet sowie gründungsspezifische Abläufe und ihre Zusammenhänge erkannt und verinnerlicht werden können.

---

709 Hartmann/Funk/Nietmann (1998, S. 12) geben dem Begriff Präsentation folgende Definition, die diese Form eines Methodenarrangements transparent machen kann: „Eine oder mehrere Personen stellen für eine Zielgruppe bestimmte Inhalte, also Sachaussagen oder Produkte, dar. Ziel ist es, diese Gruppe zu informieren oder zu überzeugen. Die Darstellung wird unterstützt durch bildhafte Mittel. An die Darstellung schließt sich eine Fragerunde oder Diskussion an."

710 Hentke spricht in Bezug auf das schulische Lernbüro von einem methodischen Blendwerk. Dieser Kritik kann durch den beschriebenen ganzheitlichen, methodischen Ansatz des universitären Lernbüros entgegentreten werden.

711 Siehe hierzu auch das Kapitel 4.2.4.3.3 zum schulischen Lernbüro.

712 Hiermit ist die Artikulation des Unterrichts gemeint, die nach Schelten (1994, S. 209) auch Gliederung des Unterrichts genannt werden kann.

713 Nähere Ausführungen zur Mikrosequenzierung können dem Kapitel 4.2.4.3.3 zum schulischen Lernbüro entnommen werden.

714 Hentke kritisiert, wie im Kapitel 4.2.6 verdeutlicht werden konnte, die fehlende Reflexion der Arbeitshandlungen im schulischen Lernbüro. Dieses Problem sollte im universitären Lernbüro notwendigerweise gelöst werden. Studierende könnten diese Arbeitsrückschau möglicherweise selber einfordern.

Am Ende der gesamten Veranstaltungssequenz kann dann ein Gründungsvorhaben eines Unternehmens, das nun fiktiv mit seinem Produktangebot auf den Markt treten möchte, abgeschlossen simuliert worden sein.
Folgende Abbildung soll den Aufbau des Unternehmens in Gründung nochmals in der Makrosequenzierung beschreiben:

Abb. 5.6: Beispiel für eine Reihung der zu simulierenden Handlungsfelder für den Aufbau eines Unternehmensmodells in Gründung[715]

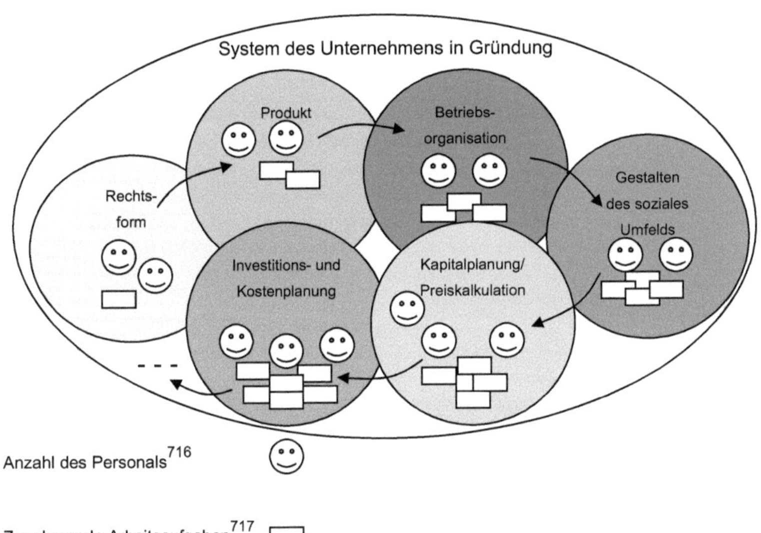

Anzahl des Personals[716]

Zunehmende Arbeitsaufgaben[717]

Offene zukünftige Entwicklung - - -

Die exemplarisch dargestellten Überschneidungen der einzelnen Handlungsfelder sollen nochmals die miteinander verknüpften und deshalb zu beachtenden Auswirkungen der Aktivitäten in einem Handlungsfeld auf ein anderes verdeutlichen.

715 Diese Darstellung ist im Ablauf und in Bezug auf die Anzahl des Personals sowie der Arbeitsaufgaben in vielfältiger Form veränderbar, wie auch schon im Kapitel 5.1.2.1.2 beschrieben werden konnte.

716 Personal ist nach der systemorientierten Betriebswirtschaftslehre als 'Systemelement' des Systems Unternehmung zu verstehen.

717 Arbeitsaufgaben sind nach der systemorientierten Betriebswirtschaftslehre ebenfalls als 'Systemelemente' des Systems Unternehmung zu verstehen.

Die symbolisierte zukünftige Entwicklung des Simulationsunternehmens im obigen Schaubild soll zweierlei verdeutlichen. Zum einen ist das Modell offen, dies bedeutet, dass weitere 'Episoden' simuliert bzw. durchgespielt werden könnten. Zum anderen können damit auch zukünftige Handlungen in der universitären Übungsfirma antizipiert werden, wobei dann das Simulationsgeschehen einer Übungsfirma auf das Modell des Lernbüros aufbauen würde.[718]

Folgende Tabelle wird den hochschulischen Methodeneinsatz zusammenfassend vorstellen.

Tab. 5.4: Zum Methodeneinsatz im universitären Lernbüro

Aspekte	Methodeneinsatz im universitären Lernbürokontext
Methodische Ausrichtung	Einsatz von verschiedenen handlungsorientierten Methoden, die Denken und Handeln in vollständigen gründungsbezogenen Handlungsvollzügen ermöglichen; die Methodenauswahl richtet sich dabei nach der zugewiesenen Modellfunktion.[719]
Aktionsformen	- Entdecken-lassende und impuls-gebende Aktionsformen kommen zum Einsatz. - Lehrender hält sich zurück und übernimmt höchstens die Rolle des Moderators; allerdings steuert er im Hintergrund, indem er für gründungsspezifische Situationsdynamik im Simulationsprozess sorgt.
Sozialformen	- Studierende agieren weitestgehend selbstständig. - Das gesamte Spektrum von Einzel- und Gruppenarbeit bis hin zu zentral handlungsorientierten Methoden wie Fallstudien, Rollen- und Planspiele kommen zum Einsatz; ergänzend sollten Lehr-/Lernarrangements gewählt werden, die der Erfüllung der Unternehmeraufgabe zuträglich sind, wie Präsentations- und Moderationstechniken, eigenständige Lehrvorträge oder auch Plenumsgespräche. - Es findet immer wieder eine Aufsplittung des Teilnehmerverbandes in eigenverantwortliche Arbeitsgruppen satt.
Artikulation	Die vom Dozenten initiierte Makrosequenzierung ermöglicht die Simulation eines systematischen Aufbaus des Gründungsprozesses. In der Mikrosequenzierung findet zunächst eine Konfrontation mit dem gründungsbezogenen Aufgabenfeld statt, in dem die Studierenden anschließend in simulierter Form handeln. Abschließend findet eine Arbeitsrückschau statt, bei der die erfolgten Handlungen reflektiert werden.

[718] Es soll in diesem Zusammenhang darauf hingewiesen werden, dass computergestützte Unternehmensplanspiele der in diesem Kapitel aufgeführten methodischen Vielfalt nicht gerecht werden können. Darüber hinaus kann der Lernende nur über die Interaktion mit dem Planspiel die Simulation eines Gründungsprozesses erleben. Soziale Kontakte [„Verhandeln mit Kreditinstituten, Kunden, Lieferanten“, vgl. Klandt (1998, S. 207)] werden beispielsweise nicht simuliert. Zudem ist die Handlungsfreiheit der Studierenden durch den vorgegebenen Handlungsrahmen stärker eingeschränkt, als es bei dem flexibleren Handlungsrahmen eines universitären Lernbüros der Fall sein würde, in dem die Studierenden vorgegebene Handlungsfelder selber ausgestalten können.

[719] Siehe hierzu auch Tabelle 4.1.

Der beschriebene handlungsorientierte Lehr-/Lernprozess sollte medial durch ein physisch[720] vorhandenes, vollständig ausgestattetes Lernbüro im Gründungskontext unterstützt werden.[721] Da Seminarräume an der Hochschule bekanntlich in den meisten Fällen wie herkömmliche Unterrichtsräume ausgestattet sind, sollte ein solcher Raum in ein universitäres Lernbüro verwandelt werden, damit eine hohe gründungsbezogene, den kaufmännisch-verwaltenden Bereich eines Unternehmens repräsentierende Authentizität erzeugt werden kann.[722] Im Rahmen dieser Lernumgebung könnten innovative Produkt- und Prozessentwicklungen von Studierenden realitätsnah simuliert und gefördert werden. Ein schulisches Lernbüro wird hingegen für die Simulation der betrieblichen Praxis eines kaufmännischen Sachbearbeiters medial voll ausgestattet, jedoch können die weiteren Entwicklungen zur Ausgestaltung des universitären Lernbüros von den in dieser Arbeit behandelten Ausführungen zu der medialen Ausstattung im Schulkontext partizipieren und profitieren.

Dem Ziel entsprechend, Studierende behutsam an das Thema der Existenzgründung heranzuführen, tendierten die weiteren Ausgestaltungsvorschläge zur medialen Ausstattung eines universitären Lernbüros dahin, kleinere zu simulierende Gründungsprojekte sowie kleinere Teamgründungen, die langsam wachsen können, stattfinden zu lassen. Diesbezüglich sollten mehrere kleine Funktionseinheiten (FE) mit vollständiger Büroausstattung in einem Raum untergebracht werden. Selbstverständlich spielte bei diesen Überlegungen die Größe des Raumes eine bedeutende Rolle, die

---

720 Kremer (1997, S. 107) bezieht sich diesbezüglich bei der Beschreibung einer Medienklassifizierung auf Stratenwerth, der in diesem Zusammenhang auch von Repräsentationsmedien spricht, die „die Wahrnehmung des Lernenden unterstützen, wesentliche Inhalte veranschaulichen“ sowie „Einzelinformationen zusammenfassen bzw. übersichtlich zusammenführen“.

721 Braukmann (1993, S. 494) formulierte bereits für komplexe Lernumwelten allgemein: „Häufig sind Entscheidungen zugunsten besonderer handlungsorientiert ausgerichteter Methodenarrangements, untrennbar mit dem Einsatz bestimmter Medien in der erforderlichen Anzahl und - damit einhergehend - mit bestimmten Anforderungen an die Raumausstattung verbunden[...], was sich sehr prägnant bei der Schaffung komplexer handlungsorientierter Lernumwelten, wie z.B. dem Lernbüro[...] oder der Übungsfirma[...], die ohne Computer, Netzwerke, Drucker, Kopierer, Displaysysteme, etc. nicht realisierbar sind, zeigt.“ Braukmann bezieht sich in seinen weiteren Ausführungen auf Hurtz (1991, S. 45). Dieser zählt verschiedene „Anhaltspunkte für die Schaffung von Rahmenbedingungen [...], die für eine Realisierung des handlungsorientierten Lernens günstig sind“, insbesondere die Ausrüstung der Unterrichtsräume mit einer Handbibliothek, Pinnwänden, variabel anordbaren Tischen, Overheadprojektoren usw.“ sowie die „Einrichtung von Unterrichtsräumen, in denen die Schüler Handlungsmöglichkeiten besitzen, z.B. Labor mit Experimentalanordnungen, an denen die Schüler selbständig arbeiten können“, auf.

722 Fell (1989, S. 192) führt hierzu aus, dass die Lernumgebung bei der didaktischen Gestaltung von Qualifizierungen nicht vernachlässigt werden darf. Sie soll die „vielfältigen Bedingungen des Lehrens und Lernens in funktionale Beziehung“ zueinander setzen.

nur eine bestimmte Anzahl von FE zulässt. Unabhängig davon sollte aber grundsätzlich das handlungsorientierte Lehr-/Lerngeschehen des universitären Lernbüros seinem didaktischen Primat folgend das Individuum in den Mittelpunkt des Unterrichtsgeschehens stellen.[723] Dies impliziert die Einrichtung weniger aber qualitativ hochwertiger FE, anstelle einer hohen Anzahl.

Diese Überlegungen führten zu folgender Skizze, die als erster explorativ generierter Vorschlag für die Einrichtung eines universitären Lernbüros in einem an Hochschulen anzutreffenden, durchschnittlich großen (ca. 45 qm) Seminarraum, gelten könnte.

Abb. 5.7: Vorschlag zur Einrichtung eines universitären Lernbüros

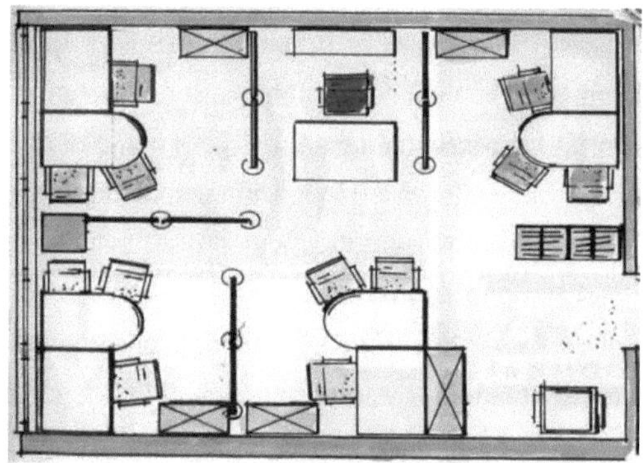

Auf der Abbildung sind 4 FE zu erkennen. In der Mitte des Raumes befindet sich ein Dozentenarbeitsplatz, von dem aus beispielsweise situationsbedingte Impulse in den Unterrichtsprozess eingegeben werden können. Die FE sind mit einem Schreibtisch inklusive eines Rollcontainers, einem Bürostuhl, einem Besuchertisch mit zwei Besucherstühlen und einem Aktenschrank ausgestattet. Damit stehen den Studierenden vier komplette Büroausstattungen im Rahmen der Gründungssimulation zur Verfügung. Die einzelnen Arbeitsplätze sollten mit Trennwänden voneinander abgeteilt sein, damit einerseits vier einzelne FE unabhängig voneinander arbeiten und andererseits zu simulierende Handlungsfelder weitestgehend ungestört arbeitsgleich oder aber auch arbeitsteilig in Kleingruppen bearbeitet werden können. Diese Trennwände könnten auch als Magnettafeln benutzt werden. Dadurch hätten die Studie-

[723] Siehe hierzu die Ausführungen zum VINA- und VANI-Prinzip bei Braukmann (1993, S. 251-257).

renden zusätzlich die Möglichkeit, Arbeitsprozesse und -ergebnisse zu visualisieren und zu präsentieren. Die Wände könnten des Weiteren als Unterrichtsmedium für Präsentationen seitens des Dozenten dienen.
Weiterhin muss berücksichtigt werden, dass die gesamte Kommunikations- und Informationstechnologie, die für die einzelnen FE benötigt wird, untergebracht werden kann.[724] Für die Planung der Platzierung dieser Gerätschaften wäre es sinnvoll, einen Stellplan anzufertigen, um sicher gehen zu können, dass genug Bewegungsfreiheit an den Arbeitsplätzen erhalten bleibt. Die Möblierung sollte diesbezüglich über ihre reine Funktionalität hinaus flexibel einsetzbar sein. Das bedeutet, dass das Mobiliar zum einen für die schon angesprochenen arbeitsgleichen und arbeitsteiligen Gruppenarbeiten umgestellt werden kann und zum anderen eine flexible Anpassung an die von den Verkabelungsmöglichkeiten des Raumes abhängigen Platzierungen der zur Anwendung kommenden Kommunikations- und Informationstechnologie ermöglicht.[725] Die Bürotechnik sowie die zum Einsatz kommende Software[726] sollte zudem dem neuesten Stand der technologischen Entwicklung entsprechen. Weiterhin sollte der Einsatz von zusätzlichen Unterrichtsmedien wie Flipcharts, Handbibliothek, Overheadprojektor oder auch Beamer unterstützt werden.[727] Studierende sollten durch diese mediale Ausstattung ein Gefühl der Zuversicht, Ernsthaftigkeit und Machbarkeit in Bezug auf eine optional eigene Selbstständigenperspektive erhalten. Die Einrichtung kann darüber hinaus als Vorbild für eine spätere Büroausstattung dienen.[728] Diese Forderung impliziert, dass die Raumausstattung über eine

---

[724] Zu diesen Medien gehören beispielsweise Computer, Tastatur, Bildschirme, Drucker, Scanner Faxgeräte und Telefone.

[725] Die aktuellen arbeitsergonomischen Vorschriften sind hierbei notwendigerweise zu beachten.

[726] Diese sollte mindestens dem Umfang einer standardmäßigen Anwender-Software für Bürotätigkeiten entsprechen.

[727] Diese vielfältige mediale Unterstützung des gründungsbezogenen Lehr-/Lernprozesses benötigt eine dementsprechende Finanzierung. Da Universitäten Drittmittelförderungen erhalten können, darf davon ausgegangen werden, dass an Hochschulen die Voraussetzungen für eine Finanzierung einer qualitativ hochwertigen Einrichtung geschaffen werden könnten. Zusätzlich können Sponsorengelder eingeworben werden. Hierfür sollten verschiedene Kooperationspfade (Möbelhäuser, Systemanbieter, ggfs. Projektpartner etc.) geknüpft werden. Dabei ist zu beachten, dass die Kultivierung dieses Netzwerkes umfangreich und zeitaufwendig sein kann. Das Ausschöpfen dieser Optionen ist bedeutsam, da das handlungsorientierte Lernen im universitären Lernbüro nicht durch finanzielle Ersparnisse eingeschränkt werden sollte.

[728] Ähnlich wie im schulischen Lernbüro würde das universitäre Lernbüro seine Handelsprodukte, Dienstleistungen, Lagerorte etc. ausschließlich symbolisch simulieren. Die Ausgestaltung eines universitären Lernbüros kann über die Ausstattung eines schulischen Lernbüros hinaus durch folgende, weitere Bereiche beeinflusst werden: Bekannte Einrichtungen aus der unternehmerischen Praxis, beauftragte Möbeleinrichtungshäuser, Ausstattung von bekannten professionellen Weiterbildungseinrichtungen und aus didaktischen Gesichtspunkten reduzierte Büroausstattung.

reine Möblierung und technische Einrichtung hinausgeht und zusätzlich Tapeten, Teppichboden, Lampen, Rollos, EDV-Vernetzung, Kabelkanäle, Telefonanlage, Bilder, Blumen etc. als notwendige Einrichtungskomponenten in Betracht gezogen werden sollten.[729] Um diese vollständige Authentizität erzeugen zu können, bedarf es einer detaillierten Planung der Umbauarbeiten eines an Hochschulen gewöhnlich vorzufindenden Seminarraums, die selbstverständlich vor dem Bezug des Raumes zu bewerkstelligen wäre.[730]

Die folgenden von Dörig formulierten Vorschläge für die Lernumgebung für Gründungsinteressierte aus Hochschulen werden die zuvor ausgeführten Anforderungen nochmals in zusammengefasster Form bestätigen:

> *„Lernumgebungen für die Existenzgründerausbildung an Universitäten sollten ein hohes Maß an Authentizität und Situiertheit aufweisen sowie dem Lerner ermöglichen, die mit Existenzgründung einhergehenden Probleme aus unterschiedlichen Perspektiven zu betrachten und anzugehen!* [...]
>
> *Lernumgebungen für die Existenzgründerausbildung an Universitäten sollen die Nutzung moderner Unterrichtstechnologien erlauben!* [...]
>
> *Lernumgebungen für die Existenzgründerausbildung an Universitäten sollten kooperatives Lernen ermöglichen!“*[731]

Bei der medialen Ausgestaltung einer Lernumgebung, in der die bisher beschriebene handlungsorientierte Gründungsqualifizierung stattfinden soll, ist zudem von Beginn an zu berücksichtigen, dass sie für alle Stufen bzw. Methodischen Großformen des

---

[729] Auf diese zusätzliche Ausgestaltung wird im schulischen Lernbüro weitestgehend verzichtet.

[730] Hierbei ist zu berücksichtigen, dass Umbauarbeiten erfahrungsgemäß nicht im Detail planbar sind. Eine Vorplanung mit Prioritätensetzung der einzelnen Umbauarbeiten ist als wünschenswert zu erachten und sollte im hohen Unfang Pufferzeiten berücksichtigen.
Um diese möglicherweise zeitraubenden Planungsarbeiten selber vermeiden zu können, soll diesbezüglich der Vorschlag unterbreitet werden, die Raumausstattung als Wettbewerb unter den Studierenden der Architektur, der Gestaltungstechnik oder des Grafik-Designs etc. auszuschreiben. Der Gewinner, der beispielsweise alle zu berücksichtigenden, medialen Komponenten für den Lehr-/Lernprozess effektiv, aber auch stilvoll und infrastrukturell sinnvoll gestaltet hat, kann seine eigenen Ideen beispielsweise mit einem Möbelanbieter, der alle zu bewerkstelligenden Arbeiten aus einer Hand organisieren könnte, in Kooperation umsetzen. Dieser Prozess müsste dann fast ausschließlich aus der 'Helikopter-Perspektive' begleitet werden.

[731] Vgl. Dörig (1994, S. 273 ff.) entnommen aus Esser/Twardy (1998, S. 15). In Bezug auf computergestützte Unternehmensplanspiele soll seitens der Verfasserin nochmals darauf hingewiesen werden, dass die Lernumgebung eines Computerplanspiels ausschließlich aus einem Computerarbeitsplatz besteht, der eine authentische Atmosphäre des Arbeitsplatzes eines Gründers, wie sie in diesem Kapitel umfangreich beschrieben wurde, vermissen lässt.

universitären 'Dreischritts' nutzbar ist. Damit kann ein unnötiger materieller sowie finanzieller Ressourcenaufwand vermieden werden.
Folgende mögliche Medien könnten zusammenfassend in einem universitären Lernbüro zum Einsatz kommen:

Tab. 5.5: Zum Medieneinsatz im universitären Lernbüro

Aspekte	Medien im universitären Lernbürokontext
Physisch vorhandene und symbolische[732] Einrichtung	- Handlungsorientiertes Lernen sollte im universitären Lernbüro unter anderem durch eine physisch vorhandene, auf dem modernsten Stand befindliche Büroausstattung ermöglicht werden. - Mögliches Handelsprodukt und Lager eines universitären Lernbüros sollten medial einen symbolischen Charakter haben. - Hoher Authentizitätscharakter durch Verwandlung eines universitären Seminarraums in ein universitäres Lernbüros sollte gewährleistet sein; damit könnten mögliche Produkt- und Prozessinnovationen unterstützt werden. - Vollständige, qualitativ ansprechende Büroausstattung eines Gründers sollte vorhanden sein. - Die im universitären Lernbüro abzuteilenden FE sollten Vorbildfunktion haben. - Flexibel verstellbares Mobiliar sollte in den Funktionseinheiten für arbeitsgleiche und -teilige Gruppentätigkeiten vorhanden sein. - Einrichtung sollte ergonomischen Vorschriften entsprechen.
Medienträger[733]	Zusätzliche Medien des Unterrichts wie Flipchart, Pinnwände, Handbibliothek, Beamer, Overhead-Projektor etc. sollten ihren Einsatz finden.
Gestaltung der Kommunikations- und Informationstechnologien	Neueste Kommunikations- und Informationstechniken sowie Software; inklusive gründungsbezogene Software sollten eingesetzt werden.
Pädagogisches Primat	Die Ermöglichung praxisnahen, gründungsspezifischen Denkens und Handelns sollte nicht durch finanzielle Erwägungen bei der Einrichtung eingeschränkt werden.
Verwendungsumfang	Einrichtung des universitären Lernbüros sollte für alle im universitären 'Dreischritt' vorkommenden Methodischen Großformen nutzbar sein.

Im Weiteren wird die formative Lehr-/Lernkontrolle in den Mittelpunkt der Untersuchung des mikrodidaktischen Implikationsfeldes gerückt. Denn eine systematische Lernerfolgskontrolle darf nicht losgelöst von den bisher untersuchten Elementar-

---

732 In diesem Zusammenhang führt Flechsig (1995, S. 87) aus, dass sich „symbolische Repräsentationen von Wirklichkeit“ [...] „bestimmter Zeichensysteme mit vereinbarten Bedeutungszuordnungen“ bedienen. „Dies gilt für die gesprochene und geschriebene Umgangssprache ebenso wie für Fachsprachen und für mathematische, logische und kryptische Symbole.“ Vgl. hierzu auch Boeckmann/Heymen (1978, S. 103).

733 Stratenwerth (1994, S. 94) nimmt beispielsweise diese Einteilung der Medien wie Flipcharts, Pinnwände etc. in Medienträger vor.

Strukturen Intentionen, Inhalte, Methoden und Medien sowie dem Bedingungsfeld der Zielgruppe gesehen werden.[734]

5.1.2.1.4 Zur formativen Lehr-/Lernzielkontrolle

Die formative Lehr-/Lernzielkontrolle darf zumeist nicht losgelöst von den unterrichtlichen Entscheidungsfeldern betrachtet werden, da sie in einem engen Interdependenzverhältnis stehen. „Im Vordergrund der Interdependenzen steht hierbei die Relation zwischen Lernzielen und formativen Lehr-/Lernkontrollen“[735]. Dieser Zusammenhang wird auch in den folgenden Ausführungen erkennbar.

Vorab darf nochmals darauf hingewiesen werden, dass die Gründungsqualifizierung für die Studierenden als Ergänzungsstudium gelten kann.[736] Diese sollten daher durch die spezifische handlungsorientierte Gestaltung des hochschuldidaktisch-innovativen Lehrangebots einen Anreiz erhalten, eigenmotiviert und freiwillig sowie kontinuierlich an dieser Qualifizierung teilzunehmen. Auf diesem Wege soll das Ziel erreicht werden, sie zu einer ersten Auseinandersetzung mit der Existenzgründungsthematik hinzuführen und für das Thema zu sensibilisieren.[737]

Die Qualifizierung sollte dabei nicht darauf ausgerichtet sein, die im Lehr-/Lernprozess erreichten Lernerfolge der Studierenden in tradierter mündlicher und/oder schriftlicher Form abzufragen oder zu beurteilen. Der handlungsorientierte Unterrichtsansatz impliziert vielmehr eine ganzheitliche Verknüpfung zwischen einem fachwissenschaftlichen und verhaltensbezogenen Kompetenzerwerb, der eine herkömmliche Leistungskontrolle nicht gerecht werden kann. Die mehrdimensionale Zielausrichtung des handlungsorientierten Unterrichts begreift den Lernenden als selbstbestimmtes Individuum im Qualifikationsgeschehen. Die Motivation, gründungsbezogene Kompetenzen erwerben zu wollen, um beispielsweise das persönliche, berufliche Qualifikationsprofil zu erweitern, soll daher vom Studierenden selber ausgehen. Er wird dementsprechend dazu aufgefordert sein, seine Lernerfolge selber zu kontrollieren.[738]

---

734 Vgl. Braukmann (1993, S. 422).
735 Braukmann (1993, S. 422).
736 Vgl. Braukmann (2002, S. 68).
737 Vgl. Braukmann (2002, S. 68).
738 Im schulischen Lernbüro findet die Kontrolle des Lernerfolges der Lernenden im Rahmen sachgerechter und praktischer Bewältigung betrieblicher Anforderungen in Anwendungssituationen statt. Siehe hierzu die Gesamtübersicht im Kapitel 4.2.7.

Erste Ergebnisse der WPK im Teilprojekt II weisen darauf hin, dass dem Studierenden daher im Lehr-/Lernprozess jederzeit der Raum gegeben werden sollte, Fragen zu stellen bzw. Probleme bei der Bewältigung der zu simulierenden Handlungsfelder artikulieren zu können. Diese sollten anschließend vom Dozenten beantwortet bzw. gelöst werden. Weiterhin erhält der Dozent die Möglichkeit, durch Präsentationsphasen, in denen Studierende Arbeitsergebnisse vorstellen, die jeweiligen Lernerfolge zu kontrollieren. Der Lehrende könnte den Studierenden mögliche Verbesserungsvorschläge unterbreiten und gegebenenfalls inhaltliche aber auch verhaltensbezogene Entwicklungsmöglichkeiten aufzeigen.

Am Ende einer jeden Veranstaltung sollte, wie auch schon im Kapitel 5.1.2.1.3 erwähnt wurde, eine Reflexionsphase angesetzt werden. In dieser Sequenz wäre dann jeder Studierende aufgefordert, seine eigenen Lernerfolge zu prüfen. Individuelle Fragen, Probleme und Defizite aber auch Lernfortschritte sollten formuliert werden. Der Dozent hätte dabei die Aufgabe, diese Reflexion zu moderieren und dabei seine vorformulierten Intentionen des Lehr-/Lernprozesses zu überprüfen. Durch einen Soll-Ist-Vergleich erhält der Lehrende Aufschluss über die erreichten bzw. nicht erlangten Lernziele. Die Studierenden sowie der Dozent sollten in diesem Zusammenhang die Bewältigung möglicher erkannter Defizite, je nach Ausmaß, kurz-, mittel- oder langfristig in den weiteren Lehr-/Lernprozess integrieren.

Zum Abschluss der Qualifizierung im universitären Lernbüro dürften die Studierenden eine Einschätzung über ihre entwickelte Entscheidungsfähigkeit für oder gegen eine weitere Investition in den Bildungskanon einer Gründungsqualifizierung, wie beispielsweise die der universitären Übungsfirma, abgeben können.

Es folgt nun eine Zusammenfassung der aus der im Rahmen der WPK im Teilprojekt II gewonnenen Erkenntnisse zur formativen Lehr-/Lernzielkontrolle im universitären Lernbüro in tabellarischer Form:

Tab. 5.6: Zur formativen Lehr-/Lernzielkontrolle im universitären Lernbüro

Aspekte	Formative Lehr-/Lernzielkontrolle im universitären Lernbüro
Ausrichtung der Lehr-/Lernzielkontrolle	Die Maxime lautet: Studierende sind aufgefordert, ihre Lernerfolge selber zu überprüfen.
Elemente der Lehr-/Lernzielkontrolle	- In diesem Zusammenhang sollen inhaltliche Fragen bei den Lernenden im Lehr-/Lernprozess seitens des Dozenten kooperativ begleitend beantwortet und dabei für den Lehrenden deutlich werden. - Lernerfolge können auch im Rahmen von Präsentationsphasen, in denen Studierende eigene Arbeitsergebnisse vorstellen, vom Dozenten überprüft werden. - Am Ende jeder Veranstaltungssequenz ist eine Reflexionsphase anzusetzen, erreichte und nicht erlangte Lernziele können damit überprüft werden.

Es darf angenommen werden, dass vergleichbare Möglichkeiten der Lehr-/Lernzielkontrolle im Universitätskontext bislang nicht vorfindbar sind. Diese neuartige Form der Lernerfolgskontrolle im universitären Lernbüro stellt daher vor allem den Dozenten vor neue Herausforderungen.

Die Anforderungen an einen Dozenten, die diese Qualifizierungsform an ihn stellt, werden unter anderem im nächsten Kapitel beschrieben. Hier wird nun der Blick auf das makrodidaktische Implikationsfeld gerichtet.

5.1.2.2 Zu den makrodidaktischen Elementar-Strukturen

Mit der Hinwendung zu den makrodidaktischen Faktorenkomplexen werden im Weiteren in Anlehnung an Braukmann, ähnlich wie im Kapitel 4.2.5 für das schulische Lernbüro, die Lehrperson im Lehr-/Lernprozess, der Ort sowie die Dauer der Qualifizierung und ihre summative Lehr-/Lernzielkontrolle beschrieben.

Um in einem universitären Lernbüro den Lehr-/Lernprozess gestalten, durchführen und begleiten zu können, sollte der Dozent verschiedenen Anforderungen gerecht werden können. Da das Kompetenzprofil des Lehrenden an dieser Stelle nicht vollständig identifiziert werden kann, wird es im Folgenden rudimentär beschrieben. Zum einen ist es notwendig, dass er gründungsbezogene Fachkompetenzen besitzt, die vorzugsweise durch ein wirtschaftswissenschaftlich ausgerichtetes Studium gestützt werden sollten. Zum anderen wäre es förderlich, wenn er berufliche Handlungskompetenzen im Bereich des Unterrichtens in Bezug auf wirtschaftspädagogische Lehr-/Lernkontexte nachweisen könnte. Darüber hinaus kann es für das Lehren im universitären Lernbüro als bedeutsam erachtet werden, dass der Dozent das Unterrichtskonzept der handlungsorientierten Didaktik umzusetzen vermag. In diesem Zusammenhang bedarf es auch des kompetenten Umgangs mit unterschiedlichen modernen Medien, wie sie beispielsweise im Kapitel 5.1.2.1.3 beschrieben wurden. Der Dozent sollte daher über eine entsprechende Medienkompetenz verfügen, die er ebenfalls an die Lernenden weitervermitteln sollte.

Ähnlich wie es für das schulische Lernbüro im Kapitel 4.2.4.1 aufgezeigt werden konnte, kann auch für das universitäre Lernbüro erwogen werden, den Lehrenden zum Konstrukteur des Lernbüro-Modells zu machen. Deshalb sollte der Dozent in der Lage sein, durch die Befähigung zum visionären Denken, ein Modell für ein Unternehmen im Gründungsprozess zu konstruieren und diese Idee während der gesamten Veranstaltungsreihe zu verfolgen. In diesem Zusammenhang ist es notwendig, dass er den im Modell agierenden Personen genügend Handlungsfreiheiten lässt, um auch ihre eigenen Phantasien über den weiteren Verlauf des zu simulierenden Gründungsprozesses zu berücksichtigen, ohne dass der Dozent seine Ziele aus dem Blick verliert. Hierfür benötigt er ein ausreichendes Maß an Ambiguitätstoleranz, um der Rolle des Lehrenden und des Beobachters in einer Person gerecht werden zu können. Er moderiert daher allenfalls den Lehr-/Lernprozess[739] und passt dabei die zu simulierenden, immer wieder neu zu kreierenden Handlungssituationen dem Lehr-/Lerngeschehen vornehmlich im Hintergrund an.[740]

Damit den Studierenden die Möglichkeit des handlungsorientierten Lernens im und am Modell überhaupt eröffnet werden kann - dies ergaben erste Untersuchungen des Teilprojekt II - müssen sie einen Anreiz verspüren, sich auf die Rationalität des Modells und somit auch auf die des Dozenten einzulassen. Dies wird nur dann gelingen, wenn der Lehrende das Modell derart konstruiert und ausgewählt hat, dass es persönlichkeitsbezogen, identitätsstiftend und authentisch auf die Studierenden wirkt. Auf diesem Weg kann der Dozent die Lernenden motivieren, die Idee des zu simulierenden Gründungsprozesses zu verfolgen.

Es sei in diesem Zusammenhang darauf hingewiesen, dass die Visionen des Lehrenden in Bezug auf das Gründungsprojekt und auf den gewünschten Verlauf des zu

---

[739] Siehe zu den Aufgaben eines moderierenden Lehrers auch Bock (2000, S. 132-133).

[740] In diesem Zusammenhang sei erwähnt, dass für den gesamten zu entwickelnden 'Dreischritt' das 'Team-Teaching', wie es auch für die Methodischen Großformen im Schulkontext durchgeführt wird, förderlich sein kann. Das umfängliche Lehr-/Lerngeschehen könnte damit effizienter gestaltet werden. Demgegenüber stehen jedoch die nicht selten eingeschränkten personellen Ressourcen einer Hochschule, so dass im weiteren Verlauf der Konzeptentwicklung des 'Dreischritts' diese mögliche Restriktion mitgedacht und das 'Team-Teaching' ausgeklammert wird.

simulierenden Gründungsprozesses in dem soeben beschriebenen Maße weder im Rahmen des computergestützten Gründungsplanspiels,[741] noch bei tradierten universitären Methoden, wie beispielsweise der Frontalunterricht in Vorlesungen, Berücksichtigung finden. Beide Lehr-/Lernmethoden bieten nicht die dafür notwendige Gestaltungsflexibilität, die das universitäre Lernbüro in seinem spezifischen handlungsorientierten Lehr-/Lernprozess aufweisen kann.

Die gründungsbezogene Qualifizierung in Form eines universitären Lernbüros ist für den Lehr-/Lernort Universität als traditioneller Wissenschaftsbetrieb, wie im weitesten Sinne schon im Kapitel 1 und 2 aufgezeigt werden konnte, neuartig und daher noch ungewohnt. Hochschulen sind vielmehr als Bildungsstätten bekannt, die von Anonymität geprägt sind. Ein persönlicher Kontakt zwischen Dozent und Studierenden entsteht daher erfahrungsgemäß nur selten. Deshalb kann sich der Aufbau einer Vertrauensbasis oftmals als problematisch herausstellen. Aber gerade für die angestrebte Gründungssensibilisierung ist es unabdingbar, dass bei den Studierenden eine auf Vertrauen beruhende Öffnung für die Existenzgründungsthematik stattfinden kann. Deshalb ist es bedeutsam, so explizieren erste Ansätze einer Wuppertaler Gründungsdidaktik, dass der Lehr-/Lernort, in dem die Gründungsqualifizierung auf der ersten Ebene des zu entwickelnden universitären 'Dreischritts' stattfinden soll, ein vertrauenerweckendes, freundliches und motivierendes Ambiente bietet und sich von dem herkömmlichen universitären Lernumfeld abhebt.[742] Studierende können und sollen dadurch das Gefühl erhalten, dass ihr individueller Sensibilisierungsprozess ernst genommen und mit ihm behutsam umgegangen wird. Dieser Prozess wird aller Voraussicht nach nur dann stattfinden können, wenn kleine Lerngruppen, im Gegensatz zu den an Universitäten oft anzutreffenden 'Massenveranstaltungen', gebildet werden. Dies ist eine Voraussetzung, dass effizientes handlungsorientiertes Lehren und Lernen stattfinden kann und das Lernsubjekt im Mittelpunkt des Lehr-/Lerngeschehens steht.

Diese für Studierende ungewohnte Lehr-/Lernumgebung kann als 'Unterrichts-Insel', umgeben von dem herkömmlichen Universitätsumfeld, bezeichnet werden. Das universitäre Lernbüro ist damit in der beständigen Institution Hochschule eingebettet, so

---

[741] Der Vergleich der Simulationsformen im Rahmen des zu entwickelnden universitären 'Dreischritts' mit dem computergestützten Planspiel wird damit im Text abgeschlossen. Anmerkungen werden im weiteren Verlauf höchstens in Form einer Fußnote gemacht.

[742] Vgl. Braukmann (2001, S. 89-90).

dass eine von Studierenden durchaus als angenehm empfundene Symbiose zwischen Innovation und Gewohnheit entsteht.

Im Gegensatz zur Lernbüroarbeit im Schulkontext, die zumeist im Rahmen einer (Wahl-)Pflichtfachveranstaltung durchgeführt wird, gilt das universitäre Lernbüro als zusätzliches Studienangebot. Damit es nicht zu unliebsamen Überschneidungen mit dem Angebot von den von Studierenden zu besuchenden Pflichtveranstaltungen kommt, sollte die Gründungsausbildung in den späten Nachmittagsstunden stattfinden. Diesbezüglich sollte zudem bei der Konzeption der Qualifizierung berücksichtigt werden, dass das handlungsorientierte Arbeiten im universitären Lernbüro sehr zeitintensiv sein kann. Daher sollten die einzelnen Veranstaltungen zeitlich flexibel gestaltbar sein. In diesem Zusammenhang ist die Universität im Gegensatz zur Institution Schule weniger reglementiert (keine Pausen, keine Klingelzeichen zum Stundenende etc.[743]), so dass im universitären Lernbüro die benötigte Zeit für das jeweilige verfolgte Lehr-/Lerngeschehen, möglicherweise auch begünstigt durch einen Nachmittagstermin, durchaus eingeräumt werden könnte. Dies setzt auch die zeitliche Flexibilität der Studierenden voraus. Daher sollten sie von Beginn der Qualifizierung an darauf aufmerksam gemacht werden, dass die einzelnen Veranstaltungen den üblichen Zeitrahmen universitärer Lehrangebote sprengen können.
Diesbezüglich sind grundsätzliche Überlegungen zur Dauer der Qualifizierung anzustellen. Erkenntnisse der WPK im Teilprojekt II ergaben in diesem Zusammenhang, dass der Umfang von einem Semester nicht überschritten werden sollte, da Studierende ansonsten gerade in der Phase der Gründungssensibilisierung das Gefühl einer zeitlichen und inhaltlichen Überforderung erhalten könnten.
Überlegungen zur zeitlichen Organisationsform des Lehrangebots führten zu der Frage: Soll das Angebot beispielsweise mit zwei Semesterwochenstunden ein Semester begleitend, als Blockveranstaltung, als Wochenendseminar oder als Kombination von allen aufgeführten Organisationsformen erfolgen?
Um Kontinuität, Transparenz und Regelmäßigkeit des Qualifizierungsangebots gewährleisten zu können, darf angenommen werden, dass die Organisationsformen möglichst nicht miteinander kombiniert werden sollten.

[743] Vgl. Meyer (1997a, S. 259-260).

Für das Angebot eines Wochenendseminars würde sprechen, dass die Simulation des Gründungsprozesses in einem zeitlich zusammenhängenden Rahmen und damit umfangreich und möglicherweise abschließend durchgeführt werden kann. Dieser Vorteil könnte dem Lehrangebot aber auch zum Nachteil gereichen, denn das universitäre Lernbüro hätte damit möglicherweise den Charakter einer 'Eintagsfliegen-Qualifizierung'. Das würde dazu führen, dass Studierende keinen langfristigen Sensibilisierungsprozess durchlaufen und nicht nachhaltig an die Gründungsthematik gebunden werden können. Es kann zudem weitestgehend ausgeschlossen werden, dass in der Kürze der Zeit ein dauerhaftes Vertrauensverhältnis zwischen den Studierenden untereinander und zum Dozenten aufgebaut werden kann.
Kürzere Blockveranstaltungen in der Woche über das Semester verteilt könnten durch ihre komprimierte Form auf Studierende attraktiv wirken. Denn durch den Besuch dieses Zusatzstudiums könnten Opportunitätskosten entstehen, die möglicherweise bei dieser zeitlichen Organisationsform geringer ausfallen würden, als es bei einer wöchentlichen Teilnahme mit zwei Semesterwochenstunden der Fall sein könnte. Der Wahl dieser Organisationsform steht allerdings ähnlich dem Wochenendseminar entgegen, dass keine dauerhafte, nachhaltige Bindung an die Thematik der 'beruflichen Selbstständigkeit' entsteht und das Zusammengehörigkeitsgefühl der Gruppe darunter leiden könnte.
Die Entscheidung für eine wöchentlich stattfindende auf zwei Semesterwochenstunden ausgelegte Qualifizierung kann für den angestrebten Prozess der Gründungssensibilisierung als sinnvoll erachtet werden. Erklären sich die Studierenden bereit, die Veranstaltung in ihren Wochenstundenplan aufzunehmen, kann eine kontinuierliche, stärkere Auseinandersetzung mit dem zu simulierenden Gründungsvorhaben stattfinden. Das Erlernte kann bei den Studierenden über einen längeren Zeitraum gefestigt werden. Durch diese Bindung stehen sie darüber hinaus zeitnah im Simulationsgeschehen und können immer wieder den Faden des Lehr-/Lernprozesses aufnehmen. Das regelmäßige Aufeinandertreffen der Studierenden kann zusätzlich zu einem Aufbau des anzustrebenden Vertrauensverhältnisses beitragen.

Den Besuch des universitären Lernbüros als Weiterbildungsstudium sollten die Studierenden in Form eines Teilnahmenachweises als Ergebnis der summativen Lehr-/Lernkontrolle bescheinigt bekommen. Dieser Nachweis sollte beschreiben, in welchen gründungsbezogenen Themenbereichen die Studierenden einen Einblick erhalten konnten. Diese Bescheinigung kann darüber hinaus zu einer Erhöhung der Attraktivität der Studierenden im zukünftigen Arbeitsfeld (Bewerbungen um abhängiges Beschäftigungsverhältnis, Verhandlungen mit Kreditinstituten bei einem Gründungsvorhaben etc.) beitragen.[744]

Zunächst werden nun die ersten Erkenntnisse zu den makrodidaktischen Elementar-Strukturen im universitären Lernbüro, dem Argumentationsgang dieser Arbeit folgend in tabellarischer Form zusammengefasst. Daran schließt eine synoptische Zusammenfassung beider didaktischer Implikationsfelder der ersten Stufe des universitären 'Dreischritts' an.

[744] Sollte der Studierende an mehreren Veranstaltungen des gründungsspezifischen Lehrkanons teilgenommen haben, könnte ihm auch ein Gesamt-Zertifikat über eine erfolgreiche Teilnahme ausgestellt werden.

Tab. 5.7: Zu den makrodidaktischen Elementar-Strukturen eines universitären Lernbüros

Makrodidaktische Elementar-Strukturen	Aspekte
Dozent	Der Dozent sollte ein wirtschaftswissenschaftliches, -pädagogisches und -didaktisches Kompetenzportfolio haben, hier sind folgende Bereiche besonders hervorzuheben: - Einsatz von und Umgang mit Medien - Visionäres Denken - Kreativität - Komplexitätssouveränität - Frustrationstoleranz - Ambiguitätstoleranz - Empathie - soziale Interaktion und Kommunikation.
Ort	- Universitäres Lernbüro kann als 'Unterrichts-Insel' im Universitätsumfeld bezeichnet werden. - Das universitäre Lernbüro sollte ein vertrauenerweckendes Ambiente bieten. - Kleingruppenarbeit sollte möglich sein. - Umgebung ist weniger reglementiert als Schulsystem (z.B. keine Pausenglocke). - Zeitlich flexibles Lehr-/Lerngeschehen sollte ermöglicht werden.
Dauer	- Um Überforderungserscheinungen beim Studierenden zu vermeiden, sollte die Qualifizierung nicht die Dauer eines Semesters überschreiten. - Um kontinuierliche, bindende Auseinandersetzung mit dem Thema der beruflichen Selbstständigkeit zu erreichen, sollte Qualifizierung mit mindestens zwei Semesterwochenstunden angeboten werden. - Durch das kontinuierliche Aufeinandertreffen der Studierenden kann Vertrauensbasis untereinander gestärkt werden.
Summative Lehr-/Lernkontrolle	Der Vollständigkeit halber wird dieser Faktorenkomplex angeführt, obwohl er im Rahmen der Qualifizierung im universitären Lernbüro nicht bedeutsam erscheint. Daher soll in diesem Zusammenhang nur erwähnt werden, dass eine Bestätigung der Teilnahme erfolgen sollte, und zwar in Form einer Teilnahmebescheinigung.

5.1.2.3 Synoptische Zusammenfassung

Für das universitäre Lernbüro werden nun in einer synoptischen Zusammenfassung die ersten Erkenntnisse zu seinen mikro- und makrodidaktischen Elementar-Strukturen aufgeführt.

Abb. 5.8: Formal konstante, inhaltlich variable Elementar-Strukturen zur Konzeption eines universitären Lernbüros

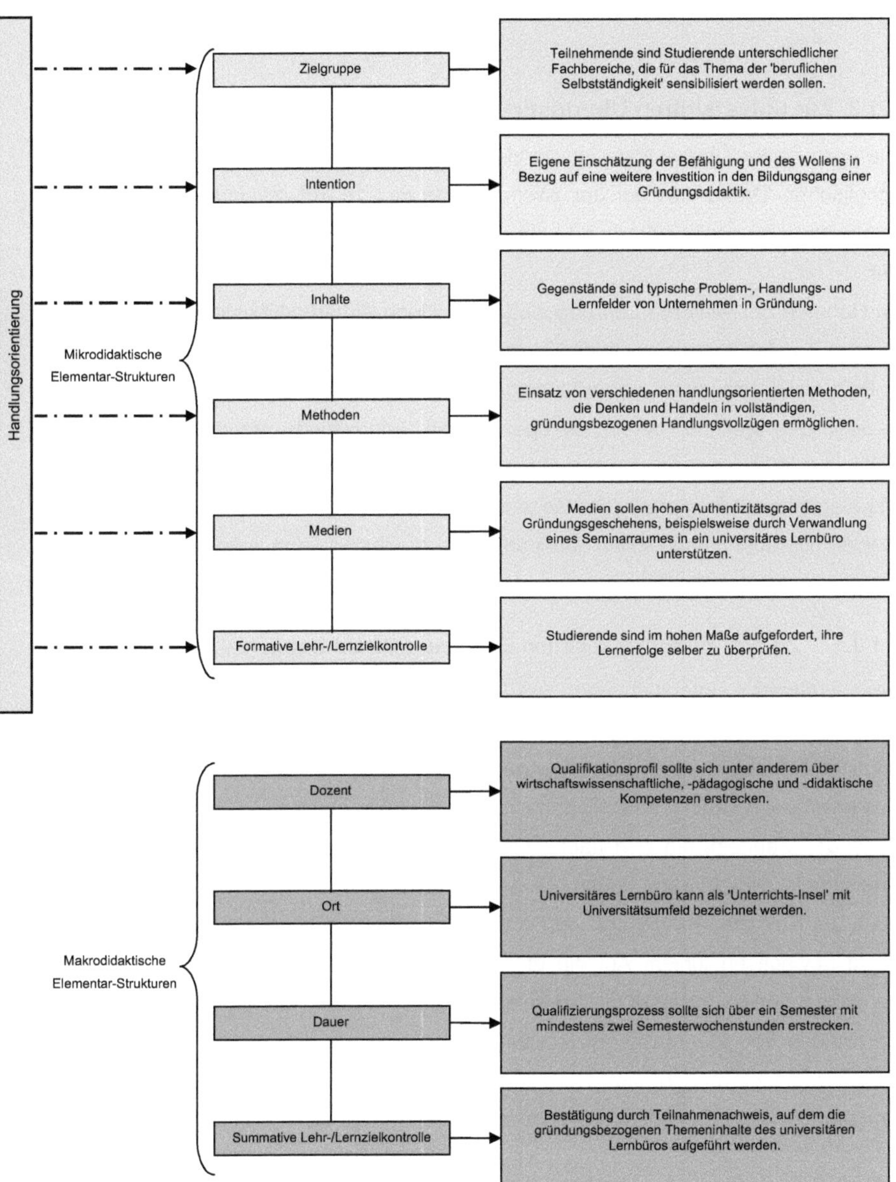

Im Weiteren wird nun die zweite Ebene des universitären 'Dreischritts' in Form der universitären Übungsfirma beschrieben. Diesbezüglich werden ebenfalls die mikro- und makrodidaktischen Implikationsfelder inhaltlich ausgestaltet.

5.1.3 Zur universitären Übungsfirma

Die universitäre Übungsfirma ist, vergleichbar mit dem im Kapitel 4.5 dargestellten schulischen 'Dreischritt', auf der zweiten Stufe des zu entwickelnden universitären 'Dreischritts' zu positionieren und baut damit curricular auf das universitäre Lernbüro auf.

Im Rahmen der weiteren Lehrangebotsentwicklung im Gründungskontext werden in diesem Kapitel Strukturidentitäten zwischen den beiden Methodischen Großformen in Bezug auf ihre mikro- und makrodidaktischen Elementar-Strukturen pointiert aufgezeigt. Des Weiteren werden die spezifischen Unterschiede zwischen der Übungsfirma und dem Lernbüro im Gründungskontext in komprimierter Form verdeutlicht. Die Kapitelstruktur ist daher im Gegensatz zum universitären Lernbüro grob untergliedert. Darüber hinaus sollen damit unnötige Wiederholungen vermieden werden.

5.1.3.1 Zu den mikrodidaktischen Elementar-Strukturen

Erste explorative Untersuchungen des Teilprojekts II im bizeps-Projekt ergaben, dass bei der Entwicklung einer universitären Übungsfirma primär Studierende in den Mittelpunkt der didaktischen Überlegungen gerückt werden sollten, die für ein Gründungsvorhaben bedingt entschieden sind.[745] Hierbei kann es sich sowohl um die Studierenden handeln, die sich nach dem Besuch der ersten Stufe des universitären 'Dreischritts' entschlossen haben, die nächste Stufe des 'Dreischritts' zu betreten, als auch um Studierende, die sich den Anforderungen einer universitären Übungsfirma direkt gewachsen fühlen. Auf dieser Ebene sollen diese Studierenden eine gründungsbezogene (Vorrats-)Qualifizierung erhalten.[746] Dabei handelt es sich um die Vermittlung von theoretischem Rüstzeug, über das sie notwendigerweise zur „oft selbst gesteuerten und mehrere Jahre in Anspruch nehmenden Aneignung von Fragmenten oder Komponenten der unternehmerischen Persönlichkeit bzw. der per-

---

[745] Vgl. die Ausführungen bei Braukmann (2002, S. 61-62) zur Zielgruppe II.
[746] Vgl. dazu die Ausführungen bei Braukmann (2002, S. 61) zur Zielgruppe II.

sönlichkeitsbezogenen unternehmerischen Kompetenzen“ [747] als zukünftiger Entrepreneur verfügen sollten. Die Simulation in der universitären Übungsfirma sollte daher, ähnlich der Methodischen Großform im schulischen Kontext[748], einen höheren Ernsthaftigkeits-, Realitäts- und auch Komplexitätsgrad haben, als es beim Lernbüro im Gründungskontext der Fall ist.

Ziel ist es dabei, aufbauend auf die erworbene bzw. bestehende Gründungssensibilität, eine Gründungsmündigkeit bei den Studierenden zu entwickeln.[749] Eine Gründungsmündigkeit bei den Studierenden kann dann erreicht sein, so explizieren erste theoretische Ansätze der Wuppertaler Gründungsdidaktik, wenn sie befähigt sind, sich bewusst bzw. begründet für die Aufgabe oder Weiterverfolgung einer weiteren Gründungsqualifizierung bzw. die Realisierung einer Gründungsidee zu entscheiden.[750] Braukmann ergänzt hierzu weiter:

> „Mit dem Aufbau einer Gründungsmündigkeit geht zugleich auch eine Vorbereitung auf unternehmerische Aufgaben einher, so dass der Studierende mittels dieser Gründungsqualifizierung zumindest über Fragmente einer unternehmerischen Kompetenz verfügt und deshalb wie ein Fragmentunternehmer im Unternehmen wirken könnte.“[751]

Es soll dabei nicht der Eindruck einer verabsolutierten Lernzielzuschreibung entstehen. Vielmehr handelt es sich um eine Verschränkung von Lernzielen, so dass beispielsweise der Prozess der Gründungssensibilisierung durchaus auch auf der zweiten Stufe des universitären 'Dreischritts' (weiter-)verfolgt werden könnte. Trotz der im Vergleich zum Lernbüro realitätsnäheren und ernsthafteren Simulation kann zusätzlich zu den soeben aufgeführten Intentionen weiterhin das im Rahmen des

---

747 Braukmann (2002, S. 61-62).

748 Im Folgenden wird von der schulischen Übungsfirma gesprochen. Damit sind auch die Übungsfirmen gemeint, die in anderen Bildungseinrichtungen angesiedelt sind.

749 Vgl. die Ausführungen zur Gründungsmündigkeit bei Braukmann (2002, S. 69-70).

750 Vgl. Braukmann (2002, S. 70).

751 Braukmann (2002, S. 70). Gummersbach (1989, S. 41) wies darauf hin, dass ein spezifisches Übungsfirmenkonzept auch an Hochschulen eingeführt wurde und diese Übungsfirmen einen höheren „Anspruch an die Lernziele als die normalen Übungsfirmen bei Bildungsträgern“ haben. Zukünftige Manager würden hierbei lernen, Probleme zu lösen und Entscheidungen zu fällen. „Dies geschieht auf dem Niveau ihres künftigen Berufseinsatzes; sie trainieren den Alltag in den Chefetagen. Demgegenüber trainieren die Umschüler, Auszubildenden und Arbeitslosen in den Übungsfirmen den Alltag in den kaufmännischen Funktionsbereichen, sei es Einkauf, Verkauf, Lagerdisposition oder Kostenrechnung.“ Das bestehende spezifische Konzept der Übungsfirmen an Hochschulen erscheint für die Übungsfirma im Gründungskontext ungeeignet, da es eine andere Adressatengruppe anspricht sowie gründungsspezifische Intentionen verfolgt und dementsprechende Inhalte vermitteln möchte.

Lernbüros entwickelte Kompetenzspektrum angestrebt werden.[752] Ähnlich der schulischen Übungsfirma sollten dabei zusätzlich reale Außenkontakte simuliert werden. Damit wird intendiert, dass Studierende einen Einblick in die Komplexität eines Gründungsgeschehens bekommen und sich dabei den Herausforderungen des Aufbaus und der Pflege realer Geschäftsbeziehungen stellen. Für die Übungsfirmensequenz wäre es dabei förderlich, wenn - auf den Gründungsprozess des universitären Lernbüros aufbauend - die zweite Stufe des 'Dreischritts' den Gründungsvorgang zeitnah abschließt und daran anschließend erste Kontakte zu Geschäftspartnern knüpft. Das Modell des universitären Lernbüros würde damit weitergeführt[753] und den Anforderungen einer universitären Übungsfirma entsprechend ausgebaut. Eine ausschließlich auf den Unterrichts- bzw. Seminarraum bezogene, an Universitäten üblicherweise stattfindende Veranstaltung mit Frontalunterrichtscharakter und darbietenden Aktionsformen könnte den handlungsorientierten Anforderungen einer Übungsfirma, wie sie bisher beschrieben wurde, nicht gerecht werden.

Um in diesem Zusammenhang auch dem akademischen Anspruch an einem Studium gerecht werden zu können und im Rahmen des Aufbaus von Kontakten zu realen Geschäftspartnern die Studierenden zusätzlich zu fördern, ist in Betracht zu ziehen, beispielsweise Kontakte zu ausländischen Universitäten zu knüpfen. Hierdurch hat der Studierende die Möglichkeit einen Einblick in internationale Geschäftsbeziehungen zu bekommen und den Horizont für mögliche kulturelle Unterschiede im Umgang mit dem unternehmerischen Denken und Handeln zu erweitern. Dies erscheint vor allem in Bezug auf die im Kapitel 1 beschriebene niedrige Gründungsquote der Deutschen im Gegensatz zu anderen Ländern bedeutsam. Explorativ gewonnene Erkenntnisse im Rahmen der WPK im Teilprojekt II ergaben, dass hierzu zwingend Beziehungen zu Hochschulen herzustellen sind, die motiviert sein könnten, sich auf die Rationalität des universitären Übungsfirmenkonzeptes kooperierend einzulassen. Die Partner sollten diesbezüglich die gründungsspezifische, handlungsorientierte Qualifizierungssequenz mit einer ähnlich großen Studierendengruppe - vorstellbar wäre eine Gruppengröße von bis zu acht Studierenden - durchführen können. US-Amerikanische Hochschulen könnten interessante Partner für dieses Vorhaben sein, da diese traditionell im Rahmen der 'Entrepreneurship Education' eine Gründungs-

[752] Siehe hierzu Kapitel 5.1.2.1.2.

[753] Dies kann sowohl die Übernahme der system- als auch der entscheidungsorientierten Betriebswirtschaftslehre als Bezugsdisziplinen einschließen.

ausbildung anbieten und darüber hinaus diesbezüglich an einer Weiterentwicklung ihrer didaktischen Konzepte arbeiten.[754] Auf diesem Wege könnten die Studierenden der deutschen Universität zum einen ihre Sprachkompetenz fördern und zum anderen die Einstellung zur 'beruflichen Selbstständigkeit' der Studierenden in anderen Ländern kennenlernen.[755]

Da dieses Vorhaben beispielsweise aufgrund der möglichen Sprachbarrieren, der unterschiedlichen Kulturen und der räumlichen Entfernung recht viele zeitliche Ressourcen binden könnte, ergaben Erkenntnisse im Rahmen der WPK im Teilprojekt II, dass die Simulationssequenz eine inhaltlich weniger tiefgehende Konzeption benötigt. Eine bescheidene Simulation des Aufbaus einer Geschäftsbeziehung erscheint in diesem Zusammenhang ausreichend. In diesem Rahmen sollte nur zu einem Geschäftspartner bzw. zu einer Übungsfirma Kontakt aufgebaut werden, um eine unnötig hohe Komplexität der Simulation vermeiden zu können. Zwar ist es geradezu notwendig, dass die Phasen der Anbahnung einer Geschäftsbeziehung beispielsweise zu Kunden und Lieferanten umfangreich simuliert werden, jedoch ist es in diesem Zusammenhang auch bedeutsam, die Außenkontakte didaktisch reduziert zu gestalten, damit sie auch zufriedenstellend leistbar sind.[756] Denn es besteht hierbei kein Dachverband bzw. eine Koordinationszentrale wie bei der schulischen Übungsfirma, die die Infrastruktur zwischen den Übungsfirmen organisiert und standardisiert.[757]

Im Rahmen der Übungsfirmenarbeit sollte das gesamte Methodenspektrum, das auch für das universitäre Lernbüro[758] angewandt wird, zum Einsatz kommen. Aufgrund der Strukturidentitäten beider Methodischer Großformen können diesbezüglich nur wenige spezifische Aspekte für eine universitäre Übungsfirma aufgezeigt werden. Es kann allerdings antizipiert werden, dass der Teilnehmerverband nicht in arbeits-

---

754 Siehe hierzu Kapitel 2.2.

755 Sollen diese Ziele und Inhalte im gründungsbezogenen Lehr-/Lernkontext verfolgt werden, so ist allein aus diesem Grund davon abzusehen, computergestützte Gründungsplanspiele einzusetzen. Sowohl der kommunikative Austausch als auch der über Einstellungen zur beruflichen Selbstständigkeit lassen sich nicht determinieren bzw. programmieren und werden daher beim Computerplanspiel ausgeblendet.

756 In Bezug auf die schulische Übungsfirma wurde im Kapitel 4.3.6 die größte Kritik an den ständig wiederkehrenden Routineaufgaben geübt. Dieses Problem wird aller Voraussicht nach im Rahmen der universitären Übungsfirma nicht auftreten, da hier alle Aufgaben, die zur Anbahnung der Geschäftsbeziehung koordiniert werden müssen, von allen Teilnehmenden gemeinsam bewältigt werden.

757 Vgl. Braukmann (2000a, S. 35).

758 Siehe hierzu Kapitel 5.1.2.1.3.

gleiche Kleingruppen, wie es beim universitären Lernbüro der Fall sein kann, aufzuteilen ist. Dadurch, dass alle teilnehmenden Studierenden der kooperierenden Studierendengruppe gegenüber als geschlossenes Unternehmen auftreten sollten, werden die Schritte der zu simulierenden Geschäftsprozesse vielmehr in der gesamten Gruppe abzuwickeln sein. Dies schließt allerdings nicht aus, dass Arbeitsaufgaben selbstständig auf Personen oder kleinere Gruppen verteilt werden können.
Der Dozent sollte sich insgesamt, ähnlich wie beim universitären Lernbüro, im Hintergrund des Simulationsgeschehens aufhalten. Es kann angenommen werden, dass er dabei eine höhere Verantwortung gegenüber den teilnehmenden Studierenden als im universitären Lernbüro trägt, da zusätzlich zur Übernahme der Moderator- und Beobachterrolle auch die Beziehungshygiene zwischen den beiden real kooperierenden Simulationsunternehmen zu pflegen sein wird. Explorativ gewonnene Ergebnisse der WPK im Teilprojekt II verdeutlichten in diesem Zusammenhang, dass durch eine reibungslose Organisation der Lehr-/Lernprozesse eine unnötige Blamage der Studierenden vor der Gruppe der Partneruniversität vermieden werden kann und sollte.[759] Die Struktur der jeweiligen Sitzung und der gesamten Lehr-/Lernsequenz in der universitären Übungsfirma sollte daher durch den Dozenten für die Studierenden transparent gemacht werden. Dabei könnte die Artikulation der Veranstaltung beispielsweise so gestaltet sein, dass zum Anfang einer jeden Sitzung die benötigten Informationen für den jeweiligen zu simulierenden Schritt zur Geschäftsanbahnung vom Dozenten in den Lehr-/Lernprozess hineingegeben werden. Daraufhin sollte es zur Diskussion über das weitere einzuleitende bzw. zu verfolgende Vorgehen im Rahmen des Aufbaus der Geschäftsbeziehung zum ausländischen Unternehmen kommen. Die Studierenden sollten zudem in jeder Sitzung mit der Lerngruppe der ausländischen Universität in Kontakt treten. Diese wiederum durchläuft ihrerseits bis dahin parallel die gleichen Anbahnungsschritte. Die Geschäftsbeziehung der beiden Gruppen wird dann in einem persönlichen Austausch weiterentwickelt. Abschließend sollte zu jedem Sitzungsende, ähnlich wie beim universitären Lernbüro, separat eine Reflektionsrunde über die erreichten Ziele im Lehr-/Lernprozess stattfinden. Dabei sollte parallel diskutiert werden, von wem und wie die weiteren zu simulierenden Aufgaben für die anzubahnende Geschäftsbeziehung zur ausländischen Übungsfirma verteilt und bearbeitet werden. Am Ende der gesamten Übungsfirmensequenz

---

[759] Vgl. Braukmann (2000a, S. 35).

sollte das Ziel erreicht worden sein, durch den Aufbau der Geschäftsbeziehung beispielsweise Produkte der beiden Simulationsunternehmen zumindest fiktiv gegenseitig importiert bzw. exportiert zu haben.

Um mit den ausländischen Studierenden in den erwähnten persönlichen Kontakt treten zu können, wäre es förderlich, wenn ein Internetzugang in dem eigens für die Qualifizierung des universitären 'Dreischritts' multimedial[760] einzurichtenden Raums vorhanden ist. Durch den Einsatz von Web-Cams und Mikrofonen könnten sich die Studierenden, bei gleicher medialer Ausstattung der Partneruniversität, persönlich kennenlernen und mit einem geringen Zeitaufwand miteinander bekannt machen bzw. Beziehungen zueinander knüpfen.[761] Dokumente, Informationen, Briefe und Unterlagen können per Internet, Fax bzw. Brief verschickt werden. Für die universitäre Übungsfirma sollten zudem die gleichen medialen Bedingungen vorhanden sein, wie sie auch beim universitären Lernbüro vorzufinden sind.

Die didaktisch sinnvolle Planung der dargestellten mikrodidaktischen Elementar-Strukturen einer universitären Übungsfirma könnte zu einer authentischen Unternehmenssimulation des Übungsfirmenprozesses und zu einem dementsprechend erwünschten Lehr-/Lernerfolg beitragen. Die formative Kontrolle des Lehr-/Lernerfolgs ist nahezu mit der Lehr-/Lernzielkontrolle des universitären Lernbüros identisch, so dass in diesem Zusammenhang durchaus auf das Kapitel 5.1.2.1.4 verwiesen werden darf.

Folgende Tabelle wird die ersten Erkenntnisse zur Ausgestaltung des mikrodidaktischen Implikationsfelds einer universitären Übungsfirma zusammenfassend darstellen:

---

760 Der Begriff 'multimedial' in Bezug auf 'multimediales Lernen', wird nach Freibichler (1993, S. 33) gerne mit computergestützten Lernsystemen in Verbindung gebracht. Behrendt (1998, S. 7) bezeichnet das Substantiv Multimedia als „das Schlagwort, unter dem die Computerindustrie seit Anfang der 90er Jahre ihre Hard- und Softwareprodukte weltweit vermarktet."

761 Zu netzbasierten Lernumgebungen siehe auch Kerres (1998, S. 269-270).
Über die Übungsfirmenarbeit hinaus können Studierende auch Kontakte in Bezug auf einen privaten Besuch im Ausland, z.B. im Rahmen eines Auslandsstudiums, knüpfen.

Tab. 5.8: Zum mikrodidaktischen Implikationsfeld der universitären Übungsfirma

Mikrodidaktische Elementar-Strukturen	Aspekte
Zielgruppe	- Teilnehmende sind Studierende, die intrinsisch motiviert sind, eine gründungsbezogene Vorratsqualifizierung zu erhalten. - Siehe weitere Aspekte auch Tabelle 5.1 zum universitären Lernbüro.
Intention	- Hauptsächlich Entwicklung einer Gründungsmündigkeit, die Studierende befähigt, sich bewusst bzw. begründet für die Aufgabe oder Weiterverfolgung für eine weitere Gründungsqualifizierung bzw. für eine Realisierung einer Gründungsidee zu entscheiden. - Erwerb von Fragmenten einer Unternehmerkompetenz, so dass Studierender als Fragmentunternehmer im Unternehmen wirken kann. - Siehe weitere Aspekte auch Tabelle 5.2 zum universitären Lernbüro.
Inhalte	Gegenstand ist der zu simulierende Aufbau einer Geschäftsbeziehung beispielsweise zu einer Studierendengruppe an einer ausländischen Universität.
Methoden	- Gesamtes Methodenspektrum des universitären Lernbüros sollte zum Einsatz kommen, mit Ausnahme von arbeitsgleicher Gruppenarbeit. - Arbeitsteilige Einzel- und/oder Gruppenarbeit sollte stattfinden. - Kontinuierliche Plenumsdiskussionen sollten geführt werden. - Die Makrosequenzierung soll einen systematischen Aufbau der Geschäftsbeziehungen ermöglichen, wobei bei der Mikrosequenzierung die einzelnen Schritte der Anbahnung simuliert werden sollen; es sollte am Ende einer jeden Sitzung eine selbstorganisierte Arbeitsrückschau stattfinden.
Medien	- Eigens für den handlungsorientierten Unterrichtsprozess des universitären 'Dreischritts' eingerichteter Raum sollte vorhanden sein. - Internetzugang, Web-Cam, Mikrofone etc. sollte ebenfalls vorhanden sein. - Siehe auch Tabelle 5.5 zum universitären Lernbüro.
Formative Lehr-/Lernzielkontrolle	Siehe Tabelle 5.6 zum universitären Lernbüro.

Das nächste Kapitel wird sich mit der inhaltlichen Ausgestaltung der makrodidaktischen Elementar-Strukturen der universitären Übungsfirma beschäftigen.

5.1.3.2 Zu den makrodidaktischen Elementar-Strukturen

Es kann sowohl aus didaktischen als auch aus pädagogischen Erfordernissen des Lehr-/Lernprozesses im universitären 'Dreischritt' heraus als förderlich erachtet werden, dass der Dozent das gesamte Lehr-/Lerngeschehen aller drei Methodischen

Großformen begleitet. Zusätzlich zu dem rudimentär skizzierten Qualifikationsprofil, das der Dozent für ein universitäres Lernbüro besitzen sollte, wäre es zudem sinnvoll, wenn er im Rahmen des bislang beschriebenen Übungsfirmenkonzeptes auch über umfangreiche Kenntnisse einer anderen Weltsprache verfügen würde. Der Dozent sollte daher Kontakt zu mindestens einer ausländischen Hochschule pflegen bzw. aufbauen. In einem weiteren Schritt sollte er sie für die Beteiligung an dem Simulationsvorhaben motivieren können. Daher, so ergaben die aus der WPK im Teilprojekt II gewonnenen Erfahrungen, sollte der Lehrende in einer universitären Übungsfirma die Kompetenz besitzen, soziale Kontakte in Form von Netzwerken bzw. persönlichen Beziehungen pflegen zu können.

In diesem Zusammenhang kann antizipiert werden, dass die zeitlichen Rahmenbedingungen bei der Durchführung der Simulation mit einer ausländischen Universität durch verschiedene Faktoren beeinflusst werden können. Es darf angenommen werden, dass für die Partneruniversität, den individuellen universitären Verordnungen des Landes entsprechend, andere Vorlesungszeiten geregelt sind, als es in Deutschland der Fall sein muss. Davon ausgehend sollte mit dem Dozenten der ausländischen Hochschule ein Zeitfenster festgelegt werden, indem für beide Kooperationspartner die Umsetzung des Übungsfirmenkonzeptes ermöglicht werden kann. Gegebenenfalls ist zudem eine Zeitverschiebung bei der didaktischen Planung des Lehr-/Lernprozesses zu berücksichtigen. Es sollte daher fixiert werden, an welchem Tag und zu welcher Tageszeit die Veranstaltungen der beiden Gruppen parallel stattfinden können. Dies impliziert des Weiteren eine detaillierte Absprache der Uhrzeit, zu der die Studierenden persönlich zueinander in Kontakt treten sollen. Die Zeitenregelung sollte von beiden Seiten verantwortlich eingehalten werden, damit die Umsetzung des geplanten Simulationsprozesses gelingt. Zusätzlich sollten die Studierenden unabhängig davon die Arbeitsprozesse in der Übungsfirma zeitlich selbstständig organisieren Die Übungsfirmenarbeit sollte dabei aus den gleichen Gründen wie beim universitären Lernbüro mit einem Umfang von zwei Semesterwochenstunden angeboten werden. Es kann jedoch zu unregelmäßigen und unkalkulierbaren Verlängerungen der einzelnen Veranstaltungen kommen. Unabhängig davon sei zudem erwähnt, dass Standard-Lehrangebote im universitären Alltag diesen organisatorischen Aufwand aller Voraussicht nach nicht leisten können und somit einen handlungsorientierten, realitätsnahen Lehr-/Lernprozess in Kooperation mit anderen Universitäten nicht umsetzen könnten.

Abschließend darf noch darauf hingewiesen werden, dass die makrodidaktischen Elementar-Strukturen Ort und summative Lehr-/Lernkontrolle[762] für die universitäre Übungsfirma im Vergleich mit dem universitären Lernbüro keine wesentlichen Veränderungen erfahren dürften.

Folgende Tabelle fasst die Ergebnisse dieses Kapitels nochmals zusammen:

Tab. 5.9: Explorativ gewonnene Erkenntnisse zum makrodidaktischen Implikationsfeld einer universitären Übungsfirma

Makrodidaktische Elementar-Strukturen	Aspekte
Dozent	- Qualifikationsprofil sollte weitestgehend dem des Dozenten im universitären Lernbüro entsprechen, vorzugsweise handelt es sich um den gleichen Lehrenden; Fremdsprachenkenntnisse sind vorteilhaft - Der Lehrende sollte Auf- und Ausbau von Kooperationsnetzwerken betreiben können.
Ort	Siehe hierzu Tabelle 5.7 zum universitären Lernbüro.
Dauer	- Vorlesungszeiten der kooperierenden Universitäten sollten miteinander abgeglichen werden, um ein Zeitfenster für die Simulation bestimmen zu können. - Mögliche Zeitverschiebung sollte für die persönliche Kontaktierung der beiden Lerngruppen bei der Gestaltung des Lehr-/Lernprozesses berücksichtigt werden. - Daher müssen genaue Uhrzeiten für die Lehr-/Lernprozesse fixiert werden. - Veranstaltung sollte Umfang von mindestens zwei Semesterwochenstunden in wöchentlichen Abständen haben; Verlängerungen der Veranstaltungen müssen einkalkuliert werden.
Summative Lehr-/Lernkontrolle	Vergleiche hierzu Tabelle 5.7 zum universitären Lernbüro.

5.1.3.3 Synoptische Zusammenfassung

Erste Erkenntnisse über die mikro- und makrodidaktischen Faktorenkomplexe der zu entwickelnden universitären Übungsfirma werden nun synoptisch zusammengefasst vorgestellt. Daran schließt sich im folgenden Kapitel die Untersuchung der universitären Juniorenfirma an.

---

[762] Zusätzlich könnte die Bescheinigung einer erfolgreichen Teilnahme an der universitären Übungsfirma im Rahmen eines Auslandsstudiums nützlich sein.

Abb. 5.9: Formal konstante, inhaltlich variable Elementar-Strukturen zur Konzeption einer universitären Übungsfirma

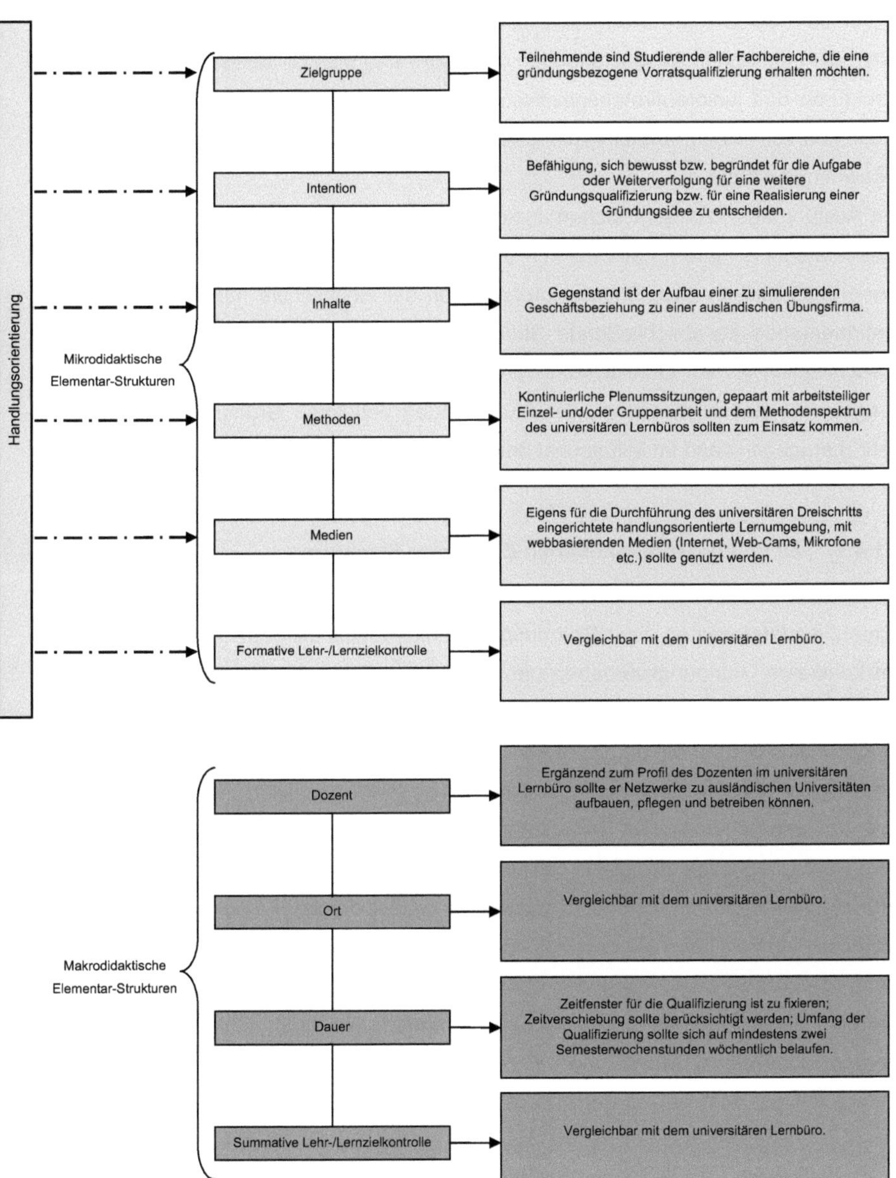

5.1.4 Zur universitären Juniorenfirma

Auf der obersten Stufe des zu entwickelnden hochschulischen 'Dreischritts' soll die universitäre Juniorenfirma angesiedelt werden. Im Weiteren sollen daher erste Ansätze der inhaltlichen Ausgestaltungen der mikro- und makrodidaktischen Elementar-Strukturen des juniorenfirmenspezifischen Lehr-/Lernprozesses vorgestellt werden. Diese konnten in Form erster explorativer Erkenntnisse im Rahmen der WPK des TP II gewonnen werden.

Die Ausführungen zur schulischen Juniorenfirma im Kapitel 4.4 können nun zu dem Missverständnis führen, dass es sich bei der universitären Juniorenfirmenarbeit um einen tatsächlichen Ausgründungsprozess aus der Hochschule handelt. Die Juniorenfirmenarbeit als abschließende Stufe des universitären 'Dreischritts' soll jedoch ausschließlich als ein Qualifizierungsprozess verstanden werden, bei dem die Planung eines tatsächlich seitens der Studierenden verfolgten Gründungsprojekts als Lehr-/Lerngegenstand im Mittelpunkt des Lehr-/Lerngeschehens stehen soll.

5.1.4.1 Zu den mikrodidaktischen Elementar-Strukturen

Das Konzept der universitären Juniorenfirma soll sich an den Teil der Studierenden richten, die Interesse an einer Gründung zeigen bzw. sich mit dem Gedanken tragen, ein konkretes Gründungsvorhaben umzusetzen.[763] Hierbei soll es sich im Regelfall um Studierende handeln, die auch schon die ersten beiden Stufen des universitären 'Dreischritts' betreten haben. Das Lehr-/Lerngeschehen einer universitären Juniorenfirma zielt in diesem Zusammenhang darauf ab, eine berufliche Handlungskompetenz zur 'unternehmerischen Selbstständigkeit'[764], wie sie im Kapitel 2.4.2.1 beschrieben wurde, aufzubauen. Dabei sollten die schon erwähnten Lernzielkategorien Gründungssensibilisierung und Gründungmündigkeit durchaus auch auf der dritten Stufe des universitären 'Dreischritts' verfolgt werden, so dass dadurch eine Verschränkung der drei Zielkategorien stattfinden kann. In Bezug auf den Aufbau einer Gründungskompetenz kann nach ersten Annahmen des Teilprojekts II festgehalten werden, dass diese Entwicklung ein langfristiger Prozess sein wird. Dementsprechend darf es nicht verwundern, dass diese Kompetenz möglicherweise ein paar

---

763 Vgl. die Ausführungen bei Braukmann (2002, S. 61) zur Zielgruppe III.
764 Vgl. die Ausführungen zur Gründungskompetenz bei Braukmann (2002, S. 70-71).

Jahre nach Ende des Studiums aufgebaut sein kann.[765] Im Rahmen des Lehr-/Lernprozesses in der Juniorenfirma soll bei der Vermittlung gründungsrelevanter Handlungskompetenzen, ergänzend zu den notwendigen durch Vorlesungen vermittelten gründungsrelevanten Fachinhalten, vor allem eine inhaltliche Auseinandersetzung mit der Planung des konkreten Gründungsvorhabens stattfinden.

Als abschließende Stufe des universitären 'Dreischritts' bzw. der hochschuldidaktischen Innovation des bizeps-Projekts sollten die Studierenden zudem im Rahmen einer nachhaltigen, verantwortbaren Entwicklung des Gründungsprozesses über Förderprogramme, die beispielsweise auf das bizeps-Projekt abgestimmt sind, informiert werden. In diesem Zusammenhang sei das EXIST-Seed-Programm[766] erwähnt, bei dem seitens der Studierenden ein Antrag auf Förderung eines Gründungsvorhabens gestellt werden kann. Eine Bedingung bei der Bewerbung um eine Förderung ist unter anderem die Erstellung eines Businessplans, der dem Antrag hinzuzufügen ist.

Es ist anzunehmen, dass der gründungsinteressierte Studierendenkreis[767], der den Gedanken an ein gemeinsam umzusetzendes Gründungsprojekt verfolgt, relativ klein sein wird. Dies führt dazu, dass die Veranstaltungen im Rahmen der Juniorenfirma methodisch tendenziell von Diskussions-, Erarbeitungs- und Entwicklungsgesprächen geprägt sein werden. Dadurch würde eine tiefgehende, umfassende und inhaltliche Auseinandersetzung mit den Handlungsfeldern des individuellen Gründungsprozesses in Form von Qualifizierungsgesprächen erzielt und der höchste Grad der Realitätsnähe, Komplexität und Ernsthaftigkeit im universitären 'Dreischritt' erreicht.

Es ist erkennbar, dass es sich hierbei nicht mehr um ein eigens für den Lehr-/Lernprozess konstruiertes Modell[768], das sich somit auch nicht auf das Modell der universitären Übungsfirma bezieht, handeln wird. Vielmehr soll eine Vorbereitung auf die inhaltliche Gestaltung der Handlungsfelder im Rahmen eines gewollten Gründungsvorhabens in einem eigens dafür konzipierten Lehr-/Lerngeschehen stattfin-

765 Vgl. Braukmann (2002, S. 70).

766 Vgl. beispielsweise http://www.exist.de/existseed/index.html.

767 Diese Studierendengruppe sollte sich weitestgehend aus Studierenden zusammensetzen, die den Lehr-/Lernprozess des 'Dreischritts' gemeinsam durchlaufen haben. Seiteneinsteigern sollte die Teilnahme nur begründet (z.B. Expertenwissen) und in Ausnahmefällen ermöglicht werden.

768 Siehe hierzu die Ausführungen bei dem universitären Lernbüro, Kapitel 5.1.2.1.2, und der universitären Übungsfirma, Kapitel 5.1.3.1.

den.[769] Dabei sollten selbstverständlich die diesbezüglichen Vorstellungen und Visionen der Studierenden im Vordergrund stehen. Der Dozent hätte die Aufgabe, die Umsetzung der Vorstellungen mit zu strukturieren und auch nochmals auf die Gefahren und Chancen des Gründungsvorhabens aufmerksam zu machen. Zudem soll der Dozent bei Bedarf auf die Netzwerkkontakte, die beispielsweise im Falle des bizeps-Projekts durch die verschiedenen vernetzten Teilprojekte[770] bestehen, zurückgreifen. Er kann die Studierenden an geeignete Personen weiter verweisen und somit den Qualifizierungsprozess in der universitären Juniorenfirma um Beratungsinstanzen ergänzen. Das Lehrangebot soll in der gewohnten medial aufbereiteten Lehr-/Lernumgebung, in der auch das universitäre Lernbüro und die universitäre Übungsfirma stattfinden sollen, durchgeführt werden.

Die Planung des Gründungsvorhabens ist seitens der Studierenden von einer Veranstaltung zur nächsten weitestgehend eigenständig zu erarbeiten und zu entwickeln. Der Stand der Planung wird zu den jeweilig fixierten Terminen, zu denen das Lehrangebot stattfinden soll, diskutiert, evaluiert und möglicherweise berichtigt. Der zu erzielende Lehr-/Lernerfolg kann dann auf der Basis der dabei entstehenden Gespräche und der Gesprächsergebnisse seitens des Dozenten kontrolliert werden. Im Weiteren wird das makrodidaktische Implikationsfeld der universitären Juniorenfirma inhaltlich ausgestaltet.

5.1.4.2 Zu den makrodidaktischen Elementar-Strukturen

Der Dozent der universitären Juniorenfirma sollte nach Möglichkeit auch das Lernbüro und die Übungsfirma im Gründungskontext begleitet haben. Dadurch könnte zwischen dem Dozenten und den Studierenden ein Vertrauensverhältnis aufgebaut werden. Auch Studierende, die nicht alle Stufen des universitären 'Dreischritts' durchlaufen und möglicherweise erst in Bezug auf ein konkretes Gründungsvorhaben die Qualifizierung des universitären 'Dreischritts' in Anspruch nehmen - dies sollte

[769] Im Rahmen der schulischen Juniorenfirmenarbeit konnte im Kapitel 4.4.7 darauf hingewiesen werden, dass sich Projekte dieser Art zu Selbstverwaltungsapparaten entwickeln können. Die universitäre Juniorenfirmenarbeit legt ihren Schwerpunkt auf den Lehr-/Lernprozess zum Aufbau einer gründungsbezogenen Handlungskompetenz für ein konkret verfolgtes Gründungsprojekt, so dass hier ausschließlich eine sinnvolle Selbstorganisation des Lernens seitens der Studierenden im Vordergrund steht.

[770] Vergleiche dazu das Schaubild 2.1.

nur in Ausnahmefällen möglich sein, können von dem vertrauenerweckenden Klima profitieren und sich möglicherweise leichter in das Lehr-/Lerngeschehen integrieren. Über das Vertrauensverhältnis hinaus sollten allerdings auch entsprechende Regelungen für den Qualifizierungsprozess getroffen werden. Dozent und Studierende sollten sich darauf einigen, dass keine eigenständigen, voreiligen Schritte seitens der Studierenden unternommen werden. Um den Anspruch einer nachhaltigen Qualifizierung gerecht werden zu können, muss es dem Dozenten erlaubt sein, das Tempo aus dem oftmals eigendynamischen Prozess einer Gründungsplanung herauszunehmen. Um der möglichen Gefahr einer aktionistischen und voreiligen Handlung entgegenwirken zu können, sind Selbstdisziplinierung seitens der Studierenden und ihr Vertrauen auf die gründungsbezogene Fachkompetenz des Dozenten elementar.[771] Dieser sollte sein Verantwortungsbewusstsein gegenüber den Studierenden dadurch verdeutlichen, dass er den Lehr-/Lernprozess in der universitären Juniorenfirma um möglicherweise notwendige zusätzliche Beratungsinstanzen ergänzt und bei Bedarf auf kompetente Partner aus Wissenschaft und Praxis verweisen kann, wie es beispielsweise im bizeps-Projekt ermöglicht wird. Dazu sollte der Dozent das zur Verfügung stehende Netzwerk pflegen und gegebenenfalls auch weitere Kontakte, ähnlich wie bei der universitären Übungsfirma, knüpfen können. Er sollte darüber hinaus Kenntnisse über spezifische Fördermaßnahmen für Ausgründungen aus Hochschulen besitzen und diese entsprechend in das Qualifizierungskonzept der universitären Juniorenfirma integrieren. Diesbezüglich sollte er zusätzlich über die Fähigkeit verfügen, den Studierenden in begründeten Fällen Zuversicht für das Gründungsvorhaben zu vermitteln, damit sie kontinuierlich an ihre eigene Vision und Idee des Gründungsprojektes glauben.

Die makrodidaktischen Elementar-Strukturen Dauer, Ort und summative Lehr-/Lernkontrolle ähneln sich weitestgehend mit den Beschreibungen für das universitäre Lernbüro und der universitären Übungsfirma. Für den zeitlichen Rahmen des Lehr-/Lernprozesses in einer Juniorenfirma ist jedoch noch zu ergänzen, dass die Termine in Ausnahmefällen auch verlegt werden müssten. Es kann antizipiert werden, dass beispielsweise Beratungstermine durch andere Netzwerkpartner sich mit

---

[771] Jeder Studierende, der an dem Qualifizierungsprozess der Juniorenfirma teilnimmt, sollte persönlich einen Kontrakt unterzeichnen, der die Bedingungen dieser Qualifizierung verbindlich regelt. Sowohl die Studierenden als auch der Dozent müssen sich an diese Regelungen halten. Die Studierenden können den Lehr-/Lernprozess in der Juniorenfirma auf eigenen Wunsch jederzeit verlassen.

den geplanten Terminen für die Juniorenfirmenarbeit an der Universität überschneiden.

Auf eine tabellarische Zusammenfassung der mikro- und makrodidaktischen Implikationsfelder wird in diesem Fall aufgrund der strukturellen Isomorphie zwischen den Methodischen Großformen und der erst fragmentarisch vorhandenen Erkenntnisse zur Juniorenfirmenarbeit verzichtet.

5.1.4.3 Synoptische Zusammenfassung

Die folgende synoptische Zusammenfassung vermittelt eine Übersicht über die Ergebnisse zu der inhaltlichen Ausgestaltung der mikro- und makrodidaktischen Faktorenkomplexe der universitären Juniorenfirma.

Abb. 5.10: Formal konstante, inhaltlich variable Elementar-Strukturen zur Konzeption einer universitären Juniorenfirma

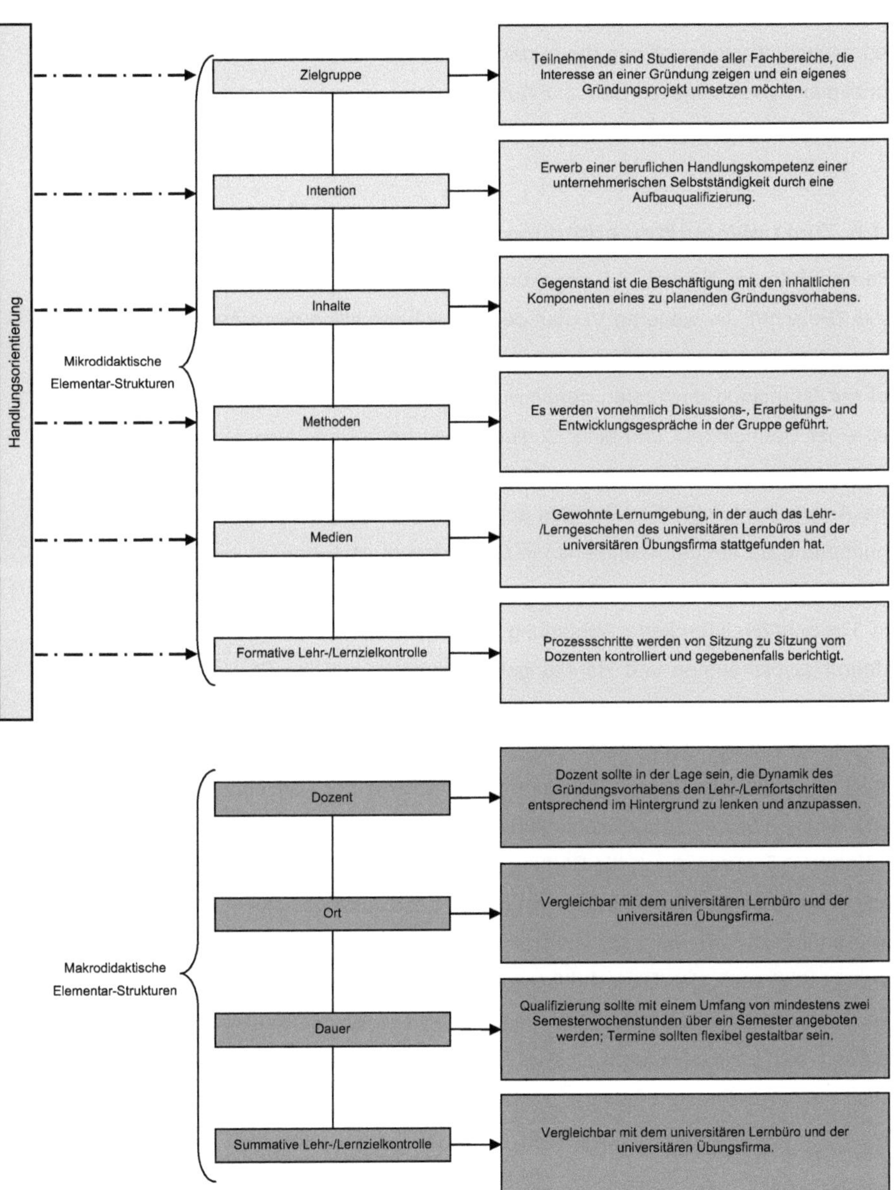

Mit dieser letzten synoptischen Zusammenfassung sind die ersten theoretischen Entwicklungen zum Qualifizierungsprozess in der universitären Juniorenfirma abgeschlossen.
Das nächste Kapitel wird nun die in den Kapiteln 5.1.2, 5.1.3 und 5.1.4 entwickelten Konzeptionsvorschläge zu den gründungsbezogenen Lehr-/Lernprozessen der drei Methodischen Großformen zu einem universitären 'Dreischritt' zusammenführen.

5.1.5 Zum universitären gründungsspezifischen 'Dreischritt'

Wie am Ende des Kapitels 4.5 angekündigt wurde, sollte der dort dargestellte schulische 'Dreischritt' im weiteren Verlauf der Arbeit hinsichtlich der Anwendung auf eine universitäre Gründungsqualifizierung untersucht werden.
Auf der Grundlage der ersten generierten Konzeptionsentwicklungen eines Lernbüros, einer Übungsfirma und einer Juniorenfirma im universitären Gründungskontext, die in den Kapiteln 5.1.2, 5.1.3 und 5.1.4 erfolgten, kann die Annahme, dass durch eine Anlehnung an die Struktur des schulischen 'Dreischritts' auch eine sukzessive Annäherung an die unternehmerische Gründungsrealität erzeugt werden kann, weitestgehend bestätigt werden. Dies schließt die mit der Entwicklung eines universitären 'Dreischritts' intendierte Aneignung bzw. Erweiterung von gründungsrelevanten Erfahrungsspielräumen und Handlungskompetenzen bei den Studierenden mit ein. Die im Kapitel 4.5 dargestellten Merkmalsausprägungen Realitätsnähe, Komplexität und Ernsthaftigkeit, deren Grad auf jeder Stufe des schulischen 'Dreischritts' zunimmt, konnten dementsprechend für die Entwicklung der Konzeptionsvorschläge zu den einzelnen universitären Simulationsebenen genutzt werden.
Im Kapitel 4.5 wurde durch die Stufung der Methodischen Großformen im Schulkontext ein umfassender Vorschlag für ein in sich geschlossenes Qualifizierungsangebot zur Annäherung an eine betriebliche Praxis unterbreitet. Im universitären Gründungskontext sollte der 'Dreischritt' curricular jedoch mit weiteren gründungsbezogenen Qualifizierungsveranstaltungen abgestimmt werden. Beispielsweise konnten im Rahmen des bizeps-Projekts diesbezüglich Lehrangebote des Teilprojekts I (Einrichtung einer Gründerprofessur)[772] und des Teilprojekts II curricular koordiniert wer-

[772] Siehe hierzu das Schaubild 2.1.

den.[773] Diese curriculare Gestaltung soll im Weiteren exemplarisch anhand von vorwiegend fachbezogenen Veranstaltungen aus dem Teilprojekt I, die GLUT, SIEG und Businessplan-Seminar heißen, und vorwiegend verhaltensbezogenen Lehrangeboten des Teilprojekts II, namentlich START und GEH, kurz vorgestellt werden.

GLUT ist ein Akronym für die Veranstaltungsbezeichnung 'Grundlagen des Gründungsmanagements' und intendiert, für ein Gründungsvorhaben notwendige kaufmännische Grundlagen vertieft zu vermitteln. Die Inhalte erstrecken sich über Finanzierung, Marketing, Standort- und Rechtswahl bis hin zum Personal- und Organisationsmanagement eines Unternehmens in Gründung.[774]

Die Veranstaltung SIEG, Spezifische Aspekte des Gründungsmanagements, setzt ihre inhaltlichen Akzente auf die Bereiche des Rechnungswesens und des Jahresabschlusses. Hieran anknüpfend werden Themen zur Unternehmensbeurteilung via Jahresabschlussanalyse und Unternehmensbewertung behandelt. Schwerpunkte können im Lehr-/Lernprozess der Veranstaltung je nach Interessenlage der Teilnehmenden flexibel gesetzt werden.[775]

Das Businessplan-Seminar ermöglicht Studierenden aller Fachbereiche, in Kleingruppen Konzepte zu konkreten Gründungsideen auszuarbeiten. Ziel hierbei ist es, präsentierbare, realistische Businesspläne zur Umsetzung realer Geschäftsideen zu erstellen.[776]

Die Veranstaltung START, 'Selbstständigkeit als Perspektive', kann als zentrale 'Erstanlaufveranstaltung' gelten. Sie richtet sich an alle potenziellen Existenzgründer aus Hochschulen.[777] Inhaltlich beschäftigt sich das Lehrangebot beispielsweise mit den Motiven für eine Existenzgründung, Chancen und Risiken der Selbstständigkeit, Bedeutung der Gründungsplanung und der Diagnose der Gründungseignung.[778]

Das Lehrangebot GEH, 'Gründungsrelevante Entscheidungs- und Handlungsfelder', stellt den Erwerb persönlichkeitsbezogener, unternehmerischer Kompetenzen in den Vordergrund des handlungsorientierten Lehr-/Lernprozesses.[779] Inhaltliche Schwerpunkte bilden hierbei die teamorientierte Generierung von Geschäftsideen, unter anderem mittels verschiedener Kreativitätstechniken, die Vermittlung von Kommunika-

---

[773] Vgl. Braukmann (2000a, S. 39).
[774] Siehe hierzu http://www.wiwi.uni-wuppertal.de/koch/, Stand: April 2003.
[775] Vgl. Bergische Universität Wuppertal (2003, S. 83).
[776] Vgl. Saßmannshausen (2000, S. 4).
[777] Vgl. Braukmann (2002, S. 77).
[778] Vgl. Braukmann (2002, S. 76).
[779] Vgl. Braukmann (2002, S. 77).

tions- und Präsentationstechniken und die Unterbreitung von Vorschlägen zur Förderung eines gründungsbezogenen Selbstmanagements.[780]

Da der universitäre 'Dreischritt' sowohl fachbezogene als auch verhaltensbezogene Inhalte gleichwertig vermitteln will, erhält er im Gegensatz zu den vorgestellten vorwiegend fachorientierten respektive verhaltensorientierten Veranstaltungen einen polyvalenten Charakter. Daher darf angenommen werden, dass der universitäre 'Dreischritt' eine Hybrid-Position in der anzustrebenden, gründungsbezogenen Curriculumabstimmung mit dem oben vorgestellten Lehrangebot erhalten wird. Dies ist dem folgenden Schaubild zu entnehmen, das zusätzlich eine Zuordnung der Lernzielkategorisierung zum Curriculum abbildet.

[780] Vgl. Braukmann (2002, S. 77).

Abb. 5.11: Exemplarische curriculare Einbindung des universitären 'Dreischritts' zur Verfolgung der Lernzielklassen Gründungssensibilisierung, Gründungsmündigkeit und Gründungskompetenz

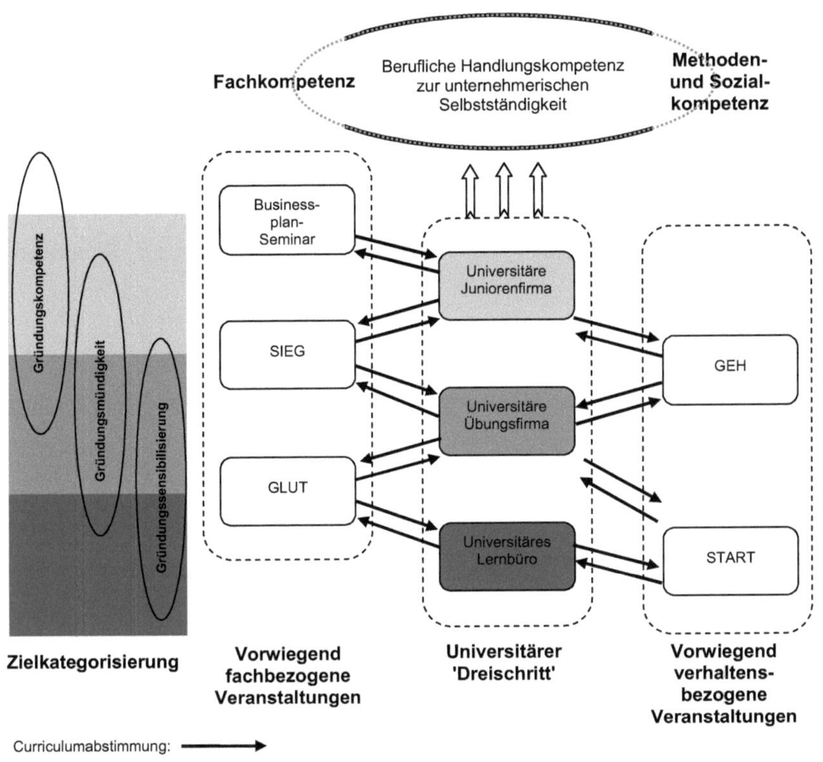

In den Ausführungen der Kapitel 5.1.2, 5.1.3 und 5.1.4 zur Konzeptionsentwicklung der Lehr-/Lernprozesse der drei Methodischen Großformen wurde darauf hingewiesen, dass eine Zuschreibung einer der Zielkategorien mit den Bezeichnungen Gründungssensibilisierung, Gründungsmündigkeit oder Gründungskompetenz zu einer bestimmten Methodischen Großform vermieden werden soll. Denn es kann vielmehr davon ausgegangen werden, dass eine Verschränkung der einzelnen Lernzielklassen im Qualifizierungsprozess des gesamten 'Dreischritts' stattfindet. Dementsprechend wurden die Lernziele im Schaubild sowohl überlappend als auch gestuft abgebildet.

Die einzelnen gründungsspezifischen fach- und verhaltensbezogenen Veranstaltungen wurden zum einen tendenziell ihren Intentionen entsprechend angeordnet, zum anderen in Beziehung zur Hybridstellung des universitären 'Dreischritts' gesetzt.
Im Weiteren sollen nun die im Kapitel 5.1.2, 5.1.3 und 5.1.4 auf der Theorieebene entwickelten Vorschläge zur Konzeption des universitären Lernbüros, der universitären Übungsfirma und universitären Juniorenfirma im Rahmen der praktischen Umsetzung des gründungsbezogenen Lehrangebots im Teilprojekt II anhand von Veranstaltungsreihen und -ausschnitten vorgestellt werden.
Die folgende Darstellung soll die praktische Konkretisierung des 'Dreischritts', der im Teilprojekt II mit dem Akronym ASS für die Bezeichnung 'Auf dem Weg zur unternehmerischen Selbstständigkeit durch wirtschaftsdidaktisch gestützte Simulation' betitelt wird[781], beschreiben.

5.2 Exemplarische Konkretisierung – Konzeption und Implementierung von ASS in bizeps

Die bei der Entwicklung des Qualifizierungskonzeptes für den universitären 'Dreischritt' auf der Theorieebene im Kapitel 5.1 ermittelten Ergebnisse sollen nun in Bezug auf die real im universitären Kontext umgesetzte, methodische Innovation untersucht und beschrieben werden. Dabei werden der Reihenfolge nach die didaktischen Konzeptionen des universitären Lernbüros, der universitären Übungsfirma sowie der universitären Juniorenfirma in ihren praktisch angewendeten Qualifizierungsprozessen im Rahmen des Teilprojekts II des bizeps-Projektes vorgestellt.
Zunächst werden jeweils die übergreifende Struktur und das makrodidaktische Implikationsfeld der Lehrangebote skizziert. Hierbei fließt auch die Beschreibung der Zielgruppe mit ein. Darüber hinaus wird im Falle des universitären Lernbüros der Schwerpunkt bei der Darstellung auf die mikrodidaktischen Entscheidungsfelder gelegt. Es findet zudem eine Schilderung einer Veranstaltungssequenz statt, um exemplarisch einen detaillierten Einblick in die Struktur des Lehr-/Lerngeschehens des universitären 'Dreischritts' gewähren zu können. Dieses Vorgehen wird als sinnvoll

781 Vgl. Braukmann (2000a, S. 31).

erachtet, da eine zu entwickelnde und zu beschreibende Konzeption einer Unterrichtsraumdidaktik im Mittelpunkt dieser Arbeit steht.
Aufgrund des Inklusionsprinzips und der Strukturidentitäten der drei Methodischen Großformen werden die Darstellungen der mikrodidaktischen Entscheidungsfelder der Übungs- und Juniorenfirma weniger ausführlich sein. Beide Methoden können daher und wegen noch zu beschreibenden organisatorischen und zeitlichen Einflüssen auf die Qualifizierungsprozesse in komprimierter Form geschildert werden.
Im Weiteren wird das Lehr-/Lernkonzept des universitären Lernbüros in seiner didaktischen Umsetzung dargestellt.

5.2.1 Zur Konzeption des universitären Lernbüros

Die Veranstaltung zum universitären Lernbüro im Gründungskontext wird mit der Bezeichnung 'Auf dem Weg zur unternehmerischen Selbstständigkeit durch wirtschaftsdidaktisch gestützte Simulation - (Lernbüro) ', kurz 'ASS-Lernbüro' betitelt. Diese Qualifizierung richtet sich an Studierende aller Fachbereiche, wie auch schon im Kapitel 5.1.2.1.1 beschrieben wurde, die für das Thema 'berufliche Selbstständigkeit' sensibilisiert werden sollen. Die Lerngruppe sollte den Umfang von zwölf Personen nicht überschreiten, um eine effiziente Umsetzung des handlungsorientierten Didaktikansatzes gewährleisten zu können.
Übergreifende Intention des Lehrangebotes ist es, am Ende der Veranstaltungsreihe ein Gründungsprojekt in simulierter Form entwickelt und abgeschlossen zu haben. Hierfür werden über die einzelnen Veranstaltungssequenzen verteilt gründungsrelevante Handlungsfelder bzw. 'Episoden' seitens der Studierenden simuliert, um den sukzessiven Aufbau des Gründungsprojektes gestalten und ermöglichen zu können. Das Lehrangebot ASS-Lernbüro wird dabei seitens der fachlich qualifizierten Dozentin[782] didaktisch gelenkt, indem sie die Richtung des Gründungsprozesses durch einen selbstentwickelten Gestaltungsrahmen im Hintergrund steuert.
Ein unter anderem eigens für die Qualifizierungsprozesse des universitären 'Dreischritts' medial ausgestalteter Seminarraum, der im Rahmen der Entwicklungsarbei-

[782] Der universitäre 'Dreischritt' wurde seitens der Verfasserin begleitet.

ten des Teilprojekts II als Existenzgründungswerkstatt (EGW) betitelt wurde, unterstützt das Simulationsgeschehen.[783]

Für das Lehrangebot werden ca. zwölf Termine à zwei Semesterwochenstunden an einem Nachmittag pro Woche, in den späten Nachmittagsstunden in der Zeit von 16.00-18.00 Uhr, so wie es auch im Kapitel 5.1.2.2 auf der Theorieebene vorgeschlagen wurde, eingeplant.

Im Rahmen des Lehr-/Lerngeschehens erwartet die Dozentin, dass seitens der freiwillig teilnehmenden Studierenden ein hohes Engagement und ein hoher Grad an Eigeninitiative gezeigt wird. Darüber hinaus ist es notwendig, dass sie selbstständiges Arbeiten in den Teams umsetzen und sich auf den vorgegebenen Simulationsrahmen einlassen können. Auf diesem Weg kann das Konzept vom ASS-Lernbüro erfolgreich umgesetzt werden.

Am Ende der Veranstaltungsreihe erhalten die Studierenden eine Teilnahmebescheinigung, auf der die inhaltlichen Schwerpunkte der Qualifizierung im universitären Lernbüro aufgeführt werden.

---

[783] Die Einrichtungsdauer, einschließlich der benötigten Vorplanungen belief sich auf insgesamt sechs Monate, wobei allein die Umarbeit insgesamt fünfeinhalb Monate dauerte. Dies ist eine relativ lange Zeitspanne, in der – soviel darf an dieser Stelle angemerkt werden - viel Kraft und Nerven aufgewendet werden mussten. Daher sollen kurze Anmerkungen und Empfehlungen zur Einrichtung eines solchen Seminarraumes gegeben werden. Die dauerhafte Bereitstellung eines Seminarraums zur Einrichtung einer EGW stellt einen Engpass bei der Planung dieses Projektes dar. Da der Raum zukünftig nicht mehr für andere Veranstaltungen eines Fachbereichs zur Verfügung steht, stellt der Verzicht für die Fakultät einen Kostenfaktor dar.
Ist die Bereitschaft vorhanden, einen adäquaten Raum dauerhaft zur Verfügung zustellen - dieser Unterstützungswille benötigt einen breiten Konsens im Fachbereich - können die ersten Einrichtungsplanungen beginnen. Diese Planung sollte alle für den Lehr-/Lernprozess didaktisch notwendigen Gegenstände berücksichtigen, wie sie auch schon im Kapitel 5.1.2.1.3 beschrieben wurden. Parallel sollten die entsprechenden Umbauarbeiten ebenfalls umfangreich geplant werden. Erfahrungen des Teilprojekts II haben diesbezüglich gezeigt, dass die Organisation der Handwerksarbeiten einen hohen Koordinationsbedarf benötigt. Da sie sowohl von universitätsinternen als auch universitätsexternen Handwerkern durchgeführt werden müssen, bedarf es Absprachen hinsichtlich der zeitlichen Sequenzierung der Handwerksarbeiten. Für die organisatorische Abstimmung und Begleitung der gesamten Einrichtungsphase sollte daher dauerhaft mindestens ein Ansprechpartner bzw. Koordinator zur Verfügung stehen - im Falle der EGW wurde diese Funktion von der Verfasserin übernommen - wodurch des Weiteren eine kooperative Zusammenarbeit mit und unter den Handwerkern ermöglicht werden kann.
Da die Universität eine öffentliche Institution mit hohem Publikumsverkehr ist, sind darüber hinaus Auflagen wie Brandschutzvorschriften zu beachten. Informationen zu diesen und weiteren Vorschriften sollten im Vorfeld der Einrichtungsplanungen eingeholt werden.

5.2.1.1 Zur intentionalen und inhaltlichen Gestaltung

Primäre Zielsetzung vom ASS-Lernbüro ist es, durch die Simulation von gründungsspezifischen 'Episoden' mit zunehmender Komplexität und Interaktionsnotwendigkeit seitens der Studierenden eine erste systematische und nachhaltige Auseinandersetzung mit der Selbstständigenthematik zu offerieren, wie auch im Kapitel 5.1.2.1.2 theoretisch grundgelegt wurde. Durch die Einsichten in ein Gründungsgeschehen soll ein erster Überblick über berufliche Handlungskompetenzen der 'unternehmerischen Selbstständigkeit' gegeben werden. Die Studierenden erhalten durch die handlungsorientierte Qualifizierung die Möglichkeit, in ganzheitlichen Bezügen zu agieren und dabei für die Vernetzung der unternehmerischen Abläufe im Gründungsgeschehen sensibilisiert zu werden. Dabei sollen die Lernenden die Befähigung erwerben, sich in verschiedenen Lehr-/Lernsituationen kooperativ im Team selbst zu organisieren und in den einzelnen zu gestaltenden 'Episoden' gezielt zu handeln. Auf diesem Weg soll es den Studierenden ermöglicht werden, eine hohe Problemlösungs- und Entscheidungsfähigkeit in Bezug auf gründungsspezifische Handlungsfelder zu kultivieren. Hierfür sollen sie ein entsprechendes Abstraktionsvermögen erwerben, um befähigt zu werden, ökonomische Bezüge und Zusammenhänge auch auf andere Bereiche des allgemeinen Wirtschaftslebens übertragen bzw. transferieren zu können.

Um gründungsrelevante Kompetenzen bei den Teilnehmern aufbauen zu können, werden sie dem Simulationsprozess inhaltlich angepasst und gelenkt. Hierzu bedarf es unter anderem der didaktischen Reduktion der Komplexität eines zu simulierenden Gründungsvorhabens, wie auch im Kapitel 5.1.2.1.2 beschrieben wurde.

Im Falle vom ASS-Lernbüro wird ein Unternehmen in Gründung modellhaft rekonstruiert bzw. repräsentiert, dessen Sachziel es ist, ein Dienstleistungsunternehmen für Senioren bzw. für Seniorenartikel am Markt anzubieten und zu betreiben.[784] Die Studierenden übernehmen dabei die Rolle einer fiktiven ausgebildeten Altenpflegerin, die verschiedene Stationen in der Vorgründungsphase ihres Projekts durchlaufen muss. Hierbei handelt es sich um typische, akzentuierte Problem-, Handlungs- und Lernfelder eines Unternehmens in Gründung, die eine wechselseitige, integrative Beziehung zwischen fachwissenschaftlichen und praktischen Bezügen aufweisen. Die in Abbildung 5.5 dargestellten Handlungsfelder finden auf die gründungsbezogenen Inhalte des ASS-Lernbüros ihre Anwendung. Sie lauten entsprechend: Rechts-

[784] Siehe zur Begründung der Vorgabe der Geschäftsidee die Ausführungen im Kapitel 5.2.1.5.

formgrundlagen und -entscheidungen, Ausgestaltung des Produktsortiments, Organisation des unternehmerischen Aufbaus und der Abläufe, Gestaltung des sozialen Umfelds, Investitions- und Kostenplanung sowie Kapitalplanung und Preiskalkulation. Da alle Bereiche interdependent zueinander sind, verlaufen die Entscheidungsprozesse im Qualifizierungsverlauf mit zunehmenden Handlungsfeldern und einer damit verbundenen höheren Komplexität zumeist parallel, bis am Ende der Veranstaltungsreihe alle für den Gründungsprozess relevanten Entscheidungen gefällt worden sind und die Vorgründungsphase abgeschlossen werden kann. Bis dahin werden jedoch im ASS-Lernbüro unkalkulierbare, eigendynamische 'Episoden' durch eigenständiges Probieren und Reflektieren seitens der Studierenden gestaltet.
Wie dieses Lehr-/Lerngeschehen methodisch und medial im ASS-Lernbüro unterstützt wird, schildert das nächste Kapitel.

5.2.1.2 Zur methodischen und medialen Konzeptionierung

Im ASS-Lernbüro werden verschiedene handlungsorientierte Methoden, die Denken und Handeln in vollständigen Handlungsvollzügen ermöglichen, eingesetzt. Indem das Lehr-/Lerngeschehen ausschließlich in der EGW ohne jegliche Außenkontakte stattfindet, erhalten die Studierenden einen Schutzraum, so dass ihr eigenständiges Handeln ohne Risiken behaftet ist und sie ohne Schaden entdecken-lassend einzelne gründungsbezogene Problemfelder in Eigenregie bewältigen können. Die Dozentin hält sich während dieser Phasen im Hintergrund auf und greift nur bei Bedarf lenkend in den Unterrichtsprozess ein. Wie im Kapitel 5.1.2.1.3 ausführlich für das universitäre Lernbüro beschrieben werden konnte, besteht diese Methodischen Großform vor allem aus unterschiedlichen handlungsorientierten Lehr-/Lernarrangements, wie Fallstudien, Rollenspiele, Formen des Planspiels, Präsentations- und Moderationsphasen sowie Plenumsgespräche. Das Methodenspektrum wird weitestgehend auf die einzelnen Sitzungen verteilt und den jeweiligen Handlungsfeldern angepasst und eingesetzt. Die Erfahrungen des Teilprojekts II, die während der Qualifizierung gesammelt werden konnten, ergaben, dass die Studierenden das oben aufgeführte Methodenspektrum in Einzelfällen kannten und den Umgang mit den Methoden beherrschten bzw. sich schnell in diese einarbeiten konnten.
Die jeweiligen 'Episoden' werden seitens der Dozentin zu Anfang einer Sitzung bzw. nach Beendigung der Bearbeitung eines gründungsbezogenen Handlungsfeldes der

Studierendengruppe vorgestellt. Im Laufe der Veranstaltung werden diese 'Episoden' in arbeitsgleichen Kleingruppen bearbeitet. Die Ergebnisse werden dann der gesamten Gruppe präsentiert, beispielsweise in Form von Rollenspielen, in denen einzelne Teilnehmer in die Person der Gründerin schlüpfen. Abschließend werden die Ergebnisse in der Großgruppe besprochen und diskutiert. Am Ende jeder Veranstaltung ist eine Arbeitsrückschau notwendig. Die Studierenden sind hierbei aufgefordert, ihre eigenen Lehr-/Lernerfolge im Simulationsprozess zu reflektieren. Im ASS-Lernbüro, so konnte bei der praktischen Umsetzung des Qualifizierungskonzeptes im Teilprojekt II festgestellt werden, wurden die Reflexionsphasen nach den ersten Sitzungen von den Studierenden selbstständig durchgeführt und sogar eingefordert, da die Teilnehmer zusätzlich zur eigenen Kontrolle auch großes Interesse an den Lernerfolgen der Kommilitonen hatten.

Darüber hinaus wurde es von den Studierenden begrüßt, das Lehr-/Lerngeschehen in der EGW, die eigens für die Simulationszwecke des universitären Dreischritts spezifisch ausgestaltet wurde, durchführen zu können. Der im Kapitel 5.1.2.1.3 unterbreitete Vorschlag zur Einrichtung der EGW konnte weitestgehend umgesetzt werden.[785] Die folgende Abbildung stellt diese realisierte Einrichtung vor.

---

[785] Durch ihre Ausstattung ermöglicht sie die Simulation kaufmännischen gründungsbezogenen Handelns, das durch die Schaffung verschiedener FE, in denen arbeitsgleiche Kleingruppenarbeiten stattfinden können, unterstützt wird. Die weitestgehend mobile Büroausstattung sowie die mobilen Trennwände ermöglichen den Teilnehmern in der Mitte des Raumes zu einer Plenumsrunde zusammenzukommen, indem beispielsweise die Besuchertische zusammengestellt werden. Des Weiteren können die Studierenden durch die mit modernster EDV-Technologie ausgestatteten Existenzgründungswerkstatt Simulationssequenzen multimedial und computergestützt aufbereiten.
Es sei darauf hingewiesen, dass diese Einrichtung im Laufe der Zeit Abnutzungserscheinungen aufweisen kann. Daher ist es als selbstverständlich zu erachten, dass die Ausstattung beispielsweise auf Unvollständigkeit, Beschädigungen und Beschmutzung hin immer wieder überprüft werden sollte. Dadurch kann ein schneller Verschleißprozess vermieden werden.

Abb. 5.12: Einblick in die Realisierung der Existenzgründungswerkstatt

Diese Einrichtung verschafft dem Lehr-/Lerngeschehen eine Atmosphäre des Besonderen und des Wohlfühlens,[786] durch die Studierende zusätzlich für eine kontinuierliche Teilnahme motiviert werden können.

Im Weiteren wird der Faktorenkomplex formative Lehr-/Lernzielkontrolle im ASS-Lernbüro beschrieben.

5.2.1.3 Formative Lehr-/Lernzielkontrolle

Es stellte sich im Laufe der Qualifizierungsprozesses heraus, dass die Aufforderung zur Selbstkontrolle der eigenen Lehr-/Lernerfolge im ASS-Lernbüro von den Studierenden angenommen wurde. Die im Kapitel 5.1.2.1.4 formulierte, im Rahmen der WPK im Teilprojekt II entsprungene Hypothese, dass Studierende ein mögliches Defizitempfinden während des Lehr-/Lerngeschehens von sich aus artikulieren und gegebenenfalls zusätzliche Informationen oder eine vertiefte Auseinandersetzung mit bestimmten Inhalten einfordern, kann in verschiedenen Veranstaltungssituationen bestätigt werden. Durch Präsentationsphasen, in denen Arbeitsergebnisse von den Kleingruppen vorgestellt werden, hat die Dozentin die Möglichkeit, Lernerfolge zu kontrollieren. Werden Inhalte fehler- bzw. lückenhaft präsentiert, kann seitens der Dozentin direkt eingegriffen und eingelenkt werden.

---

786 Vgl. Braukmann (2001, S. 89).

Am Ende jeder Veranstaltung werden Reflexionsphasen in der Großgruppe durchgeführt. Durch die Rückschau der Studierenden auf die Veranstaltung und der Diskussionsmoderation seitens der Lehrperson können erreichte bzw. auch nicht erlangte Lernziele kontrolliert werden. Die Dozentin hat hierfür eine Übersicht über die von ihr vorformulierten im Lehr-/Lernprozess zu erreichenden Lernziele erstellt. Durch die Plenums- und Reflexionsgespräche kann sie die beobachteten und von den Lernenden artikulierten erreichten Lernerfolge mit den Lernzielen vergleichen und überprüfen. Sie ist dann im weiteren Simulationsverlauf aufgefordert, mögliche Defizite beispielsweise durch Vertiefung von Inhalten oder thematischer Schwerpunktlegung in den einzelnen 'Episoden' zu beseitigen.

Zum Schluss der gesamten Veranstaltungsreihe wird eine Sitzung anberaumt, um die Arbeit im ASS-Lernbüro zu evaluieren. Die Studierenden haben die Aufgabe, sowohl positive als auch negative Erfahrungen, die im Lehr-/Lernprozess gesammelt werden konnten und darüber hinaus Aufschluss über den jeweiligen Nutzen für einen erwarteten und erlangten Kompetenzerwerb geben können, auf Metaplankarten zu verschriftlichen. Anschließend werden die beschriebenen Karten von den Studierenden vor der Gruppe präsentiert und zu einem Gesamtbild an einer Magnettafel 'geclustert'. Dabei können einzelne Erfahrungsbereiche zusammengefasst und in Beziehung zueinander gebracht werden.

Die folgende Abbildung möchte einen Eindruck über ein erstelltes Tafelbild zum Feedback[787] der Veranstaltung ASS-Lernbüro vermitteln.

[787] Siehe zur Feedback-Methode auch Schulz von Thun (1981, S. 81), vgl. auch Elias/Schneider (1999, S. 59).

Abb. 5.13: Exemplarisches Feedback der Teilnehmenden zur Veranstaltung ASS-Lernbüro

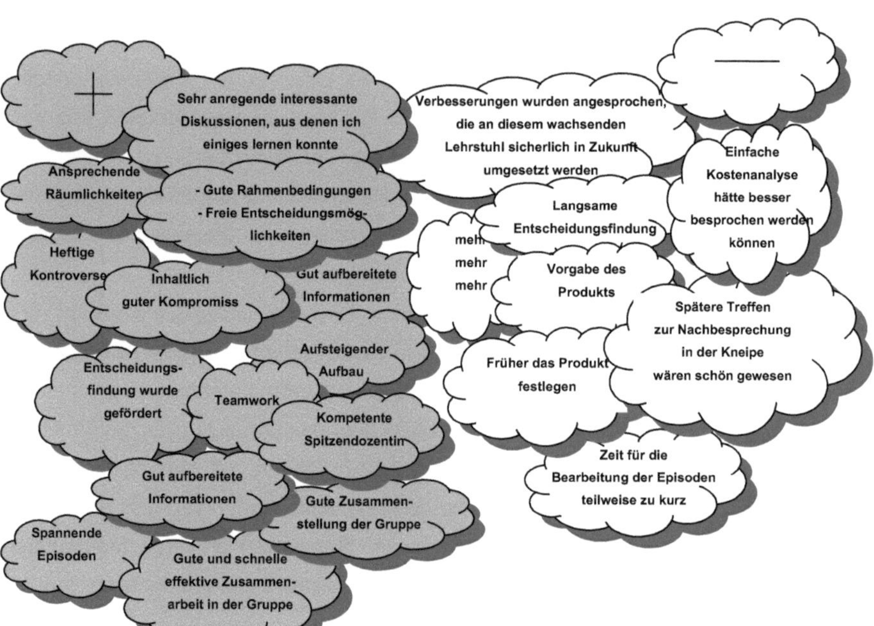

Aus diesen Informationen kann die Dozentin zum einen beispielsweise Verbesserungsvorschläge für die weiteren Veranstaltungsreihen im ASS-Lernbüro berücksichtigen und zum anderen für die im universitären 'Dreischritt' verweilenden Studierenden eine entsprechend ausgerichtete Gestaltung des weiteren Lehr-/Lernprozesses vornehmen.

Im nächsten Kapitel soll ein kleiner Einblick in die Aktivitäten gegeben werden, die die Dozentin über den Veranstaltungsrahmen hinaus in Bezug auf den Kontakt zu den Studierenden zu organisieren hatte.

5.2.1.4 Weitere Aktivitäten außerhalb des Veranstaltungskontexts

Vereinzelt erbitten die Studierenden separate Beratungstermine für individuelle Fragen in Bezug auf gründungsrelevante Themen oder eine eigene Gründungsidee.

Hierbei erstreckt sich die Beratung von der Beantwortung von fachlichen Fragen über das Aufzeigen von Chancen und Risiken eines eigenen Gründungsprojektes bis hin zur Vermittlung von Kontakten zu anderen Netzwerkpartnern des bizeps-Projektes.
Darüber hinaus werden von den Studierenden, dem Teamgedanken entsprechend, auch informelle Treffen vorgeschlagen, wie beispielsweise ein Zusammenkommen nach der Veranstaltung in der Kneipe auf dem Campus. Die Dozentin wurde auch dazu eingeladen. Hier können sich die Studierenden in einem ungezwungenen Rahmen näher kennen lernen und auch fachliche Informationen untereinander austauschen. Dies kann zur gegenseitigen Öffnung der Studierenden und zum Aufbau eines Vertrauensverhältnisses beitragen.
Im Weiteren soll der Lehr-/Lernprozess für eine Veranstaltung exemplarisch in komprimierter Form beschrieben werden, um seinen didaktischen Aufbau und Verlauf detaillierter nachvollziehen zu können.

5.2.1.5 Exemplarische Darstellung einer Veranstaltung im universitären Lernbüro

Zur Veranschaulichung der didaktischen Aufbereitung des Lehr-/Lerngeschehens im ASS-Lernbüro soll die Darstellung der Einführungsveranstaltung dienen.
Diese Veranstaltung will die Studierenden zunächst mit dem Konzept von ASS-Lernbüro vertraut machen. Anschließend wird der Gestaltungsrahmen des zu simulierenden Gründungsvorhabens vorgestellt. Daraufhin werden die Teilnehmer mit der ersten 'Episode' des zu entwickelnden Projekts konfrontiert. Thematisch handelt es sich hierbei um den Entscheidungsprozess für eine Rechtsform im Rahmen einer potenziellen Partnergründung.

5.2.1.5.1 Operationalisierung von Lernzielen

Bevor die erwarteten Lernziele der hier exemplarisch vorzustellenden Veranstaltung beschrieben werden, ist darauf hinzuweisen, dass eine tradierte Operationalisierung dieser Intentionen für die handlungsorientierte Qualifizierung im ASS-Lernbüro als wenig effizient zu erachten ist. Braukmann führt hierzu aus:

> „In bezug auf die Qualität der Ausprägung des Faktorenkomplexes 'Lernziele' [...] ist eine alle handlungsorientierte Didaktikkonzeptionen kennzeichnende 'Umgewichtung anerkannter Bildungselemente' bzw. Umwandlung eines tradierten stofforientierten schulischen Bildungsauftrages[...] zu konstatieren, bei der die Resultate handlungsorientierter Lehr-/Lernbemühungen nicht nur auf einen 'reproduzierbaren Wissensvorrat' beschränkt bleiben, sondern stets 'das Handelnkönnen', 'das Handelnwollen'[...] und das 'Handeln-Lernen'[...] mit einschließen sollen. Diese Umgewichtung geht mit einer terminologischen Akzentverschiebung einher; denn in handlungsorientierten Publikationen stehen nicht mehr die, die Verhaltensdimensionen bzw. -taxonomien analytisch differenzierenden bzw. disaggregierenden, Termini im Vordergrund.“[788]

Daher wird im Weiteren eine Beschreibung der zu erreichenden Lernziele entsprechend der Kategorisierung der beruflichen Handlungskompetenzen im Gründungskontext vorgenommen, wie sie schon im Kapitel 2.4.2.1 aufgezeigt werden konnte.

Gründungsrelevante Fachkompetenzen:

- Den Gegenstand Rechtsform definieren, seine Bedeutung wiedergeben und in den Gründungskontext einordnen können.
- Vernetzungssensibilität durch das Vermögen, die Episode inhaltlich in den Gründungsvorgang einordnen zu können.
- Gründungs- und Unternehmensstrategien entwickeln können.
- Moderne Informations- und Kommunikationstechnologien anwenden können.
- Reflexionsvermögen über das eigene und über fremde Rollenspiele sowie zur Rückschau auf den Lehr-/Lernprozess der Veranstaltung.

Gründungsrelevante Methodenkompetenzen:

- Methodisches Vermögen zur Erarbeitung und Umsetzung von Rollenspielen.
- Umsetzung von unternehmerischem, vernetzten Denken.
- Komplexitätssouveränität durch reflektierte Anwendung in den Simulationssequenzen.

---

[788] Braukmann (1993, S. 317).

Gründungsrelevante Sozialkompetenzen:

- Frustrationstoleranz, indem Implementationswiderstände in Bezug auf das Einlassen auf die vorgegebenen Handlungsfelder überwunden und diese von den Lernenden akzeptiert werden.
- Rollenidentifikation, durch Übernahme der Rolle der Gründerin und des potenziellen Geschäftspartners für eine Teamgründung.
- Eigen- und sozialverantwortliches Handeln umsetzen können.
- Kommunikations- und Kontaktfähigkeit[789] bei den Lernenden, unter anderem zur Unterstützung und Ermöglichung von Teamgründungen.

Eine Beschreibung der Überprüfung und Kontrolle dieser zu erreichenden Lernziele findet im Kapitel 5.2.1.5.5 statt.

5.2.1.5.2 Inhaltliche Ausgestaltung der Veranstaltungseinheit

Die Studierenden erhalten zunächst einen Überblick über das Veranstaltungskonzept und den Aufbau des Qualifizierungsprozesses. Anschließend werden die Rahmenbedingungen und die Ausgangslage des zu simulierenden Gründungsprojektes erläutert. Dadurch erhalten die Teilnehmenden eine inhaltliche Vorgabe und Hilfestellung, an die sie sich im weiteren Verlauf der Veranstaltung halten können. Unnötige, weit ausschweifende Diskussionen in der Teilnehmergruppe über den Gegenstand eines Gründungsprojektes können damit vermieden werden.

Im Fall des ASS-Lernbüros, wie auch im Kapitel 5.2.1.1 erwähnt, möchte eine ausgebildete Altenpflegerin ein Dienstleistungsunternehmen für Senioren/-artikel gründen. Sie hat sich für die Zielgruppe der Senioren entschieden, weil diese aus demographischer Perspektive in unmittelbarer Zeit stärker am Markt agieren wird und die Gründerin daher in Form eines innovativ ausgestalteten Dienstleistungskonzepts[790] eine Etablierung am Markt antizipiert. Jedoch fehlen ihr kaufmännische Grundkenntnisse, was sie dazu veranlasst, über eine Teamgründung nachzudenken.

Aufgrund dieser Rahmenbedingungen sind die Studierenden nun aufgefordert, eine Episode zu gestalten, in der die Gründerin einen guten Freund von ihrer Geschäftsidee überzeugen und für eine Teamgründung gewinnen möchte. Durch diese Epi-

---

[789] Siehe hierzu auch Schulz von Thun (1998, S. 15).

[790] Dieses Konzept ist im Laufe der Simulation von den Studierenden auszugestalten.

sode befinden sich die Studierenden von Anfang des Simulationsprozesses an in einer kontinuierlich zu meisternden Kooperation, in der gründungsbezogene Entscheidungen zu fällen und Diskussionen zu führen sind sowie Kompromisse gefunden werden müssen. Individuelle Potenziale der fiktiven Teamgründer können effizient eingesetzt und ausgeschöpft werden.

Mit der Entscheidung für eine Rechtsform können zudem direkt zu Anfang der Gründungssimulation Fragen zum Umfang der Kapital-, Haftungs-, Gewinn- und Verlustanteile sowie zur Geschäftsführungsbefugnis geklärt werden. Auf dieser Grundlage kann der weitere Aufbau des Projekts durch die Ausgestaltung der entsprechenden Handlungsfelder seitens der Studierenden durchgeführt werden.

Im Rahmen des hier beschriebenen Beispiels findet eine Akzentuierung bzw. Reduktion durch die Auswahl von bestimmten Rechtsformen[791] statt. Hierbei fiel die Entscheidung auf die Personengesellschaften oHG und KG und auf die Kapitalgesellschaft GmbH. Diese Reduktion bzw. Wahl wurde vorgenommen, um die Studierenden nicht mit der für sie teilweise fremden Thematik zu überfordern. Des Weiteren könnte bei einer thematischen Überfrachtung ein handlungsorientierter Lehr-/Lernprozess für die spezifische Ausgestaltung des ASS-Lernbüros nicht mehr effizient umsetzbar sein. Die Studierenden sollen dabei in erster Linie einen Einblick in die Thematik 'Rechtsformen' bekommen, mit ihrer Existenz und ihren Regelungen bekannt bzw. vertraut gemacht werden.

Hierzu dient unter anderem eine Arbeitsblattsammlung, die in der Großgruppe mündlich bearbeitet wird. Im weiteren Verlauf bereitet jeweils eine Gruppe eine der drei Rechtsformen im Rahmen des zu gestaltenden Rollenspiels auf, in dem die beiden zu simulierenden zukünftigen Geschäftspartner über die Vor- und Nachtteile der zugeteilten Rechtsformen vor der gesamten Gruppe diskutieren. Anschließend werden die Rollenspiele in der Großgruppe jeweils evaluiert und auf der Grundlage der bis dahin erarbeiteten Inhalte zu den jeweiligen Rechtsformen zumindest tendenzielle Entscheidungen für das zu simulierende Gründungsprojekt getroffen.

---

791 Vgl. Schierenbeck (2000, S. 28-32).

5.2.1.5.3 Methodische Konzeption der Veranstaltungseinheit

In der Einstiegsphase der Veranstaltung wird das Konzept vom ASS-Lernbüro in Form des Frontalunterrichts vorgestellt. Diese Sozialform wird auch für die Darstellung des Simulationsrahmens, der ersten Episode im ASS-Lernbüro und der Vorstellung der theoretischen Grundlagen zu den ausgewählten Rechtsformen angewandt. Hiernach moderiert die Dozentin das Lehr-/Lerngeschehen ausschließlich aus dem Hintergrund.

In Kleingruppenarbeiten werden die zu präsentierenden Rollenspiele von den Studierenden selbstständig vorbereitet. Daraufhin werden die Rollenspiele nacheinander aufgeführt. Es folgt eine Diskussion und Nachbereitung der Präsentation in der gesamten Gruppe. Eine Entscheidung für eine der drei in den Rollenspielen vorgestellten Rechtsformen wird abschließend in diesem Forum getroffen. Am Ende der Veranstaltung wird ebenfalls in der Großgruppe eine Reflexionsphase durchgeführt.

5.2.1.5.4 Mediale Aufbereitung

Für die Vermittlung des Konzepts der Veranstaltung, des Simulationsrahmen sowie des Themas Rechtsformen in Bezug auf die oHG, KG und GmbH werden Arbeitsblätter[792] ausgeteilt. Die zu simulierende Episode wird in Form einer Overhead-Projektor-Folie vorgestellt. Zur Bearbeitung des Rollenspiels werden Rollenkarten[793] zur Simulation der Gründerpersonen an die Kleingruppen verteilt. Über Internet können die Lernenden weitere benötige Informationen zu den Rechtsformen recherchieren.

Durch das flexible Mobiliar der Existenzgründungswerkstatt wird einerseits die Plenumssitzung in der Mitte des Raumes ermöglicht. Anderseits können die Möbel für die Erarbeitung der Rollenspiele in der Kleingruppe umgestellt werden.

---

[792] Kremer (1997, S. 107) nennt diese Medien auch operative Medien und stützt sich dabei auf die Klassifizierung von Medien nach Stratenwerth: „Bei der Gestaltung des Lernprozesses können operative Medien unterstützen bzw. den Lernprozess steuern. Operative Medien ermöglichen u.a. eine Aufgabenorientierung des Lerners, z.B. durch Informationsversorgung des Lernenden, Merkhilfen und Stoffsicherung und die Feststellung des Lernstandes."

[793] Rollenkarten vermitteln Daten über die Person, deren Rolle vom Studierenden übernommen werden soll.

5.2.1.5.5 Zu den Möglichkeiten der formativen Lehr-/Lernzielkontrolle

Bei der Durchführung der Rollenspiele erhält die Dozentin die Möglichkeit, einen Überblick über die erlangten Lernerfolge in Bezug auf das Verständnis für den Lerngegenstand 'Rechtsform' zu kontrollieren. In der anschließenden Plenumssitzung können bei der Evaluierung der Rollenspiele seitens der Dozentin gegebenenfalls Korrekturen vorgenommen und offene Fragen beantwortet werden. Bei der tendenziellen Entscheidungsfindung einer Rechtsform für das zu simulierende Gründungsprojekt können erkennbare Unklarheiten nochmals beseitigt werden. Auch die abschließende Reflexionsrunde vom ASS-Lernbüro offeriert den Studierenden, ein mögliches inhaltliches Defizitempfinden zu formulieren, das im Laufe des weiteren Lehr-/Lernprozesses beseitigt werden soll.

Nachdem nun die detaillierte Beschreibung des mikrodidaktischen Entscheidungsfeldes einer Veranstaltung des ASS-Lernbüros durch die Darstellung der Möglichkeiten der formativen Lehr-/Lernzielkontrolle abgeschlossen wurde, soll im Weiteren das umgesetzte Veranstaltungskonzept der universitären Übungsfirma im Überblick vorgestellt werden.

5.2.2 Zum Aufbau einer internationalen universitären Übungsfirma

Die Veranstaltung des Übungsfirmenkonzeptes wird aufbauend auf den ersten Schritt des universitären 'Dreischritts', der die Veranstaltungsbezeichnung ASS-Lernbüro führt, entsprechend mit dem Titel ASS-Übungsfirma etikettiert. Das Lehrangebot ist für bis zu acht Studierende ausgelegt, die die zweite Stufe des universitären 'Dreischritts' betreten wollen. Hierbei wird, wie im Kapitel 5.1.3.1 beschrieben wurde, unter anderem der Erwerb einer Gründungsmündigkeit bei den Lernenden im Lehr-/Lernprozess intendiert.
Das folgende ausgewählte Beispiel zum Konzept des Lehrangebots der universitären Übungsfirma beruht auf eine eigens hierfür entwickelte Simulation unternehmerischer Praxis. Eine Studierendengruppe der Universität Wuppertal führt in Kooperation mit einer Studierendengruppe der California State University, Chico (CSUC), California, USA, die als Partneruniversität gewonnen werden konnte, diese Simulation durch. Die Notwendigkeit einer Zusammenarbeit mit einem realen Geschäftspartner im

Rahmen des Übungsfirmenkonzeptes wurde ausführlich im Kapitel 5.1.3.1 beschrieben.

Das übergreifende Ziel dieser Veranstaltung ist der Aufbau eines zu simulierenden Import/Export-Joint-Ventures.

> „German students will import California red wine, with U.S. students helping to select the California wines at favorable costs. Concurrently, U.S. students will import regional beers that are well-known in the western part of Germany (e.g., kölsch beer from Cologne and pilsner beer from Wuppertal), relying on the advice and support from German students."[794]

Mit diesem Konzept wurde nicht der Empfehlung des Kapitels 5.1.3.1, auf das Modell des universitären Lernbüros zurückzugreifen, entsprochen. In diesem Einzelfall wurde es von der Dozentin als sinnvoll erachtet, für die konzeptionelle Erarbeitung des Lehrangebots, den Besuch des Kooperationspartners aus Chico in Deutschland wahrzunehmen. Zu diesem Zeitpunkt überschnitten sich die Entwicklungsarbeiten der beiden Qualifizierungsangebote, so dass es planerisch und konzeptionell nicht möglich war, sie aufeinander aufbauen lassen zu können.

Unabhängig davon wurde dann das Lehrangebot der universitären Übungsfirma in der multimedial ausgestatteten Existenzgründungswerkstatt durchgeführt.

Im Kapitel 5.1.3.2 wurde empfohlen, dass die Qualifizierung über ein Semester hinweg stattfinden sollte. Bei der Kooperation mit der Übungsfirma in Chico belief sich die Dauer des Lehrangebots allerdings auf ca. sechs Wochen. Eine längere Zeitspanne konnte seitens beider Universitäten für das Lehr-/Lerngeschehen nicht realisiert werden, da nur zu diesem Zeitpunkt auf beiden Seiten keine Semesterferien terminiert waren.

Weiterhin einigten sich die Kooperationspartner auf einen festen Tag in der Woche, an dem zu einer bestimmten Uhrzeit die Simulation gemeinsam durchgeführt werden sollte. Für das Wuppertaler-Team wurde ein später Nachmittagstermin zwischen 16.00 und 18.00 Uhr anberaumt. In Amerika fand die Veranstaltung zwischen 7.00 und 9.00 morgens statt. Im Rahmen dieses Zeitfensters konnten beide Gruppen, wie auch im Kapitel 5.1.3.1 empfohlen wurde, via Web-Cam, Internet und Telefon miteinander kommunizieren.

---

[794] Braukmann/DeBerg/Ebbers (2000, S. 4).

Am Ende der Projektarbeit erhielten die Teilnehmenden, ähnlich wie bei dem ASS-Lernbüro, eine Bescheinigung über die Teilnahme an dem Projekt. Der Teilnahmenachweis beschreibt die Inhalte der Übungsfirmenarbeit, die seitens der Studierenden im Lehr-/Lernprozess in simulierter Form zu gestalten waren.
Dieses handlungsorientierte Lehr-/Lerngeschehen wurde in folgenden Etappen bzw. zu folgenden Terminen seitens der Studierenden übergreifend gemeistert:

1. Termin/Konstituierende Sitzung:
Der erste Termin diente dazu, die Studierenden über die Rahmenbedingungen der Simulation unternehmerischer Praxis zu informieren. Die Teilnehmer der Studierendengruppe hatten darüber hinaus die Möglichkeit, sich miteinander vertraut zu machen. Des Weiteren konnten erste Strategien zur Verfolgung der Ziele des in der ersten Sitzung zu konstituierenden Unternehmens entwickelt werden.

2. Termin:
Es wurden zwei Schwerpunkte in der Sitzung gesetzt. Zum einen sollte folgende Aufgabe seitens der Studierenden bearbeitet werden:

> „U.S. students will research the 'beer' industry in Northern California, and brainstorm potential market outlets (e.g., retail stores, bars and restaurants, direct outlet, Costco/Sam's Clubs), wholesale prices of competing beers (e.g., microbrews like Pale Ale and imported bottled beer such as Beck's, Heineken, etc.) and import issues (e.g., transportation costs and means, tariffs, legal concerns) for German beer. German students will research the 'red wine' industry in western Germany, and brainstorm potential market outlets and import issues for the wine. Also, students should track the currency exchange rate between German Deutsche Marks and U.S. Dollars"[795].

Zum anderen fand die erste Videokonferenz statt, bei der die Studentengruppen sich untereinander kennenlernen und anschließend E-Mails mit den Angaben zur eigenen Person verschicken konnten.
Es war zu erwarten und zu beobachten, dass die Studierenden mit unterschiedlich hohen Sprachkompetenzen ausgestattet waren. Trotzdem stellte sich kein Teilnehmer der deutschen Gruppe mit hoher Sprachkompetenz als Gruppensprecher in den

---

795 Braukmann/DeBerg/Ebbers (2000, S. 4-5).

Vordergrund. Vielmehr wurde der in der englischen Sprache zu gestaltende kommunikative Austausch gemeinsam, gleichberechtigt und allenfalls unterstützend gestaltet. Weiterhin stellte sich von Beginn an heraus, dass die Lernenden trotz des Bewusstseins darüber, in einer fiktiven Geschäftsbeziehung zu agieren, alle mit dem Geschäft verbundenen Prozesse als real begriffen und mit entsprechender Gewissenhaftigkeit und hohem Engagement durchführten.

3. Termin:
In dieser Sitzung sollten die Möglichkeiten einer Geschäftsanbahnung im Rahmen eines Joint-Venture ausgelotet werden.

> "In order to create a realistic context for the case, students will compare research notes regarding market potential, wholesale costs, and import issues for the product they intend to import. Also, the German students will be assumed to have beginning capital of 50,000 DM, while the U.S. students will be assumed to have $25,000. The main outcome from today's lesson will be a letter of inquiry exchanged by each group of students asking about the potential to form a joint venture. A videoconference between students will be conducted, if possible, at 8 a.m. California time and 5 p.m. German time."[796]

4. Termin:
In der Vorarbeitsphase zu der vierten Sitzung, die seitens der Studierenden zwischen den Terminen freiwillig und eigenständig betrieben wurde, konnten bezüglich der hier zu bewältigenden Aufgaben notwendige Kooperationspartner eingebunden werden. So wurde durch die Studierenden ein persönlicher Kontakt zu einer Hamburger Spedition aufgebaut. Mit ihrer Unterstützung konnte dann die Zusammenstellung aller benötigten Daten erfolgen.

---

[796] Braukmann/DeBerg/Ebbers (2000, S. 5).

> „After the letter of inquiry has been received, each group of students will exchange additional information. Based on their research, each class will now know product types and quantities of goods to be imported. For example, assume that the German student research yielded the following information. [...] German students will then compose a formal letter offering to sell beer to the U.S. students according to the above schedule. This letter will include a request from the German students that they desire a 10% commission on all sales (e.g., if U.S. students buy 200 cases of Kölsch at 36 DM and 100 cases of Pilsner at 39 DM, then the commission to be paid to German students is 10% of (7,200 + 3,900), or 1,110 DM). Also, this letter will emphasize that the U.S. students must pay for all costs of transportation and tariffs."[797]

5. Termin:
Das Angebot der amerikanischen Studenten über den Import von kalifornischen Rotwein ist eingetroffen.

> „Students will first discuss the costs involved in starting this type of joint venture, along with the importance of determining prices sufficient to cover all costs and generate a reasonable profit.
> After this discussion, students will then be given additional pricing and cost information to help them create projected financial statements."[798]

6. und abschließender Termin:

> „The goods are now assumed to have been delivered (i.e., U.S. students have received the beer, and German students have received the wine). Each team will have two sources of profits: one from the sale of their goods, and one from commissions revenue. Funds will be wired to each account. Foreign exchange gains and losses will be calculated. A final income statement will be prepared."[799]

Per Videokonferenz wurde anschließend gemeinsam mit den amerikanischen Studierenden der Verlauf der Simulation reflektiert.

---

[797] Braukmann/DeBerg/Ebbers (2000, S. 5-6).
[798] Braukmann/DeBerg/Ebbers (2000, S. 6).
[799] Braukmann/DeBerg/Ebbers (2000, S. 6-7).

Explorativ durchgeführte Interviews seitens der Dozentin[800] mit den Teilnehmern aus der Übungsfirma zeigten eine hohe Zufriedenheit mit dem Verlauf des Projektes auf. Die Studierenden nahmen die Übungsfirmenarbeit als Chance wahr, sich umfassend für unternehmerische Abläufe 'fit zu machen'. Sie erkannten die Bedeutung des Auf- und Ausbaus von Netzwerken für das Gelingen eines Gründungsvorhabens. Des Weiteren begriffen sie die Arbeit in der Übungsfirma als Test dafür, inwiefern sie grundsätzlich Interesse an einer Unternehmensgründung entwickeln könnten. Eine Gründung im Bereich eines Import/Export-Geschäftes empfanden sie vereinzelt als große Herausforderung, derer sie sich weitestgehend nicht gewachsen fühlten.
Im nächsten Kapitel wird ein ausgewähltes Beispiel für die Umsetzung des im Kapitel 5.1.4 entwickelten Juniorenfirmenkonzeptes beschrieben. Damit wird nun die Darstellung der Konkretisierung und Implementierung der unter Kapitel 5.1 auf theoretischer Ebene konzipierten Vorschläge für die gründungsbezogene Qualifizierung im universitären 'Dreischritt' im bizeps-Projekt abgeschlossen.

5.2.3 Zur universitären Juniorenfirma

Anhand eines aus den verschiedentlich durchgeführten Juniorenfirmenarbeiten ausgewählten Beispiels, soll nun die dritte und abschließende Stufe des universitären 'Dreischritts' vorgestellt werden.
An dieser Veranstaltungsreihe, die als ASS-Juniorenfirma bezeichnet wird, nahmen vier gründungsinteressierte Studierende teil, die das Vorhaben[801], sich gründen zu wollen, mittelfristig umsetzen wollten. Im Verlauf des Lehr-/Lernprozesses innerhalb der ASS-Juniorenfirma sollte ermöglicht werden, eine berufliche Handlungskompetenz zur 'unternehmerischen Selbstständigkeit' aufzubauen. Nach Ablauf der Junio-

---

800 An die Dozentin wurden im Rahmen des Übungsfirmenkonzeptes verschiedene Anforderungen gestellt, die im Folgenden in Form einer kleinen Auswahl vorgestellt werden sollen. Kenntnisse über den Ablauf des Außenhandels waren von Vorteil. Die Dozentin musste des Weiteren jederzeit auf zwei Ebenen agieren. Zum einen musste sie sich auf Einzelfragen konzentrieren und zum anderen gleichzeitig prüfen, inwiefern diese Fragen in Hinblick auf den Gesamtkontext der Simulation vertieft werden mussten. Zudem musste der zeitliche Rahmen gestaltet werden, ohne einem strengen vorher ausgearbeiteten Zeitplan folgen zu müssen. Die Veranstaltung endete nie nach den regulären zwei Semesterwochenstunden, so dass eine zeitliche Flexibilität seitens der Dozentin von sich selbst und von den Studierenden eingefordert werden musste. Zudem musste die Dozentin in der Lage sein, alle parallel ablaufenden Prozesse zu kontrollieren und unter Erteilung von Hinweisen und gegebenenfalls klaren Handlungsanweisungen in die Prozesse einzugreifen, ohne die Abläufe dabei beispielsweise durch die Autorität eines Lehrenden zu stören.

801 Die Gründungsidee wird aus datenschutzrechtlichen Gründen nicht beschrieben.

renfirmenarbeit sollten beispielsweise die verschiedenen Komponenten einer Gründungsplanung inhaltlich diskutiert und weiterentwickelt worden sein. Hieran anschließend sollte die Erstellung eines Businessplans seitens des Teilprojekts I weiter begleitet werden.[802] Es wurde damit das Ziel verfolgt, eine finanzielle Förderung der Geschäftsidee im Rahmen des Programms 'EXIST-Seed' zu stellen.

Bis zur Übergabe der Gruppe an das Teilprojekt I wurde das Gründungsvorhaben seitens der Dozentin, die den Studierenden auch auf den ersten Stufen des universitären 'Dreischritts' zur Seite stand, begleitet.

Die Studierenden organisierten dabei die thematische Ausgestaltung jeder Sitzung, die einmal die Woche zweistündig in der EGW anberaumt wurde, dem im Kapitel 5.1.4.1 beschriebenen Konzeptvorschlag entsprechend, weitestgehend selbstständig.

Im Rahmen dieses Lehr-/Lerngeschehens entstand eine spezifische für das Verfolgen einer Gründungsidee durchaus nicht ungewöhnliche Eigendynamik, die seitens der Dozentin nun reguliert werden musste. Diese Lenkung fiel jedoch relativ schwer, da die Gruppe von ihrer eigenen Idee derart fasziniert und darüber hinaus übermotiviert erschien, so dass sie in aktionistische Handlungen abglitt, ohne die Dozentin über diese Schritte zu unterrichten. Die Akzeptanz darüber, dass es sich hierbei um einen Lehr-/Lernprozess handelt, fand seitens der Studierenden nur eingeschränkt statt. Die konzeptionelle Ausgestaltung des eigenen Gründungsprojektes als Lehr-/Lerngegenstand der universitären Juniorenfirma wurde als Soufflieren für eine sofortige Umsetzung des Gründungsprozesses missverstanden. Ihre Produktinnovation sollte so schnell wie möglich den Markt erobern. Mit dieser enthusiastischen Einstellung erschien es mit der Studierendengruppe nicht möglich, einen kontinuierlichen Aufbau einer unternehmerischen Handlungskompetenz im Rahmen der Juniorenfirmenarbeit durchzuführen. Nach intensiven Gesprächen seitens der Dozentin mit der Gruppe, wurde daher übereinstimmend der Entschluss getroffen, die Juniorenfirmenarbeit frühzeitiger als geplant zu beenden und vorzeitig die Betreuung des Teilprojekts I in Anspruch zu nehmen.

---

[802] Siehe hierzu auch Abbildung 2.1.

Dem Studierendenteam oblag es grundsätzlich selber, jederzeit bei Bedarf und Wunsch aus diesem Qualifizierungsprozess, allerdings ohne rechtliche Ansprüche[803] an das Teilprojekt II, auszusteigen.

Anhand des obigen Beispiels konnte nochmals aufgezeigt werden, wie komplex und umfangreich die Prozesse einer Qualifizierung im universitären Gründungskontext auch durch unkalkulierbare Eigendynamiken gestaltet sein können. Um auf die Studierenden im Rahmen des gründungsbezogenen Lehrangebots wie das des universitären 'Dreischritts' im Sinne der Grundsätze der Wuppertaler Gründungsdidaktik[804], wie sie im Kapitel 2.4.1 beschrieben werden, lenkend einwirken zu können, sollte die Bereitschaft der Lernenden, die Ausrichtung des gründungsbezogenen Lehrprogramms zu akzeptieren, vorhanden sein.

Im nächsten und abschließenden Kapitel sollen rückblickend die Ergebnisse dieser Forschungsarbeit herausgestellt werden. Auf ihrer Grundlage soll auf die Notwendigkeit einer zukünftigen Implementierung des universitären 'Dreischritts' als gründungsbezogenes Qualifizierungsangebot hingewiesen werden.

[803] Siehe hierzu die Ausführungen im Kapitel 5.1.4.1.
[804] Diese lauten konkret 'Qualifizierung vor Beratung' und 'Nachhaltigkeit der Qualifizierung'.

6 Zusammenfassung und Ausblick

Diese Forschungsarbeit intendierte, einen Beitrag zur gründungsdidaktisch innovativen Förderung von Unternehmensgründungen aus Hochschulen zu leisten. Demzufolge stand die Entwicklung einer adressatenorientierten, methodisch neuartigen, universitären Gründungsqualifizierung im Mittelpunkt.

Wie umfassend dargelegt, wurden Simulationsformen aus den handlungsorientierten Methodenarrangements ausgewählt, die in besonderer Weise dazu geeignet schienen, einen komplexen Einblick in die unternehmerische Realität zu ermöglichen. Hier wurden insbesondere die drei schulischen Methodischen Großformen Lernbüro, Übungsfirma und Juniorenfirma in den Vordergrund gestellt.

Die Arbeit hat gezeigt, dass diese drei Methodischen Großformen nicht ohne weitere wirtschaftsdidaktische 'Vorleistungen' im Rahmen einer *universitären Gründungs*qualifizierung verwendet werden sollten. Dies hat vor allen Dingen zwei Gründe: Zum einen wurden sie bisher ausschließlich im schulischen Bereich entwickelt und verwendet. Dieser Umstand wäre für eine Übertragung zunächst nicht weiter problematisch, wenn nicht zum anderen aus der umfassenden Literaturanalyse deutlich geworden wäre, dass selbst für den schulischen Kontext bisher keine klare eindeutig wirtschaftspädagogische und -didaktische Bestimmung der drei Simulationsformen vorgenommen wurde.

Genau an dieser Stelle musste die Arbeit folglich ansetzen: Die begründete Auswahl eines wirtschaftsdidaktisch fundierten Analyserasters, die Ausdifferenzierung dieses Rasters und die darauf folgende Anwendung auf die schulischen Methodischen Großformen ermöglichten es überhaupt erst, das Potenzial jeder einzelnen Methodischen Großform für eine Verwendung im universitären Kontext deutlich zu machen und in Folge zu erschließen. Im Verlauf der Forschungsarbeit wurde erkannt, dass sie sich nicht damit begnügen durfte, nur beispielsweise das Lernbüro aufzugreifen und dieses anhand des gefundenen und verwendeten didaktischen Analyserasters für den universitären Einsatz nutzbar zu machen. Schließlich würde in diesem Falle eine wesentliche gründungsdidaktische Forderung, Studierende systematisch, langfristig und nachhaltig an die Thematik der 'beruflichen Selbstständigkeit' heranzuführen und sie dafür zu erschließen, nur in Ansätzen erfüllt.

Um eben dieses Ziel doch zu erreichen, wurden die drei Methodischen Großformen als Gesamtarrangement ins Zentrum der wissenschaftlichen Betrachtung gerückt: Die Identifizierung von für alle drei Methodischen Großformen gültigen übergreifenden Merkmalen und die Konkretisierung der jeweiligen Merkmalsausprägungen legte es nahe, die drei Formen vielmehr als eine Gesamtkomposition im Sinne des von Braukmann grundgelegten 'Dreischritts' synergetisch zu nutzen. Die diese dem Ansatz innewohnende konzeptionelle Kraft konnte in Verbindung mit der entwickelten didaktischen Struktur nun verwendet werden. Somit gelang es, im Wechselspiel einer Praxisbewährung und wissenschaftlichen Reflexion eine gründungsbezogene Qualifizierung zu entwickeln. Aus dieser Wissenschafts-Praxis-Kommunikation ergaben sich zumindest folgende explorative Erkenntnisse, die sicherlich wertvolle Impulse für eine umfangreichere und systematischere Anschlussarbeit liefern:
Während die Umsetzung eines universitären Lernbüros und einer universitären Übungsfirma mit wenig Problemen einher ging, ergab sich bei der universitären Juniorenfirma ein Kardinalproblem: Die Studierenden nahmen die Juniorenfirma mit fortschreitendem Lehr-/Lernprozess nicht mehr als didaktisches Instrument wahr, sondern fehlinterpretierten es als Beratung und Begleitung eines tatsächlichen von unmittelbarer Renditemaximierung gekennzeichneten Gründungsprojektes.
Insgesamt ist nach der Literaturanalyse und aufgrund der Erkenntnisse aus dem Forschungsprojekt zu konstatieren: Um diese methodische Aufbereitung einer gründungsspezifischen Qualifizierung konzeptionalisieren zu können, bedarf es einer äußerst anspruchsvollen Hochschul- bzw. Unterrichtsraumdidaktik. Insbesondere in der hier entworfenen programmatischen Ausrichtung kann sie den Anspruch nach Zielgruppenorientierung und Teilnehmeraktivierung gerecht werden. Darüber hinaus ermöglicht sie eine dem akademischen Niveau entsprechende inhaltliche, fach- und verhaltensbezogene sowie methodisch innovative Aufbereitung.
Trotz aber auch gerade wegen dieser Komplexität erhebt der 'Dreischritt' nicht den Anspruch auf eine in sich geschlossene und hinreichende universitäre Gründungsqualifizierung. Er berührt alle angesprochenen Bereiche, kann diese aber nicht zuletzt aufgrund des handlungsorientierten Ansatzes nicht umfassend vertiefen. Diese Vertiefung muss durch ein begleitendes zum einen stärker fachbezogenes und zum anderen stärker verhaltensbezogenes Lehrangebot erfolgen. Es ist also ein weiteres Ergebnis der hier dokumentierten wissenschaftlichen Auseinandersetzung, dass der universitäre 'Dreischritt' kein komplettes Qualifizierungsprogramm im Rahmen der

Erschließung zusätzlicher Studierender ersetzen kann, sondern immer in Ergänzung zu anderen Lehrangeboten stehen sollte.

Für den Anfang der Entwicklung einer Gründungsqualifizierung an Hochschulen ist es zu empfehlen, sich mit den Potenzialen des universitären 'Dreischritts' und mit den Möglichkeiten seiner Integration und Implementierung auseinanderzusetzen. Als besonders bedeutsam wird erachtet, dass der den Lernprozess fördernde innovative Methodeneinsatz vor allem eine langfristig und breit angelegte Erschließung von zusätzlichen Studierenden für die Auseinandersetzung mit der 'Existenzgründungsthematik' anstrebt und ermöglicht. Dass dies ein zentrales Moment ist, wurde in der durch die Autorin begleiteten mehrjährigen Forschungsarbeit auch über den Kontext des Wuppertaler Ansatzes hinaus mehr als deutlich. Dementsprechend lautet der hier formulierte Appell, dass Hochschulen, die sich einer den oben genannten Zielsetzungen genügenden Gründungsförderung widmen wollen, eine Gründungsqualifizierung anbieten sollten, die 'Hochschuldidaktische Innovationen' im Rahmen einer wirtschaftsdidaktisch geleiteten Simulation unternehmerischer Praxis einschließt.

Jedoch gilt es zu berücksichtigen: Will eine Hochschule sich dieser Aufgabe annehmen, ist für die Implementierung des universitären 'Dreischritts' ein zusätzlicher hoher personeller, zeitlicher und insbesondere für die Einrichtung einer multimedial ausgestatteten Existenzgründungswerkstatt finanzieller Ressourceneinsatz notwendig. Erfahrungen aus der Wissenschafts-Praxis-Kommunikation ergaben, dass eine höhere finanzielle Unterstützung geleistet werden muss, als dies für etablierte Organisationsformen des Lehrens und Lernens an Hochschulen notwendig ist. Schließlich impliziert das hier vorgestellte Konzept, dass ein ausreichend hohes Budget für die Errichtung einer EGW zur Verfügung gestellt werden muss. Erfolgt dies nicht, werden die Potenziale des Qualifizierungsprozesses im universitären 'Dreischritt' nicht ausgeschöpft. Dennoch könnten in einem solchen Fall den Studierenden zumindest in Grundzügen Inhalte und Methoden vermittelt werden, welche die Option einer 'beruflichen Selbstständigkeit' in ihr berufswahl- und berufsvorbereitendes Blickfeld rücken. Falls derartige durch eine Beschränkung von Ressourcen bedingte Qualitätseinbußen hinzunehmen sind, kann dennoch der 'Dreischritt' den Studierenden den Erwerb von Schlüsselqualifikationen, wie z.B. Selbstmanagement ermöglichen.

Abschließend darf festgehalten werden: Mit dem hier erarbeiteten 'Dreischritt' wurde zum wissenschaftlichen Erkenntnisgewinn in der wirtschaftspädagogischen respektive -didaktischen Disziplin generell beigetragen. Das Methodenspektrum wurde weiter differenziert und systematisiert. Somit ist zu hoffen, dass die vorliegende Arbeit über den Verwendungskontext einer universitären Gründungsqualifizierung hinaus, auch wichtige Impulse und Grundlagen für andere Anwendungs- und Implementierungskontexte gibt. Sie fungiert damit als ein wesentlicher Agent zwischen Schule und Hochschule. So können die Anleihen aus dem schulischen Umfeld, die im universitären Kontext ergänzt und theoretisch fortentwickelt wurden, wieder für die Schule oder die berufliche Weiterbildung genutzt werden.

Literaturverzeichnis

Achtenhagen, F. (1984): Übungsfirmenarbeit in Witzenhausen. In: Wirtschaft und Erziehung, Heft 10/1984, S. 355-366.

Achtenhagen, F. (1988): Ein Plädoyer wider didaktischer Halbbildung - Stellungnahme zu Hentkes Beitrag „Handlungsorientierung oder kritische Bildung?". In: Wirtschaft und Erziehung, Heft 2/1988, S. 47-52.

Achtenhagen, F. (1997): Berufliche Ausbildung. In: Weinert, F.E.: Psychologie des Unterrichts und der Schule, Göttingen/Bern/Toronto/Seattle 1997, S. 604-657.

Achtenhagen, F./Bendorf, M./Reinkensmeier, S. (2000): Mastery-Learning mit Hilfe eines multimedial repräsentierten Modellunternehmens in der Ausbildung von Industriekaufleuten. In: Wirtschaft und Erziehung, Heft 7-8/2000, S. 264-268.

Aebli, H. (1980): Denken: Das Ordnen des Tuns - Kognitive Aspekte der Handlungstheorie, Stuttgart 1980.

Aebli, H. (1987): Grundlagen des Lehrens, Stuttgart 1987.

Aebli, H. (1997): Zwölf Grundformen des Lehrens - Eine allgemeine Didaktik auf psychologischer Grundlage, 9. Aufl., Stuttgart 1997.

Aff, J. (1997): Die Wirtschaftsdidaktik im Spiegel unterschiedlicher betriebswirtschaftlicher Ansätze. In: Aff, J. (Hrsg.): Methodische Bausteine der Wirtschaftsdidaktik, Wien 1997, S. 11-49.

Albers, H.-J. (1990): Schrifttum zu Fix, W.: Juniorenfirmen - Ein innovatives Konzept zur Förderung von Schlüsselqualifikationen, Berlin 1989. In: Zeitschrift für Berufs- und Wirtschaftspädagogik, Heft 6/1990, S. 564-566.

Anderseck, K. (2000): „born or made" - Der Weg zum Unternehmensgründer - Diskussionsbeitrag Nr. 281, Hagen 2000.

Arndt, M./Petersen, A./Sasse, B./Wegener, U.: Gründung einer Schülerfirma. In: Unterricht Wirtschaft, Heft 4/2000, S. 51-54.

Arnold, R. (1995): Betriebliche Weiterbildung, 2. Aufl., Baltmannsweiler 1995.

Arzberger, H./Brehm, K.-H. (Hrsg.) (1994): Computerunterstützte Lernumgebung, München 1994.

Backes-Gellner, U./Demirer, G./Moog, P. M./Otten, C. (1998): Unternehmensgründer aus Hochschulen als Gegenstand wissenschaftlicher Forschung - Perspektiven aus einem Forschungsprojekt. In: Kölner Zeitschrift für „Wirtschaft und Pädagogik", Heft 24/1998, S. 27-44.

Backes-Hase, A. (1998): Handlungsorientierung oder Methodenwechsel? In: Wirtschaft und Erziehung, Heft 5/1998, S. 165-169.

Bader, R. (1990): Entwicklung beruflicher Handlungskompetenzen in der Berufsschule - Zum Begriff „berufliche Handlungskompetenz" und zur didaktischen Strukturierung handlungsorientierten Unterrichts, Dortmund 1990.

Bader, R./Schulz, R./Unger, T. (2001): Grundlegung einer Kultur unternehmerischer Selbständigkeit in der Berufsbildung. In: Die berufsbildende Schule, Heft 53/2001, S. 78-79.

Balser, G. (1997a): Das Lernbüro - Lernen durch Anwenden, Band 1 Verwaltung, 4. Aufl., Darmstadt 1997.

Balser, G. (1997b): Das Lernbüro - Lernen durch Anwenden, Band 2 Beschaffung, 4. Aufl., Darmstadt 1997.

Balser, G. (1998): Das Lernbüro - Lernen durch Anwenden, Band 3 Absatz, 4. Aufl., Darmstadt 1998.

Bauer, B./Stexkes, A. (1986): Juniorenfirma - eine zukunftsweisende Methode der kaufmännischen Berufsausbildung in Klein- und Mittelbetrieben? In: Wirtschafts- und Berufserziehung, Heft 12/1986, S. 372-376.

Bauer-Klebl, A./Euler, D./Hahn, A. (2000): Förderung von Sozialkompetenzen durch Formen des dialogorientierten Lehrgesprächs. In: Wirtschaft und Erziehung, Heft 3/2000, S. 104-108.

Baumgartner, P./Payr, S. (1994): Lernen mit Software, Innsbruck 1994.

Beck, H. (1996): Handlungsorientierung des Unterrichts - Anspruch und Wirklichkeit im betriebswirtschaftlichen Unterricht, Darmstadt 1996.

Becker, R./Seibel, R. (1997): Neue Wege zur beruflichen Handlungsfähigkeit - Juniorenfirmen an kaufmännischen Schulen in Baden-Württemberg, dargestellt am Beispiel der Ludwig-Erhard-Schule Pforzheim. In: Wirtschaft und Erziehung, Heft 4/1997, S. 115-118.

Behnke, C. (1995): Computergestützte Lern- und Arbeitsumgebung, Frankfurt a.M. 1995.

Behrendt, E. (1998): Multimediale Lernarrangements im Betrieb - Grundlagen zur praktischen Gestaltung neuer Qualifizierungsstrategien, Bielefeld 1998.

Behrens, G./Faust, P. (1980): Rollenspiel. In: Arbeiten und Lernen, Heft 10/1980, S. 73-74.

Benteler, P. (1987a): Analyse neuerer theoretischer Arbeiten zu einer handlungsorientierten Didaktik wirtschaftsberuflicher Bildung. In: Kaiser, F.-J.: Handlungsorientiertes Lernen in kaufmännischen Berufsschulen, Bad Heilbrunn 1987, S. 75-101.

Benteler, P. (1987b): Vergleich realisierter Konzeptionen der Arbeit im Lernbüro. In: Kaiser, F.-J.: Handlungsorientiertes Lernen in kaufmännischen Berufsschulen, Bad Heilbrunn 1987, S. 102-127.

Benteler, P. (1988): Arbeiten und Lernen im Lernbüro, Bad Heilbrunn 1988.

Benteler, P./Kaiser, F.-J./Korbmacher, K. (1985): Die Einsatzmöglichkeiten neuer Informationstechniken in der kaufmännischen Berufsschule und die Arbeit im Lernbüro. In: Wirtschaft und Erziehung, Heft 10/1985, S. 323-327.

Benteler, P./Kaiser, F.-J./Korbmacher, K. (1987): Die Bedeutung der Außenbeziehungen des Lernbüros für didaktische Entscheidungen. In: Kaiser, F.-J.: Handlungsorientiertes Lernen in kaufmännischen Berufsschulen, Bad Heilbrunn 1987, 128-144.

Benteler, P./Kaiser, F.-J./Korbmacher, K. (1989): Lernen und Handeln im Lernbüro kaufmännischer Berufsfachschulen, Opladen 1989.

Bergische Universität-Gesamthochschule Wuppertal und Partner (Hrsg.) (1998): Projektantrag der BUGH Wuppertal und Partner zum Wettbewerb des Bundesministeriums für Bildung, Wissenschaft, Forschung und Technologie: EXIST - Existenzgründungen aus Hochschulen - bizeps, Wuppertal 1998.

Bergische Universität Wuppertal (Hrsg.) (2003): Seniorenstudium - Weiterbildung für Existenzgründer - Gasthörerprogramm SS 2003, Wuppertal 2003.

Blankertz, H. (1975): Theorien und Modelle der Didaktik, 9. Aufl., München 1975.

Blatt, R. (1991): Die Liebe und das Lernbüro – letzte Gewißheit fehlt. In: Bundesverband der Lehrer an Wirtschaftsschulen (Hrsg.): Handlungsorientierter Unterricht - Kritik und Rechtfertigung in „Wirtschaft und Erziehung“ -, Wolfenbüttel 1991, S. 94-95.

Blötz, U. (Hrsg.) (2002): Planspiele in der beruflichen Bildung - Abriss zur Auswahl, Konzeptionierung und Anwendung von Planspielen, Bielefeld 2002.

Bock, K. (2000): Moderation. In: Wittwer, W. (Hrsg.): Methoden der Ausbildung - Didaktische Werkzeuge für Ausbilder, Köln 2000, S. 124-135.

Bodenstein, G./Geise, W. (1987): Das Rollenspiel in der betriebswirtschaftlichen Hochschulausbildung, Alsbach 1987.

Boeckmann, K./Heymen, N. (1978): Medien als technische Zeichensysteme und ihre Verwendung im Unterricht. In: Armbruster, B./Hertkom, O. u.a.: Allgemeine Mediendidaktik, Köln 1978, S. 95-149.

Boerger, S. (2002): Ökonomische Lernerfahrungen in Schülerfirmen. In: Weber, B. (Hrsg.): Eine Kultur der Selbstständigkeit in der Lehrerausbildung, Bergisch Gladbach 2002, S. 293-317.

Böllert, G./Twardy, M. (1983): Artikulation. In: Twardy, M. (Hrsg.): Kompendium Fachdidaktik Wirtschaftswissenschaften, Band 3/Teil III, Düsseldorf 1983, S. 497-532.

Bonz, B. (1999): Methoden der Berufsaubildung, Stuttgart 1999.

Braukmann, U. (1993): Makrodidaktisches Weiterbildungsmanagement, Köln 1993.

Braukmann, U. (1996): Zur handlungsorientierten Didaktik als theoretischer Kontext einer „Kooperativen Schlüsselqualifikation“. In: Heidack, C.: „Kooperative Selbstqualifikation und Kompetenzentwicklung der Zukunft“, Lernen der Zukunft - Aufgabe von Schule und Wirtschaft - ein Tagungsbericht mit Hinweisen zur Kompetenzentwicklung, Düsseldorf 1996, S. 69-107.

Braukmann, U. (2000a): Förderung von Existenzgründungen aus Hochschulen – im Rahmen des bizeps-Projektes entwickelte Konturen einer Gründungsdidaktik, unveröffentlichtes Typoskript, Wuppertal 2000, [Teile sind bereits in Klandt, H./Nathusius, K./Szyperski, N./Heil, A.H. (Hrsg.): G-Forum 1999 - Dokumentation des 3. Forums Gründungsforschung in Köln am 8. Oktober 1999, Lohmar/Köln 2000, S. 103-134 und Euler, D./Jongebloed, H.-C./Sloane, P.F.E. (Hrsg.): Sozialökonomische Theorie - sozialökonomisches Handeln - Konturen und Perspektiven der Wirtschafts- und Sozialpädagogik, Festschrift für Martin Twardy zum 60. Geburtstag, Kiel 2000, S. 231-254 veröffentlicht].

Braukmann, U. (2000b): Zur Förderung von Existenzgründungen aus Hochschulen - Konturen eines neuen hochschuldidaktischen Aufgabenfeldes. In: Straka, G.A./Bader, R./Sloane, P.F.E. (Hrsg.): Perspektiven der Berufs- und Wirtschaftspädagogik - Forschungsberichte der Frühjahrstagung 1999, Opladen 2000, S. 87-103.

Braukmann, U. (2001): Wirtschaftsdidaktische Förderung der Handlungskompetenz von Unternehmensgründerinnen und -gründern. In: Koch, L. T./Zacharias, C. (Hrsg.): Gründungsmanagement, München 2001.

Braukmann, U. (2002): 'Entrepreneurship Education' an Hochschulen - Der Wuppertaler Ansatz einer wirtschaftspädagogisch fundierten Förderung der Unternehmensgründung aus Hochschulen. In: Weber, B.: Eine Kultur der Selbstständigkeit in der Lehrerbildung, Bergisch Gladbach 2002, S. 47-98.

Braukmann, U. (2003): Zur Gründungsmündigkeit als einer zentralen Zielkategorie der Didaktik der Unternehmensgründung an Hochschulen und Schulen. In: Walterscheid, K. (Hrsg.): Entrepreneurship in Forschung und Lehre - Festschrift für Klaus Anderseck, Frankfurt a. M. u.a. 2003, S. 187-203.

Braukmann, U./DeBerg, C./Ebbers, I. (2000): The Case of Bizeps/SIFE International: an Entrepreneurial Joint Venture, unveröffentlichtes Typoskript, Wuppertal 2000, S. 1-7.

Braun, T./Gomaa, B./Lorenz, B. (1997): Das „Café Ludwig" - Planung und Realisierung einer Schulcafeteria. In: Wirtschaft und Erziehung, Heft 6/1997, S. 187-190.

Breyde, C. (1995): Entwicklung und Gestaltung von Lernumwelten vor dem Hintergrund des Erwerbs von Schlüsselqualifikationen, Frankfurt a.M. 1995.

Buddensiek, W. (1979): Pädagogische Simulationsspiele im sozio-ökonomischen Unterricht der Sekundarstufe I, Bad Heilbrunn 1979.

Buddensiek, W. (1999): Simulationsspiel. In: Kaiser, F.-J./Pätzold, G. (Hrsg.): Wörterbuch Berufs- und Wirtschaftspädagogik, Bad Heibrunn/Hamburg 1999, S. 353-355.

Buddensiek, W./Kaiser, F.-J./Kaminski, H. (1980): Grundprobleme des Modelldenkens im sozio-ökonomischen Lernbereich. In: Stachowiak, H. (Hrsg.): Modelle und Modelldenken im Unterricht, Bad Heilbrunn 1980, S. 92-122.

Bulmahn, E. (2000): Geleitwort. In: Bundesministerium für Bildung und Forschung (Hrsg.): exist - Existenzgründer aus Hochschulen - Netzwerke für innovative Unternehmensgründungen, Bonn 2000, S. 2-3.

Bundesministerium für Bildung und Forschung (1997): Bekanntmachung des Wettbewerbs zum Thema „Existenzgründer aus Hochschulen", Bonn 1997.

Bundesministerium für Bildung und Forschung (Hrsg.) (2000): exist - Existenzgründer aus Hochschulen - Netzwerke für innovative Unternehmensgründungen, Bonn 2000.

Bunk, G. P. (1985): Simulation, Realität und Handlungsorientierung in der Berufsausbildung. In: Sommer, K.-H. (Hrsg.): Handlungslernen in der Berufsausbildung - Juniorenfirmen in der Diskussion, Esslingen 1985, S. 17-31.

Capaul, R. (1996): Das Planspiel im Kontext von Lehren und Lernen am Beispiel einer Führungsausbildung für Schulleitungsmitglieder. In: Zeitschrift für Berufs- und Wirtschaftspädagogik, Heft 2/1996, S. 162-180.

Collrepp, von F. (1999): Handbuch Existenzgründung - Für die ersten Schritte in die dauerhafte erfolgreiche Selbständigkeit, 2. Aufl., Stuttgart 1999.

Czycholl, R./Ebner, H. (1995): Handlungsorientierung in der Berufsbildung. In: Arnold, R./Lipsmeier, A.: Handbuch der Berufsbildung, Opladen 1995, S. 39-49.

Dämmer, M./Diers, M./Goldbach, A./Habekost, H./Holthaus, D./Jacobs, R./Kleine, H./Marten, C. (1991): Konzeption zur Einführung eines Lernbüros (aus der Sicht der Berufsbildenden Schulen Burgdorf/Lehrte). In: Erziehungswissenschaft und Beruf, Heft 2/1991, S. 115-129.

Dehoff-Züch, J. (2000): „Du kannst dich ja immer noch selbständig machen". In: Unterricht Wirtschaft, Heft 4/2000, S. 11-16.

Dichanz, H./Kolb, G. (1974): Mediendidaktik - Entwicklung und Tendenzen. In: Dichanz, H. u.a.: Medien im Unterrichtsprozeß - Grundlagen, Probleme, Perspektiven, München 1974, S. 16-41.

Diensberg, C. (2001): Wirtschaftspädagogische Aspekte des Entrepreneurship-Lernens. In: Anderseck, K./Walterscheid, K.: Entrepreneurship: gründungstheoretische, wirtschaftspädagogische und didaktische Positionen, Diskussionsbeitrag 304, Hagen 2001, S. 65-79.

Dörig, R. (1994): Das Konzept der Schlüsselqualifikation - Ansätze, Kritik und konstruktivistische Neuorientierung auf der Basis der Erkenntnisse der Wissenspsychologie, Diss. Nr.: 1541 der Hochschule St. Gallen für Wirtschafts-, Rechts- und Sozialwissenschaften, Hallstadt 1994.

Dörig, R. (1995): Kritische Anmerkungen zum instrumentellen Ansatz des handlungsorientierten Unterrichts. In: Wirtschaft und Erziehung, Heft 3/1995, S. 88-91.

Dörner, D. (1982): Lernen des Wissens- und Kompetenzerwerbs. In: Treiber, B./Weinert, F.E.: Lehr-Lernforschung, Heidelberg 1982, S. 134-148.

Dubs, R. (1995): Entwicklung von Schlüsselqualifikationen in der Berufsschule. In: Arnold, R./Lipsmeier, A.: Handbuch der Berufsbildung, Opladen 1995, S. 171-182.

Dubs, R. (1998): Lehren und Lernen für die künftige Arbeitswelt - Ein Beitrag zum selbstgesteuerten Lernen. In: Schulz, M./Stange, B./ Tielker, W./Weiß, R./Zimmer, G.M. (Hrsg.): Wege zur Ganzheit. Profilbildung einer Pädagogik für das 21. Jahrhundert, Weinheim 1998, S. 210-228.

Ebert, G. (1992): Planspiel - Eine aktive und attraktive Lehrmethode. In: Keim, H. (Hrsg.): Planspiel, Rollenspiel, Fallstudie, Köln 1992, S. 25-42.

Ebner, H.G./Reinisch, H. (1989): Handlungsorientierung. In: arbeiten + lernen, Heft 12/1989, S. 3-9.

Eckert, M. (1992): Handlungsorientiertes Lernen in der beruflichen Bildung - Theoretische Bezüge und praktische Konsequenzen. In: Pätzold, G. (Hrsg.): Handlungsorientierung in der beruflichen Bildung, Frankfurt am Main 1992, S. 55-87.

Egelhofer, H. (1995): Sechs Jahre JUFI - Ein Erfahrungsbericht. In: Wirtschaft und Erziehung, Heft 12/1995, S. 410-412.

Elias, K./Schneider, K. H. (1999): Fachschule für Wirtschaft - Handlungsfeld Kommunikation, herausge. von Christ, H./Lammert, F./Schneider, K.H., 2. Aufl. Köln 1999.

Engelhardt, P. (1988): Zur Stellungnahme von Frank Achtenhagen zum Artikel von Reinhard Hentke (Heft 11/1987 und 2/1988). In: Wirtschaft und Erziehung, Heft 5/1988, S. 164-165.

Esser, F.H./Twardy, M. (1998): Entrepreneurship als didaktisches Problem einer Universität – aufgezeigt am Organisationsentwicklungskonzept „WIS-EX" der Universität zu Köln. In: Kölner Zeitschrift für „Wirtschaft und Pädagogik", Heft 24/1998, S. 5-26.

Euler, D./Reemtsma-Theis, M. (1999): Sozialkompetenz? Über die Klärung einer didaktischen Zielkategorie. In: Zeitschrift für Berufs- und Wirtschaftspädagogik, Heft 2/1999, S. 168-198.

Euler, D./Twardy, M. (1995): Multimediales Lernen. In: Arnold, R./Lipsmeier, A. (Hrsg.): Handbuch der Berufsbildung, Opladen 1995, S. 356-365.

Ewig, G. (1991): Schülerzentriertes Lernen im Wirtschaftsunterricht: Simulation (Fallstudie, Rollenspiel, Lern- und Planspiel). In: Erziehungswissenschaft und Beruf, Heft 2/1991, S. 130-149.

Ewig, G. (1997): Wirtschaft zeitgemäß lehren, Darmstadt 1997.

Faltin, G. (1998): Das Netz weiter werfen - Für eine neue Kultur unternehmerischen Handelns. In: Faltin, G/Ripsas, S./Zimmer, J.: Entrepreneurship. Wie aus Ideen Unternehmen werden, München 1998, S. 3-20.

Fell, M. (1989): Räume der Erwachsenenbildung. In: Erwachsenenbildung, Heft 4/1989, S. 192-199.

Feuerstein, T. (1980): Persönlichkeitsbezogene Analyse und menschengerechte Gestaltung von beruflichen Lern- und Arbeitsgestaltungen aus entwicklungs- und kompetenztheoretischer Sicht. In: Heid, H./Lempert, W./Zabeck, J.: Ansätze berufs- und wirtschaftspädagogischer Theoriebildung, Wiesbaden 1980, S. 99-108.

Finke, A. (2000): Rechtliche Absicherung von Schülerfirmen - Möglichkeiten und Grenzen im Kontext pädagogischer Zielsetzungen. In: Landesarbeitsgemeinschaft Schule Wirtschaft Thüringen (Hrsg.): Wenn Schüler zu Unternehmern werden, Thüringen 2000, S. 51-57.

Fix, W. (1984): Vorberufliche und berufliche Bildung durch Juniorenfirmen. In: Wirtschaft- und Berufserziehung, Heft 7/1984, S. 205-211.

Fix, W. (1985): Lernen als Abenteuer. In: Sommer, K.-H. (Hrsg.): Handlungslernen in der Berufsausbildung - Juniorenfirmen in der Diskussion, Esslingen 1985, S. 5-16.

Fix, W. (1988): Projektorientierte Teamausbildung in Juniorenfirmen. In: Friede, von C.K. (Hrsg.): Neue Wege der betrieblichen Ausbildung, Heidelberg 1988, S. 133-147.

Fix, W. (1989): Juniorenfirmen - Ein innovatives Konzept zur Förderung von Schlüsselqualifikationen, Berlin 1989.

Flechsig, K.-H. (1995): Was ist Multimedialität? In: Beck, U./Sommer, W. (Hrsg.): Learntec ´94 Europäischer Kongress für Bildungstechnologie, Berlin 1995, S. 85-94.

Freibichler, H. (1993): Instruktionsdesign und Multimedia. In: Schenkel, P. u.a. (Hrsg.): Didaktisches Design für die multimediale, arbeitsorientierte Berufsbildung, Berlin/Bonn 1993, S. 33-59.

Freise, E. B.(1993): Übungsfirmen: Dolchstoß vom Staat oder neue Blüte? In: Wirtschaft & Weiterbildung, Heft 2/1993, S. 42-46.

Frost, G./Grünwald, H. (1995): Das Lernbüro. In: Erziehungswissenschaft und Beruf, Heft 3/1995, S. 283-287.

Frowein, M. (1992): Betriebswirtschaftliche Übungen (Übungsfirma) - Konzeption und Realisierung an beruflichen Schulen in Bayern. In: Achtenhagen, F./John, E.G. (Hrsg.): Mehrdimensionale Lehr-Lern-Arrangements, Wiesbaden 1992, S. 406-414.

Gerbershagen, R. (2001): „Schülerfirmen PowerPointPräsentation" als Einleitung zum Forum Schule und Selbständigkeit zum Thema „Schülerfirmen" am 31.01.2001 im Sekundarstufenzentrum der Universität Siegen, www.uni-siegen.de/release (Stand: Mai 2001).

Geuting, M. (1992): Planspiel und soziale Simulation im Bildungsbereich, Frankfurt a.M. 1992.

Geyer, R./Strauß, B. (1994): Von der Bedarfsplanung bis zur Zahlung - ein geschlossener Geschäftsvorgang im Lernbüro. In: Erziehungswissenschaft und Beruf, Heft 1/1994, S. 21-38.

Geyer, R./Strauß, B. (1996): Gewinnrückgang - ein entscheidungsorientiertes Problem im Lernbüro. In: Erziehungswissenschaft und Beruf, Heft 3/1996, S. 309-336.

Geyer, R./Henze, U./Strauß, B. (1998): Reales Unternehmen in der Schule. In: Erziehungswissenschaft und Beruf, Heft 4/1998, S. 418-426.

Gibb, A.A. (1993): The Enterprise Culture an Education - Understanding Enterprise Education and its Links with Small Business, Entrepreneurship and wider Educational Goals. In: International Small Business Journal 1993, S. 11-34.

Görisch, J. (2002): Studierende und Selbständigkeit - Ergebnisse der EXIST-Studierendenbefragung, Bonn 2002.

Goldbach, A./Moritz, G.-M. (1994): Möglichkeiten der Integration büro- und kommunikationstechnischer sowie ökologischer Lerngegenstände im Lernbüro. In: Wirtschaft und Erziehung, Heft 7-8/1994, S. 237-246.

Goldbach, A./Wessels, G.-M. (1993): Eine Möglichkeit des Einstiegs in die unterrichtliche Lernbüroarbeit: - Curriculare Aspekte der Einführungsphase. In: Wirtschaft und Erziehung, Heft 3/1993, S. 83-87.

Gonon, P. (1999): Schlüsselqualifikationen. In: Kaiser, F.-J./Pätzold, G. (Hrsg.): Wörterbuch Berufs- und Wirtschaftspädagogik, Bad Heilbrunn/Hamburg 1999, S. 341-342.

Gossen, L./Lungershausen, H. (1998): „Iss was?!" - Der Schulkiosk als Modellunternehmen im Wirtschaftspraxis-Unterricht. In: Wirtschaft und Erziehung, Heft 7-8/1998, S. 264-269.

Gräber, W. (Hrsg.) (1990): Das Instrument MEDA - Ein Verfahren zur Beschreibung, Analyse und Bewertung von Lernprogrammen, Kiel 1990.

Gramlinger, F. (1994): Die Übungsfirma als „Unterrichtsgegenstand" an allen kaufmännischen Schulen Österreichs. In: Wirtschaft und Erziehung, Heft 12/1994, S. 404-408.

Gramlinger, F. (2000): Die Übungsfirma auf dem Weg zur Lernfirma? Bergisch Gladbach 2000.

Greßnich, R./Schneider, A. (2000): Existenzgründung in Schule und Unterricht: Das Planspiel 'Do it!'. In: Unterricht Wirtschaft, Heft 4/2000, S. 16-22.

Grüner, H. (1993): Entrepreneurial Learning - Ist eine Ausbildung zum Unternehmertum möglich? In: Zeitschrift für Berufs- und Wirtschaftspädagogik, Heft 5/1993, S. 483-509.

Grüner, H. (2001): Entrepreneurship als neue Zielgröße in der beruflichen Bildung. In: Die berufsbildende Schule, Heft 10/2001, S. 290-294.

Gudjons, H. (1997a): Handlungsorientierter Unterricht, Begriffskürzel mit Theoriedefizit? In: Pädagogik, Heft 1/1997, S. 6-10.

Gudjons, H. (1997b): Pädagogisches Grundwissen, Bad Heilbrunn 1997.

Gummersbach, A. (1989): Die Simulation der Berufsbildung hat Konjunktur. In: Weiterbildung, Heft 6/1999, S. 38-41.

Halfpap, K. (1986a): Das Lernbüro - Schulischer Lernort für kaufmännische Tätigkeiten. In: Linke, H./Rütters, K./Wiemann, G.: Lernplätze in der Berufsausbildung, Darmstadt 1986, S. 57-73.

Halfpap, K. (1986b): Modellversuch Lernbüro, Soest 1986.

Halfpap, K. (1988a): Das Lernbüro. In: Lernfeld Betrieb, Heft 6/1988, S. 52-54.

Halfpap, K. (1988b): Durch Handlungsorientierung kritische Bildung - Eine Erwiderung zu Hentkes Beitrag: Handlungsorientierung oder kritische Bildung? - In: Wirtschaft und Erziehung, Heft 3/1988, S. 83-86.

Halfpap, K. (1989a): Arbeitslernen im Lernbüro, Münster 1989.

Halfpap, K. (1989b): Forderungen an ein zukunftsorientiertes Lernkonzept. In: Lernfeld Betrieb, Heft 6/1989, S. 6.

Halfpap, K. (1989c): Sozialverträglichkeit der Technikgestaltung bei der Lernbüro-Arbeit. In: Erziehungswissenschaft und Beruf, Heft 2/1989, S. 163-166.

Halfpap, K. (1991): Ganzheitliches Lernen im Unterricht kaufmännischer beruflicher Schulen. In: Erziehungswissenschaft und Beruf, Heft 3/1991, S. 235-252.

Halfpap, K. (1992): Handlungsorientiertes Lernen in der kaufmännischen Berufsausbildung: Wo - Wie - Wann - Warum?. In: Berufsbildung, Heft 2/1992, S. 81-84.

Halfpap, K. (1996): Lernbüro und Ökologie. In: Fischer, A. (Hrsg.): Lernaktive Methoden in der beruflichen Umweltbildung, Bielefeld 1996, S. 97-122.

Halfpap, K./Hoehr, O./Schütze, A. (1996): Vollsimulation im Lernbüro. In: Winklers Flügelstift, Heft 1/1996, S. 24-32.

Hamm, H.-J. (1995): Die Vermittlung sozialer Kompetenz im Hochschulstudium. In: Erziehungswissenschaft und Beruf, Heft 3/1995, S. 268-276.

Hartmann, M./Funk, R./Nietmann, H. (1998): Präsentieren. Präsentationen: zielgerichtet und adressatenorientiert, 4. Aufl., Weinheim/Basel 1998.

Heckhausen, H. (1989): Motivation und Handeln, 2. Aufl, Berlin/Heidelberg/New York/London/Paris/Tokyo/Hong Kong 1989.

Hentke, R. (1987): Handlungsorientierung oder kritische Bildung? In: Wirtschaft und Erziehung, Heft 11/1987, S. 354-362.

Hentke, R. (1989a): Gegen die Rückkehr zur reinen Ausbildungspädagogik (I). In: Neue Deutsche Schule, Heft 7/1989, S. 20-21.

Hentke, R. (1989b): Gegen die Rückkehr zur reinen Ausbildungspädagogik (II). In: Neue Deutsche Schule, Heft 8/1989, S. 23-24.

Hentke, R. (1989c): Kritische Bildung statt Handlungsorientierung! (zweiter Teil). In: Wirtschaft und Erziehung, Heft 1/1989, S. 5-20.

Herbold, J. (1987): Vorschlag zur Ausstattung des Lernortes „Lernbüro“. In: Kaiser, F.-J.: Handlungsorientiertes Lernen in kaufmännischen Berufsschulen, Bad Heilbrunn 1987, S. 249-254.

Herting, J. (1998): Existenzgründung im Seminar - Erfahrungen aus einem Curriculum-Entwicklungsprojekt an der Universität zu Köln. In: Kölner Zeitschrift für „Wirtschaft und Pädagogik“, Heft 24/1998, S. 65-74.

Herting, J. (2001): Subjekt und Objekt in der Entrepreneurship-Ausbildung an deutschsprachigen Hochschulen. In: Klandt, H./Nathusius, K./Mugler, J./Heil, A.H. (Hrsg.): Gründungsforschung - Forum 2000. Dokumentation des 4. G-Forums, Wien, 5./6. Oktober 2000, Lohmar/Köln 2001, S. 65-75.

Hilt, K. (1994): Die Juniorenfirma „Junior Trading Künszelsau“ (JTK) der Kaufmännischen Schule Künzelsau. Aus: Wirtschaft und Erziehung, Heft 4/1994, S. 115-118.

Hilt, K. (1996): Juniorenfirma - ein handlungsorientierter Unterrichtsansatz. In: Sonderschriftenreihe des VLW (Hrsg.): Handlungsorientierung in der Unterrichtspraxis, Heft 38, 1. Aufl., Wölfenbüttel 1996, S. 85-107.

Hirschberger, W. (1985): Gründung einer Juniorenfirma. In: Sommer, K.-H. (Hrsg.): Handlungslernen in der Berufsausbildung - Juniorenfirmen in der Diskussion, Esslingen 1985, S. 89-94.

Hoberg, U./Willemsen, U. (2001): Praxisorientierte Lehre in der Unternehmerausbildungs- und weiterbildung an deutschen Hochschulen - Eine Bestandsaufnahme. In: Anderseck, K./Walterscheid, K.: Entrepreneurship: gründungstheoretische, wirtschaftspädagogische und didaktische Positionen, Hagen 2001, S. 81-97.

Hopf, B. (1973): Bürosimulation im Rahmen der kaufmännischen Grundbildung, Berlin 1973.

Hopfenbeck, W. (1998): Allgemeine Betriebswirtschafts- und Managementlehre, 12., durchge. Aufl., Landsberg/Lech 1998.

Hüchtermann, M./Kerner, M. (1996): Wirtschaft live - Junior, Heft 7, Köln 1996.

Institut der deutschen Wirtschaft (Hrsg.) (1997): Projekt Junior. Schüler als Mini-Unternehmer. In: iwd-Nachrichten, Heft 1/1997, S. 8.

Jank, W./Meyer, H. (1994): Didaktische Modelle, 3. Aufl., Berlin 1994.

Jongebloed, H.-C./Twardy, M. (1983): Strukturmodell Fachdidaktik Wirtschaftswissenschaften. In: Twardy, M. (Hrsg.): Kompendium Fachdidaktik Wirtschaftswissenschaften, Teil I, Düsseldorf 1983, S. 163-254.

Käfer, I. (1992): Die Übungsfirma - Lernort für kaufmännische Fortbildung. In: Berufsbildung, Heft 2/1992, S. 85-88.

Kaiser, F.-J. (1983): Grundlagen der Fallstudiendidaktik - Historische Entwicklung, Theoretische Grundlagen, Unterrichtliche Praxis. In: Kaiser, F.-J. (Hrsg.): Die Fallstudie - Theorie und Praxis der Fallstudiendidaktik, Bad Heilbrunn 1983, S. 9-34.

Kaiser, F.-J. (1987a): Grundannahmen handlungsorientierten Lernens und die Arbeit im Lernbüro. In: Kaiser, F.-J.: Handlungsorientiertes Lernen in kaufmännischen Berufsschulen, Bad Heilbrunn 1987, S. 11-48.

Kaiser, F.-J. (1987b): Konzeptionelle Überlegungen zum Einsatz Neuer Technologien. In: Kaiser, F.-J.: Handlungsorientiertes Lernen in kaufmännischen Berufsschulen, Bad Heilbrunn 1987, S. 145-170.

Kaiser, F.-J. (1988): Handlungsorientierung und die Tradition wirtschaftspädagogischer Bildung - Anmerkungen zu Hentkes Beitrag: Handlungsorientierung oder kritische Bildung? In: Wirtschaft und Erziehung, Heft 4/1988, S. 124-127.

Kaiser, F.-J. (1999a): Fallstudien. In: Kaiser, F.-J./Pätzold, G. (Hrsg.): Wörterbuch Berufs- und Wirtschaftspädagogik, Bad Heilbrunn/Hamburg 1999, S. 193-195.

Kaiser. F.-J. (1999b): Lernbüro. In: Kaiser, F.-J./Pätzold, G. (Hrsg.): Wörterbuch Berufs- und Wirtschaftspädagogik, Bad Heilbrunn/Hamburg 1999, S. 273-276.

Kaiser, F.-J./Brettschneider, V. (1995): Verbraucher- und Umweltbildung im Fach Bürowirtschaft, Berlin 1995.

Kaiser, F.-J./Brettschneider, V./Preuß, V. (1991): Die Bewältigung mehrdimensionaler Aufgaben in schulischen Modellunternehmen. In: Wirtschaft und Gesellschaft im Beruf, Heft 6/1991, S. 246-257.

Kaiser, F.-J./Kaminski, H. (1997): Methodik des Ökonomie-Unterrichts, 3. Aufl., Bad Heilbrunn 1997.

Kaiser, F.-J./Pätzold, G. (1999): Lehr-Lernmethoden. In: Kaiser, F.-J./Pätzold, G. (Hrsg.): Wörterbuch Berufs- und Wirtschaftspädagogik, Bad Heilbrunn/Hamburg 1999, S. 264-265.

Kaiser, F.-J./Söltenfuß, G. (1983): Handlungsorientiertes Lernen im Wirtschaftslehreunterricht des allgemeinen Lernbereichs einer zweijährigen Berufsgrundschule. In: Zeitschrift für Berufs- und Wirtschaftspädagogik, Heft 11/1983, S. 822-834.

Kaiser, F.-J./Söltenfuß, G. (1984): Bedingungen und Voraussetzungen des Lernens im Lernbüro unter der Perspektive einer „Didaktik des Handelns". In: Kell, A./Lipsmeier, A. (Hrsg.): Berufliches Lernen ohne berufliche Arbeit? Stuttgart 1984, S. 75-85.

Kaiser, F.-J./Weitz, B.-O. (1987a): Konsequenzen für Lehreraus- und Lehrerfortbildung. In: Kaiser, F.-J. (Hrsg.): Handlungsorientiertes Lernen in kaufmännischen Berufsschulen, Bad Heilbrunn 1987, S. 171-184.

Kaiser, F.-J./Weitz, B.-O. (1987b): Unterrichtsskizze - Angebotsvergleich. In: Kaiser, F.-J. (Hrsg.): Handlungsorientiertes Lernen in kaufmännischen Berufsschulen, Bad Heilbrunn 1987, S. 185-203.

Kaiser, F.-J./Weitz, B.-O. (1990): Arbeiten und Lernen in Schulischen Modellunternehmen, Bd. 1, Bad Heilbrunn 1990.

Kaiser, F.-J./Weitz, B.-O. (1992): Handlungsorientiertes Lernen in schulischen Modellunternehmen. In: Wirtschaft und Erziehung, Heft 3/1992, S. 89-92.

Kerres, M. (1998): Multimediale und telemediale Lernumgebungen, München/Wien 1998.

Klandt, H. (1998): Entrepreneurship spielend lernen. In: Faltin, G./Ripsas, S./Zimmer, J.: Entrepreneurship - Wie aus Ideen Unternehmen werden, München 1998, S. 197-216.

Klandt, H. (1999): Gründungsmanagement - Der integrierte Unternehmensplan, München/Wien/Oldenbourg 1999.

Klandt, H./Finke-Schürmann, T. (1998): Existenzgründungen für Hochschulabsolventen, Frankfurt a.M. 1998.

Klandt, H./Knecht, T.C. (1999): 'Entrepreneurship'-Ausbildung an Hochschulen. In: Bögenhold, D. (Hrsg.): Unternehmensgründung und Dezentralität: Renaissance der beruflichen Selbständigkeit in Europa?, Opladen/Wiesbaden 1999, S. 76-92.

Klein, H.-J. (1995): Handlungsorientierter Unterricht zur Förderung von Schlüsselqualifikationen: Begründung, Möglichkeit. In: Erziehungswissenschaft und Beruf, Heft 3/1995, S. 252-259.

Koch, L.T. (2003a): Unternehmerausbildung an Hochschulen. In: Zeitschrift für Betriebswirtschafslehre - Ergänzungsheft, Heft 2/2003, S. 25-46.

Koch, L.T. (2003b): Zwischen politischer Mode und ökonomischer Methode: Zur Logik von Gründungsförderungsnetzwerken. In: Walterscheid, K. (Hrsg.): Entrepreneurship in Forschung und Lehre - Festschrift für Klaus Anderseck, Frankfurt a. M. u.a. 2003, S. 151-165.

Korbmacher, K. (1987): EDV-Programm zur Simulation der Außenbeziehungen. In: Kaiser, F.-J. (Hrsg.): Handlungsorientiertes Lernen in kaufmännischen Berufsschulen, Bad Heilbrunn 1987, S. 204-226.

Korbmacher, K. (1989): Zur Geschichte des Lernbüros. In: Erziehungswissenschaft und Beruf, Heft 4/89, S. 387-404.

Korbmacher, K. (1990): Bürosimulation. In: LOG IN, Heft 10/1990, S. 41-44.

Kremer, H.-H. (1997): Medienentwicklung - Theoretische Modellierung und fachdidaktisch ausgerichtete Anwendung, Köln 1997.

Kron, F. W. (1994): Grundwissen Didaktik, München 1994.

Kulicke, M./Görisch, J./Stahlecker, T. (2002): Erfahrungen aus EXIST - Querschau über die einzelnen Projekte, Bonn 2002.

Kutt, K. (1987): Die Juniorenfirma als betriebliche Ausbildungsmethode - Bericht aus einem Modellversuch. In: Söltenfuß, G./Halfpap, K. (Hrsg.): Handlungsorientierte Ausbildung im kaufmännischen Bereich. Ergebnisse der Hochschultage Berufliche Bildung '86 in Essen, Sankt Augustin 1987, S. 137-165.

Kutt, K. (1993): Juniorenfirmen - Eine Methode zur Ergänzung der kaufmännischen Berufsbildung im Westen erprobt, im Osten gebraucht. In: Berufsbildung, Heft 23/1993, S. 31-34.

Kutt, K. (1996): Juniorenfirma und Umweltschutz. In: Fischer, A.: Lernaktive Methoden in der beruflichen Umweltbildung, Bielefeld 1996, S. 74-96.

Kutt, K. (1999): Juniorenfirma. In: Kaiser, F.-J./Pätzold, G. (Hrsg.): Wörterbuch Berufs- und Wirtschaftspädagogik, Bad Heilbrunn/Hamburg 1999, S. 240-242.

Landesarbeitsgemeinschaft Schule Wirtschaft Thüringen (Hrsg.) (2000): Wenn Schüler zu Unternehmern werden, Thüringen 2000.

Liebig, V. (1998): Professionelle Gründungsdidaktik - Innovative Inhalte benötigen eine innovative Lehre, unveröffentlichtes Typoskript, Ulm 1998.

Linnekohl, O. (1984): Übungsfirmenarbeit in der kaufmännischen Ausbildung der beruflichen Schulen. In: Wirtschaft und Erziehung, Heft 11/1984, S. 357-361.

Linnekohl, O./Ziermann, H. (1987): Schulische Übungsfirmenarbeit im Rahmen des Deutschen Übungsfirmenringes (DÜF) - Erfahrungen und Perspektiven. In: Wirtschaft und Erziehung, Heft 3/1987, S. 75-84.

Löscher, R. (1985): Integration gewerblicher Auszubildender in die Juniorenfirma. In: Sommer, K.-H. (Hrsg.): Handlungslernen in der Berufsausbildung - Juniorenfirmen in der Diskussion, Esslingen 1985, S. 119-121.

Lutze-Sieppach, E./Goldbach, A. (1991): Zusammenarbeit zwischen Fachtheorielehrern und Fachpraxislehrern im Lernbüro - Möglichkeiten und Grenzen. In: Erziehungswissenschaft und Beruf, Heft 3/1991, S. 289-306.

Manstetten, R. (1999): Beratung in der Berufsbildung. In: Kaiser, F.-J./Pätzold, G. (Hrsg.): Wörterbuch Berufs- und Wirtschaftspädagogik, Hamburg 1999, S. 50-51.

Martial, I./Bennack, J. (1995): Einführung in schulpraktische Studien - Vorbereitung auf Schule und Unterricht, Hohengehren 1995.

Mathes, C. (1991a): Die Firma in der Schule. Ein sinnvolles Konzept vor dem Hintergrund einer entscheidungsorientierten Betriebswirtschaftslehre und der Forderung nach Vermittlung von Schlüsselqualifikationen? In: Wirtschaft und Erziehung, Heft 3/1991, S. 84-88.

Mathes, C. (1991b): Fächerverbindender Unterricht in kaufmännischen Schulen, ausgehend vom Betriebswirtschaftslehre-Unterricht. In: Erziehungswissenschaft und Beruf, Heft 4/1991, S. 401-408.

Mau, D. (1988): Fragend-entwickelnde Berufsausbildung?. In: Wirtschaft und Erziehung, Heft 5/1988, S. 160-163.

Mertens, D. (1974): Schlüsselqualifikationen - Thesen zur Schulung für eine moderne Gesellschaft. In: Mitteilungen aus der Arbeitsmarkt- und Berufsforschung, Heft 7/1974, S. 36-43.

Meyer, H. (1987a): UnterrichtsMethoden I : Theorieband, Berlin 1987.

Meyer, H. (1987b): UnterrichtsMethoden II : Praxisband, Berlin 1987.

Meyer, H. (1997a): Schulpädagogik. Band I: Für Anfänger, Berlin 1997.

Meyer, H. (1997b): Schulpädagogik. Band II: Für Fortgeschrittene, Berlin 1997.

Middendorf, W. (1998): Erste Betrachtungen zur Umsetzung der Lernfeldorientierung in den Lehrplänen der Berufsschule am Beispiel Nordrhein-Westfalen. In: Winklers-Flügelstift, Heft 1/1998, S. 8-16.

Miller, S. (1990): Die Juniorenfirma - Ein handlungsorientiertes Konzept auch für die Schule? In: Erziehungswissenschaft und Beruf, Heft 3/1990, S. 246-252.

Mink, K.-H. (1998): Das Potential für Selbstständigkeit unter Hochschulabsolventen, herausgeg. vom HIS - Hochschul-Informations-System GmbH, Hannover 1998.

Müller, U./Papenkort, U. (1999): Methoden der Weiterbildung - ein systematischer Überblick. In: Knoll, J. H. (Hrsg.): Studienbuch Grundlagen der Weiterbildung, Neuwied/Kriftel 1999, S. 203-220.

Müller, S./Schulz, K./Linder, C./Wischinski, J. (2000): Unternehmergeist in die Schulen. In: Unterricht Wirtschaft, Heft 4/2000, S. 55-59.

Naetscher, H. (1978): Simulation - ihre Entwicklung als Lehrform und ihr Beitrag als Entscheidungshilfe zur Berufswahl in der Schule, Wiesbaden 1978.

Neugebauer, W. (1977): Modelle im Unterricht. In: Neugebauer, W. (Hrsg.): Wirtschaft II - Curriculumentwicklung für Wirtschafts- und Arbeitslehre, München 1977, S. 264-297.

Neugebauer, W. (1980): Didaktische Modellsituationen. In: Stachowiak, H. (Hrsg.): Modelle und Modelldenken im Unterricht, Bad Heilbrunn 1980, S. 50-73.

Neuweg, G. H. (2001): Die Übungsfirma im kaufmännischen Vollzeitschulwesen Österreichs - ein Lernort eigener Prägung? In: Wirtschaft und Erziehung, Heft 7-8/2001, S. 238-243.

Nüesch, C. (2001): Selbständiges Lernen und Lernstrategieneinsatz - Eine empirische Studie zur Bedeutung der Lern - Prüfungskonstellation, Paderborn 2001.

Odrich-Liebthal, E. (1985): Tag der Juniorenfirma. In: Sommer, K.-H. (Hrsg.): Handlungslernen in der Berufsausbildung - Juniorenfirmen in der Diskussion, Esslingen 1985, S. 123-128.

Osburg, M. (2001): Schülerfirmen als Methode zur Vermittlung ökonomischer wie allgemeinbildungsrelevanter Inhalte, Siegen 2001.

Osburg, M. (2002): Der allgemeinbildende Gehalt von Schülerfirmen. In: Weber, B. (Hrsg.): Eine Kultur der Selbstständigkeit in der Lehrerausbildung, Bergisch-Gladbach 2002, S. 318-330.

Ott, B. (1997): Grundlagen des beruflichen Lernens und Lehrens - Ganzheitliches Lernen in der beruflichen Bildung, Berlin 1997.

Ott, B. (1998a): Didaktik und Methodik in der beruflichen Bildung. In: Arnold, R./Lipsmeier, A./Ott, B. (Hrsg.): Berufspädagogik kompakt. Prüfungsvorbereitung auf dem Punkt gebracht, Berlin 1998, Punkt 21-40.

Ott, B. (1998b): Ganzheitliche Berufsbildung als Leitziel beruflicher Fachdidaktik. In: Bonz, B./Ott, B.: Fachdidaktik des beruflichen Lernens, Stuttgart 1998, S. 9-30.

Pätzold, G. (1995): Handlungsorientierung in der beruflichen Bildung - Auf dem Wege vom Lernen nach dem Paradigma des Bewirkens zum Lernen nach dem Paradigma der Praxis?!. In: Zeitschrift für Berufs- und Wirtschaftspädagogik, Heft 6/1995, S. 573-590.

Pätzold, G. (1996): Lehrmethoden in der beruflichen Bildung, Heidelberg 1996.

Pätzold, G. (1999): Berufliche Handlungskompetenz. In: Kaiser, F.-J./Pätzold, G. (Hrsg.): Wörterbuch Berufs- und Wirtschaftspädagogik, Bad Heilbrunn 1999, S. 57-58.

Pawlik, W. (1999): Empirische Untersuchungen zur Entwicklung von Lern- und Leistungsmotivation im Lernbüro. In: Schelten, A./Sloane, P. F. E./Straka, G. A (Hrsg.): Berufs- und Wirtschaftspädagogik im Spiegel der Forschung, Opladen 1999, S. 83-99.

Pech, M./Reuter-Kaminski, O. (2000): Unterrichtsthema Existenzgründung. In: Unterricht Wirtschaft, Heft 4/2000, S. 28-51.

Perczynski, H. (1995): Handlungsorientierung JA, Kompetenzdemontage NEIN. In: Wirtschaft und Erziehung, Heft 2/1995, S. 37-39.

Peterßen, W. H. (1996): Lehrbuch Allgemeine Didaktik, 5. Aufl., München 1996.

Pilz, M. (2001): Der Einsatz von Fallstudien zur Förderung des vernetzten Denkens im Wirtschaftslehreunterricht - Darstellung und Evaluation eines Projekts in der Berufsfachschule. In: Wirtschaft und Erziehung, Heft 6/2001, S. 193-200.

Prenzel, M. (1988): Die Wirkungsweise von Interesse, Opladen 1988.

Reetz, L. (1986): Konzeption der Lernfirma. In: Wirtschaft und Erziehung, Heft 11/1986, S. 351-365.

Reetz, L. (1990): Zur Bedeutung der Schlüsselqualifikationen in der Berufsbildung. In: Reetz, L./Reitmann, F.: Schlüsselqualifikationen, Hamburg 1990, S. 16-35.

Reetz, L. (1999): Schlüsselqualifikationen aus bildungstheoretischer Sicht - in der berufs- und wirtschaftspädagogischen Diskussion. In: Arnold, R./Müller, H.-J. (Hrsg.): Kompetenzentwicklung durch Schlüsselqualifizierung, Hohengehren 1999, S. 35-51.

Reinisch, H. (1988): Kritische Anmerkungen zur wirtschaftspädagogischen Historiographie der Theorie und Praxis des Lernbüros. In: Czycholl, R./Ebner, H.: Zur Kritik handlungsorientierter Ansätze in der Didaktik der Wirtschaftslehre, Oldenburg 1988, S. 189-222.

Richter, I. (1999): Der etwas andere Unterricht - Lernen in der Übungsfirma. In: Berufsbildung Wirtschaft, 7-8/1999, S. 12-13.

Ripsas, S. (1998): Elemente der Entrepreneurship Education. In: Faltin, G./Ripsas, S./Zimmer, J.: Entrepreneurship - Wie aus Ideen Unternehmen werden, München 1998, S. 217-233.

Romer, M. (1985): Ausbildung mit neuer Bürokommunikationstechnologie in der Juniorenfirma. In: Sommer, K.-H. (Hrsg.): Handlungslernen in der Berufsausbildung - Juniorenfirmen in der Diskussion, Esslingen 1985, S. 109-114.

Romer, M. (1987): Juniorenfirma, die Ergänzungsmethode in der Erstausbildung. In: Personalführung, 4-5/1987, S. 288-292.

Ronstadt, R. (1990): The Educated Entrepreneurs: A New Era of Entrepreneurial Education is Beginning. In: Kent, C. A. (ed.): Entrepreneurship Education - Current Developments, Future Directions, New York 1990, S. 69-88.

Saßmannhausen, S. P. (2000): Konzept des Wuppertaler Businessplan-Seminar - Kurzfassung, unveröffentlichtes Typoskript, Wuppertal 2000.

Saßmannshausen, S. P. (2001): Gründungsformen. In: Koch, L. T./Zacharias, C. (Hrsg.): Gründungsmanagement, München 2001, S. 121-135.

Schannewitzky, G. (1998): Von der Universität in die Selbständigkeit - eine berufs- und wirtschaftspädagogische Betrachtung. In: Kölner Zeitschrift für Wirtschaft und Pädagogik, Heft 24/1998, S. 75-89.

Schelten, A. (1994): Einführung in die Berufspädagogik, 2., durchg. und erw. Aufl., Stuttgart 1994.

Schierenbeck, H. (2000): Grundzüge der Betriebswirtschaftslehre, 15. Aufl., München/Wien 2000.

Schiller, G. (1998): Didaktik des Rechnungswesens, Darmstadt 1998.

Schmude, J. (2001): Vom Studenten zum Unternehmer - Welche Hochschule bietet die besten Chancen?, Frankfurt/Regensburg 2001.

Schmude, J. (2002): Gründungsforschung und Gründerausbildung (an Universitäten) in Deutschland. In: Kotschatzky, K./Kulicke, M. (Hrsg.): Wissenschaft und Wirtschaft im regionalen Gründungskontext, Stuttgart 2002, S. 37-44.

Schnitzer, K./Isserstedt, W./Middendorf, E./Schreiber, J. (2000): Die wirtschaftliche und soziale Lage der Studierenden in der Bundesrepublik Deutschland 2000, o.O. 2000.

Schriefer, B. (2001): Der Modellversuch FEUK und Gedanken zu einem Lehr- und Lernkonzept, das zur Förderung der Eigeninitiative, von Unternehmergeist und Kundenorientierung beiträgt. In: Wirtschaft und Erziehung, Heft 12/2001, S. 403-408.

Schubert, R. (1997): Lernziele für Unternehmensgründer, Köln 1997.

Schulte, R./Klandt, H. (1996): Aus- und Weiterbildungsangebote für Unternehmensgründer und selbständige Unternehmer an deutschen Hochschulen, Bonn 1996.

Schulz, W. (1975): Unterricht - Analyse und Planung. In: Heimann, P./Otto, G./Schulz, W.: Unterricht - Analyse und Planung, 7. Aufl., Hannover 1975, S. 13-47.

Schulz von Thun, F. (1981): Miteinander reden 1 - Störungen und Klärungen, Hamburg 1981.

Schulz von Thun, F. (1998): Miteinander reden 3 - Das «Innere Team» und situationsgerechte Kommunikation, Hamburg 1998.

Schwitters, U./Baritsch, I.-E./Schmidt, H. D. (1996): Leitfaden zur Gründung einer ökologisch orientierten Juniorenfirma. In: Kutt, K. (Hrsg.): Bundesinstitut für Berufsbildung, Juniorenfirma und Umweltschutz, Heft 50, 1996, o.S..

Sievers, H. P. (1985): „Theorie“ und „Praxis“ in der kaufmännischen Berufsausbildung. In: Zeitschrift für Berufs- und Wirtschaftspädagogik, Heft 2/1985, S. 116-133.

Sloane, P. F. E. (2001): Wirtschaftspädagogik als Theorie sozialökonomischer Erziehung. In: Zeitschrift für Berufs- und Wirtschaftspädagogik, Heft 2/2001, S. 161-185.

Sloane, P. F. E./Twardy, M./Buschfeld, D. (1998): Einführung in die Wirtschaftspädagogik, Paderborn/München/Wien/Zürich 1998.

Söltenfuß, G. (1983a): Das Lernbüro als Lernort. In: arbeiten + lernen, Heft 5/6/ 1983, S. 2-6.

Söltenfuß, G. (1983b): Grundlagen handlungsorientierten Lernens, Bad Heilbrunn 1983.

Söltenfuß, G. (1987): Der Beitrag der Kognitions- und Arbeitspsychologie zur Planung und Realisation der Arbeit im Lernbüro. In: Kaiser, F.-J.: Handlungsorientiertes Lernen in kaufmännischen Berufsschulen, Bad Heilbrunn 1987, S. 49-74.

Sommer, K.-H. (1999): Übungsfirma. In: Kaiser, F.-J./Pätzold (Hrsg.): Wörterbuch Berufs- und Wirtschaftspädagogik, Bad Heilbrunn/Hamburg 1999, S. 377-378.

Sommer, K.-H./Fix, W. (1989): Juniorenfirmen als betriebspädagogisches Forschungsobjekt. In: Sommer, K.-H.: Berufliche Bildungsmaßnahmen bei veränderten Anforderungen, Stuttgart 1989, S. 165-186.

Speth, H. (1997): Theorie und Praxis des Wirtschaftslehre-Unterrichts, Rinteln 1997.

Stein, H./Weitz, B. O. (1992): Lernen in Zusammenhängen V, Datenverarbeitung. In: Wirtschaft und Gesellschaft in Beruf, Heft 4/1992, S. 147-153.

Sternberg, R./Bergmann, H./Tamásy, C. (Hrsg.) (2001): Global Entrepreneurship Monitor, Länderbericht Deutschland 2001, Köln 2001.

Stommel, A. (1994): Sieben Thesen und einige Anregungen zu handlungsorientiertem Unterricht insbesondere im Lernbüro und mit Computerunterstützung. In: Erziehungswissenschaft und Beruf, Heft 2/1994, S. 123-131.

Stratenwerth, W. (1994): Planung und Organisation der Ausbildung. In: Zentralstelle für Weiterbildung im Handwerk Lehrgang, Berufs- und Arbeitspädagogik Meistervorbereitung Teil IV, Düsseldorf 1994.

Tepaß, G. (1996): Gedanken zur Handlungsorientierung. In: Sonderschriftenreihe des VLW (Hrsg.): Handlungsorientierung in der Unterrichtspraxis, Heft 38, 1. Aufl. 1996, S. 7-17.

Terhart, E. (1997): Lehr-Lern-Methoden. Eine Einführung in Probleme der methodischen Organisation von Lehren und Lernen, 2., überarb. Aufl., Weinheim/München 1997.

Tidick, M. (1991): Aufgabe und Struktur der kaufmännischen Berufsschule im Bildungssystem der 90er Jahre. In: Wirtschaft und Erziehung, Heft 2/1991, S. 44-47.

Timmons, J. A. (1999): New venture creation - entrepreneurship for the 21st century, Boston u.a. 1999.

Tramm, T. (1984): Übungsfirmenarbeit in der Sicht von Schülern. In: Wirtschaft und Erziehung, Heft 10/1984, S. 362-366.

Tramm, T. (1991): Entwicklungsperspektiven der Übungsfirmen- und Lernbüroarbeit aus der Sicht einer Didaktik handlungsorientierten Lernens. In: Wirtschaft und Erziehung, Heft 7-8/1991, S. 248-259.

Tramm, T. (1994): Die Überwindung des Dualismus von Denken und Handeln als Leitidee einer handlungsorientierten Didaktik. In: Wirtschaft und Erziehung, Heft 2/1994, S. 39-48.

Tramm, T. (1996): Lernprozesse in der Übungsfirma, unveröffentlichte Habilitationsschrift, Göttingen 1996.

Tramm, T. (2002): Unternehmerisches Denken und Handeln - ein Leitziel von Übungsfirmen und Lernbüros? Vortrag auf der 4. BIBB-Fachkonferenz 2002, Folien 1- 21.

Tramm, T./Achtenhagen, F. (1994): Perspektiven der Übungsfirmen- und Lernbüroarbeit. In: Kell, A./Schanz, H.: Computer und Berufsbildung, Stuttgart 1994, S. 210-229.

Tramm, T./Gramlinger, F. (2002): Lernfirmen in virtuellen Netzen - didaktische Visionen und technische Potentiale, unveröffentlichtes Typoskript 2002, S. 1-31.

Volpert, W. (1989): Entwicklungsförderliche Aspekte von Arbeits- und Lernbedingungen. In: Kell, A./Lipsmeier, A. (Hrsg.): Lernen und Arbeiten, Stuttgart 1989, S. 117-134.

Volpert, W./Oestereich, R./Gablen-Kolakovic, S./Krogoll, T./Resch, M. (1983): Verfahren zur Ermittlung von Regulationserfordernissen in der Arbeitstätigkeit (VERA), Köln 1983.

Walterscheid, K. (1998): Entrepreneurship Education als universitäre Lehre - Diskussionsbeitrag Nr. 261, Diskussionspapiere der Fernuniverisität Hagen, Hagen 1998.

Weber, B. (2000): Selbständigkeit und Existenzgründung. In: Unterricht Wirtschaft, Heft 4/2000, S. 3-10.

Weber, B. (2001): Eine „Kultur der Selbstständigkeit“ in der Lehrerausbildung?!, Siegen im Januar 2001.

Weitz, B. O. (1987): Handlungsorientiertes Lernen und Leistungsbeurteilung. In: Kaiser, F.-J. (Hrsg.): Handlungsorientiertes Lernen in kaufmännischen Berufsschulen, Bad Heilbrunn 1987, S. 227-248.

Weitz, B. O. (1989): Leistungsbeurteilung im Lernbüro. In: Wirtschaft und Gesellschaft im Beruf, Heft 7/1989, S. 184-188.

Weitz, B. O. (1996): Ökonomische Theorie und Praxis (Teil 1). In: Arbeiten + Lernen/Wirtschaft, Heft 24/1996, S. 7-13.

Weitz, B. O. (1997): Innovationspotentiale für die Gegenstandsbestimmung und Gestaltung von ökonomischer Bildung. In: Kruber, K.-P. (Hrsg.): Konzeptionelle Ansätze ökonomischer Bildung, Bergisch Gladbach 1997, S. 23-36.

Weitz, B. O. (1998): Handlungsorientierte Methoden und ihre Umsetzung, Bad Homburg 1998.

Wöhe, G. (2000): Einführung in die Allgemeine Betriebswirtschaftslehre, München 2000.

Wolff, K. (1992): Die Fallstudien als Unterrichtsmethode. In: Wirtschaft und Erziehung, Heft 10/1992, S. 324-332.

Zacharias C./Kuhn, W. (2001): Einführung in die Fallstudienmethodik. In: Koch, L. T./Zacharias, C. (Hrsg.): Gründungsmanagement, München 2001.

Zedler, R. (1986): Veränderungen in Wirtschaft und Gesellschaft. In: Der Ausbilder, Heft 6/1986, S. 87-91.

Zentralstelle des Deutschen Übungsfirmenrings (Hrsg.) (1996): Die Übungsfirma. Pädagogisches Konzept, Essen 1996.

Zentralstelle des Deutschen Übungsfirmenrings (Hrsg.) (o.J.a): Lernen und Handeln - die Übungsfirma, o.O., o.J..

Zentralstelle des Deutschen Übungsfirmenrings (Hrsg.) (o.J.b): Qualitätskriterien für die Mitgliedschaft im Deutschen Übungsfirmenring, o.O., o.J..

Zielke, D. (1999): Differenzierung. In: Kaiser, F.-J./Pätzold, G. (Hrsg.): Wörterbuch Berufs- und Wirtschaftspädagogik, Bad Heilbrunn 1999, S. 178-179.

AUSGEWÄHLTE VERÖFFENTLICHUNGEN

FGF ENTREPRENEURSHIP-RESEARCH MONOGRAPHIEN

Herausgegeben von Prof. Dr. Heinz Klandt, Oestrich-Winkel, Prof. Dr. Dr. h. c. Norbert Szyperski, Köln, Prof. Dr. Michael Frese, Gießen, Prof. Dr. Josef Brüderl, Mannheim, Prof. Dr. Rolf Sternberg, Köln, Prof. Dr. Ulrich Braukmann, Wuppertal, und Prof. Dr. Lambert T. Koch, Wuppertal

Band 6
Heinz Klandt/Josef Mugler/Detlef Müller-Böling (Eds.)
IntEnt93 – Internationalizing Entrepreneurship Education and Training
2nd edition
Köln – Dortmund 1996 • 502 S. • € 36,- (D)

Band 10
Ronald Wimmer
Regionale Hemmnisse in der Gründungs- und Frühentwicklungsphase – Ein empirischer Vergleich von Erfolgsfaktoren bei Industrieunternehmen
Köln – Dortmund 1996 • 640 S. • € 49,- (D)

Band 11
Bjørn Manstedten
Entwicklung von Organisationsstrukturen in der Gründungs- und Frühentwicklungsphase von Unternehmungen
Köln – Dortmund 1997 • 512 S. • € 41,- (D)

Band 12
Martina Althaus
Marktforschung in kleinen und mittleren Unternehmen – Analyse, Bewertung und Entwicklungsmöglichkeiten – Ein ganzheitlicher Ansatz auf Basis qualitativer Sozialforschungstechniken
Köln – Dortmund 1997 • 295 S. • € 36,- (D)

Band 13
Jochen Struck
Gründungsstatistik als Informationsquelle der Wirtschaftspolitik – Eine empirische Analyse statistischer Quellen mit internationalem Vergleich
Köln – Dortmund 1998 • 336 S. • € 41,- (D)

Band 14
Thomas C. Knecht
Universitäten als Inkubatororganisationen für innovative Spin-off Unternehmen – Ein theoretischer Bezugsrahmen und die Ergebnisse einer empirischen Bestandsaufnahme in Bayern
Köln – Dortmund – Oestrich-Winkel 1998 • 232 S. • € 34,- (D)

Band 15
Heinz Klandt/Susanne Kirchhoff-Kestel/Jochen Struck
Zur Wirkung der Existenzgründungsförderung auf junge Unternehmen – Eine vergleichende Analyse geförderter und nicht-geförderter Unternehmen
Köln – Dortmund – Oestrich-Winkel 1998 • 285 S. • € 38,- (D)

Band 16
Heinz Friedrich Driescher
Erfolgsfaktoren im Produktions- und Absatzbereich junger Unternehmen – Eine empirische Analyse der Gründungs- und Frühentwicklungsphase
Köln – Dortmund – Oestrich-Winkel 1999 • 472 S. • € 41,- (D)

Band 18
Heinz Klandt/Diane Wingham (Eds.)
IntEnt95 – Internationalizing Entrepreneurship Education and Training – Proceedings of the IntEnt-Conference Edith Cowan University, Perth/Bunbury, Australia, June 25-28, 1995
Lohmar – Köln 2001 • 348 S. • € 48,- (D) • ISBN 3-89012-834-3

Band 19
Heinz Klandt (Ed.)
IntEnt96 – Internationalizing Entrepreneurship Education and Training – Proceedings of the IntEnt-Conference Stichting Gelderse Hogescholen, Arnhem/University of Nijmegen, Netherlands, June 23-26, 1996
Lohmar – Köln 2001 • 392 S. • € 49,- (D) • ISBN 3-89012-835-1

Band 20
Heinz Klandt/Klaus Nathusius/Norbert Szyperski/A. Heinrike Heil (Hrsg.)
G-Forum 1999 – Dokumentation des 3. Forums Gründungsforschung – Köln, 8. Oktober 1999
Lohmar – Köln 2000 • 492 S. • € 51,- (D) • ISBN 3-89012-764-9

Band 21
Thomas Tonger
Unternehmungsgründer und Business Angel – Eine Analyse ihrer Agency-Beziehung
Lohmar – Köln 2000 • 124 S. • € 24,- (D) • ISBN 3-89012-769-X

Band 22
Michael Grulms
Marketing in neugegründeten Unternehmen – Eine empirische Analyse des Existenzgründer-Trainings „ExTra!®“
Lohmar – Köln 2000 • 296 S. • € 43,- (D) • ISBN 3-89012-791-6

Band 23
Peter Güllmann
Die Rolle des Staates bei der Mobilisierung von (privatem) Risikokapital im Seed- und Start-up-Segment – Am Beispiel von Deutschland, Großbritannien und den Niederlanden
Lohmar – Köln 2000 • 428 S. • € 49,- (D) • ISBN 3-89012-812-2

Band 24
Heinz Klandt (Ed.)
IntEnt98 – Internationalizing Entrepreneurship Education and Training – Proceedings of the IntEnt-Conference European Business School, Schloß Reichartshausen, Germany, July 27-29, 1998
Lohmar – Köln 2001 • 478 S. • € 51,- (D) • ISBN 3-89012-836-X

Band 25
Asko Miettinen and Heinz Klandt (Eds.)
IntEnt2000 – Internationalizing Entrepreneurship Education and Training – Proceedings of the IntEnt-Conference Tampere University of Technology, Finland, July 10-12, 2000
Lohmar – Köln 2001 • 368 S. • € 49,- (D) • ISBN 3-89012-837-8

Band 26
Heinz Klandt/Klaus Nathusius/Josef Mugler/A. Heinrike Heil (Hrsg.)
Gründungsforschungs-Forum 2000 – Dokumentation des 4. G-Forums – Wien, 5./6. Oktober 2000
Lohmar – Köln 2001 • 584 S. • € 56,- (D) • ISBN 3-89012-850-5

Band 27
Stefan Lilischkis
Förderung von Unternehmensgründungen aus Hochschulen – Eine Fallstudie der University of Washington (Seattle) und der Ruhr-Universität Bochum
Lohmar – Köln 2001 • 364 S. • € 49,- (D) • ISBN 3-89012-860-2

Band 28
Jörg Roling
Venture Capital und Innovation – Theoretische Zusammenhänge, empirische Befunde und wirtschaftspolitische Implikationen
Lohmar – Köln 2001 • 284 S. • € 44,- (D) • ISBN 3-89012-902-1

Band 29
Alexandra Schmidt-Buchholz
Born globals – Die schnelle Internationalisierung von High-tech Start-ups
Lohmar – Köln 2001 • 330 S. • € 46,- (D) • ISBN 3-89012-903-X

Band 30
Cecile Nieuwenhuizen and Heinz Klandt (Eds.)
IntEnt2001 – Internationalizing Entrepreneurship Education and Training – Proceedings of the IntEnt-Conference Technikon SA, Kruger National Park, South Africa, July 2-4, 2001
Lohmar – Köln 2002 • 502 S. • € 62,- (D) • ISBN 3-89012-972-2

Band 31
Heiko Karcher
Multimediaunternehmen – Standortvoraussetzungen und Standortwahl in Deutschland
Lohmar – Köln 2002 • 148 S. • € 37,- (D) • ISBN 3-89012-997-8

Band 32
Heinz Klandt und Hermann Weihe (Hrsg.)
Gründungsforschungs-Forum 2001 – Dokumentation des 5. G-Forums – Lüneburg, 4./5. Oktober 2001
Lohmar – Köln 2002 • 444 S. • € 57,- (D) • ISBN 3-89936-024-9

Band 33
Ulrich Faisst
Performance Measurement in Corporate Venturing
Lohmar – Köln 2002 • 246 S. • € 45,- (D) • ISBN 3-89936-045-1

Band 34
Alexander Keßler
Unternehmensgründungen in europäischen Transformationsländern – Dargestellt am Beispiel der Tschechischen Republik
Lohmar – Köln 2003 • 330 S. • € 49,- (D) • ISBN 3-89936-080-X

Band 35
Friedrich Kugler
Unter Mitarbeit von Nina Rosenbusch und Jörg Möller
Erfolgsfaktoren und Erfolgsmuster von Unternehmensgründungen – Eine empirische Analyse aus Südthüringen
Lohmar – Köln 2003 • 258 S. • € 47,- (D) • ISBN 3-89936-021-4

Band 36
Heinz Klandt and Ahmad Zaki Abu Bakar (Eds.)
IntEnt2002 – Internationalizing Entrepreneurship Education and Training – Proceedings of the IntEnt-Conference Johore Bahru, Malaysia, July 8-10, 2002
Lohmar – Köln 2003 • 384 S. • € 54,- (D) • ISBN 3-89936-133-4

Band 37
Gideon Joffe
Entstehung und Entwicklung des Unternehmertums in der VR China – und sein Einfluß auf Transformation und Demokratisierung
Lohmar – Köln 2003 • 230 S. • € 45,- (D) • ISBN 3-89936-175-X

Band 38
Christian Ege
Unterstützungsnetzwerke für forschungsnahe Unternehmensgründungen
Lohmar – Köln 2004 • 288 S. • € 48,- (D) • ISBN 3-89936-187-3

Band 39
Christian E. Schmitz
Zur Entwicklung des Unternehmerbegriffs
Lohmar – Köln 2004 • 106 S. • € 33,- (D) • ISBN 3-89936-195-4

Band 40
Enrico Purle
Management von Komplexität in jungen Wachstumsunternehmen – Eine fallstudiengestützte Analyse
Lohmar – Köln 2004 • 388 S. • € 55,- (D) • ISBN 3-89936-196-2

Band 41
Holger Berg
Evolution der Gründungsunternehmung im Lichte des Resource-Based View
Lohmar – Köln 2004 • 136 S. • € 36,- (D) • ISBN 3-89936-214-4

Band 42
Ilona Ebbers
Wirtschaftsdidaktisch geleitete Unternehmenssimulation im Rahmen der Förderung von Existenzgründungen aus Hochschulen
Lohmar – Köln 2004 • 306 S. • € 49,- (D) • ISBN 3-89936-224-1

TECHNOLOGIEMANAGEMENT, INNOVATION UND BERATUNG

Herausgegeben von Prof. Dr. Dr. h. c. Norbert Szyperski, Köln, vBP StB Prof. Dr. Johannes Georg Bischoff, Wuppertal, und Prof. Dr. Heinz Klandt, Oestrich-Winkel

Band 25
Bettina Hoffmann-Ripken
Innovationsstrategien – Kognitionstheoretische Perspektive mit Fallbeispielen aus der Medienindustrie
Lohmar – Köln 2003 • 366 S. • € 53,- (D) • ISBN 3-89936-130-X

PLANUNG, ORGANISATION UND UNTERNEHMUNGSFÜHRUNG

Herausgegeben von Prof. Dr. Dr. h. c. Norbert Szyperski, Köln, Prof. Dr. Winfried Matthes, Wuppertal, Prof. Dr. Udo Winand, Kassel, Prof. (em.) Dr. Joachim Griese, Bern, PD Dr. Harald F. O. von Kortzfleisch, Kassel, Prof. Dr. Ludwig Theuvsen, Göttingen, und Prof. Dr. Andreas Al-Laham, Stuttgart

Band 93
Bernd Bräuer
Wissensmanagementstrategietypen in temporär intendierten Unternehmensnetzwerken
Lohmar – Köln 2003 • 410 S. • € 56,- (D) • ISBN 3-89936-179-2

Band 94
Frank Czymmek
Ökoeffizienz und unternehmerische Stakeholder
Lohmar – Köln 2003 • 266 S. • € 47,- (D) • ISBN 3-89936-180-6

Band 95
Florian Kelber
Turnaround Management von Dotcoms
Lohmar – Köln 2004 • 432 S. • € 56,- (D) • ISBN 3-89936-203-9

Band 96
Wolfgang Irrek
Controlling der Energiedienstleistungsunternehmen
Lohmar – Köln 2004 • 552 S. • € 65,- (D) • ISBN 3-89936-219-5

- **Reihe: Katallaktik – Quantitative Modellierung menschlicher Interaktionen auf Märkten**
  Herausgegeben von Prof. Dr. Otto Loistl, Wien, und Prof. Dr. Markus Rudolf, Koblenz

- **Reihe: Quantitative Ökonomie**
  Herausgegeben von Prof. Dr. Eckart Bomsdorf, Köln, Prof. Dr. Wim Kösters, Bochum, und Prof. Dr. Winfried Matthes, Wuppertal

- **Reihe: Internationale Wirtschaft**
  Herausgegeben von Prof. Dr. Manfred Borchert, Münster, Prof. Dr. Gustav Dieckheuer, Münster, und Prof. Dr. Paul J. J. Welfens, Wuppertal

- **Reihe: Studien zur Dynamik der Wirtschaftsstruktur**
  Herausgegeben von Prof. Dr. Heinz Grossekettler, Münster

- **Reihe: Versicherungswirtschaft**
  Herausgegeben von Prof. (em.) Dr. Dieter Farny, Köln, und Prof. Dr. Heinrich R. Schradin, Köln

- **Reihe: Wirtschaftsgeographie und Wirtschaftsgeschichte**
  Herausgegeben von Prof. Dr. Ewald Gläßer, Köln, Prof. Dr. Josef Nipper, Köln, Dr. Martin W. Schmied, Köln, und Prof. Dr. Günther Schulz, Bonn

- **Reihe: Wirtschafts- und Sozialordnung: FRANZ-BÖHM-KOLLEG – Vorträge und Essays**
  Herausgegeben von Prof. Dr. Bodo B. Gemper, Siegen

- **Reihe: WISO-Studientexte**
  Herausgegeben von Prof. Dr. Eckart Bomsdorf, Köln, und Prof. (em.) Dr. Dr. h. c. Dr. h. c. Josef Kloock, Köln

- **Reihe: Kunstgeschichte**
  Herausgegeben von Prof. Dr. Norbert Werner, Gießen

FACHHOCHSCHUL-SCHRIFTENREIHEN

- **Reihe: Institut für betriebliche Datenverarbeitung (IBD) e. V. im Forschungsschwerpunkt Informationsmanagement für KMU**
  Herausgegeben von Prof. Dr. Felicitas Albers, Düsseldorf

- **Reihe: FH-Schriften zu Marketing und IT**
  Herausgegeben von Prof. Dr. Doris Kortus-Schultes, Mönchengladbach, und Prof. Dr. Frank Victor, Gummersbach

- **Reihe: Medienmanagement**
  Herausgegeben von Prof. Dr. Thomas Breyer-Mayländer, Offenburg

- **Reihe: FuturE-Business**
  Herausgegeben von Prof. Dr. Michael Müßig, Würzburg-Schweinfurt

- **Reihe: Controlling-Forum – Wege zum Erfolg**
  Herausgegeben von Prof. Dr. Jochem Müller, Ansbach

- **Reihe: Unternehmensführung und Controlling in der Praxis**
  Herausgegeben von Prof. Dr. Thomas Rautenstrauch, Bielefeld

- **Reihe: Economy and Labour**
  Herausgegeben von EUR ING Prof. Dr.-Ing. Hans-Georg Nollau MBCS, Regensburg

- **Reihe: Institut für Regionale Innovationsforschung (IRI)**
  Herausgegeben von Prof. Dr. Rainer Voß, Wildau

- **Reihe: Interkulturelles Medienmanagement**
  Herausgegeben von Prof. Dr. Edda Pulst, Gelsenkirchen

PRAKTIKER-SCHRIFTENREIHEN

- Reihe: Transparenz im Versicherungsmarkt
Herausgegeben von *ASSEKURATA* GmbH, Köln

- Reihe: Betriebliche Praxis
Herausgegeben von vBP StB Prof. Dr. Johannes Georg Bischoff, Wuppertal

- Reihe: Regulierungsrecht und Regulierungsökonomie
Herausgegeben von Piepenbrock ♦ Schuster, Düsseldorf

EINZELSCHRIFTEN

FGF ENTREPRENEURSHIP-RESEARCH MONOGRAPHIEN

Herausgegeben von Prof. Dr. Heinz Klandt, Oestrich-Winkel, Prof. Dr. Dr. h. c. Norbert Szyperski, Köln, Prof. Dr. Michael Frese, Gießen, Prof. Dr. Josef Brüderl, Mannheim, Prof. Dr. Rolf Sternberg, Köln, Prof. Dr. Ulrich Braukmann, Wuppertal, und Prof. Dr. Lambert T. Koch, Wuppertal

Band 38
Christian Ege
Unterstützungsnetzwerke für forschungsnahe Unternehmensgründungen
Lohmar – Köln 2004 ◆ 288 S. ◆ € 48,- (D) ◆ ISBN 3-89936-187-3

Band 39
Christian E. Schmitz
Zur Entwicklung des Unternehmerbegriffs
Lohmar – Köln 2004 ◆ 106 S. ◆ € 33,- (D) ◆ ISBN 3-89936-195-4

Band 40
Enrico Purle
Management von Komplexität in jungen Wachstumsunternehmen – Eine fallstudiengestützte Analyse
Lohmar – Köln 2004 ◆ 388 S. ◆ € 55,- (D) ◆ ISBN 3-89936-196-2

Band 41
Holger Berg
Evolution der Gründungsunternehmung im Lichte des Resource-Based View
Lohmar – Köln 2004 ◆ 136 S. ◆ € 36,- (D) ◆ ISBN 3-89936-214-4

Band 42
Ilona Ebbers
Wirtschaftsdidaktisch geleitete Unternehmenssimulation im Rahmen der Förderung von Existenzgründungen aus Hochschulen
Lohmar – Köln 2004 ◆ 308 S. ◆ € 49,- (D) ◆ ISBN 3-89936-224-1